3D 打印与工业制造

工业和信息化部工业文化发展中心　组编

王晓燕　朱　琳　编著

机械工业出版社

3D 打印是一种深刻颠覆传统规则的制造技术。本书揭开了 3D 打印关于价值创造的奥秘,从制造的角度介绍了 3D 打印的价值与发展趋势。通过独一无二的业界视角、趋势跟踪与数据分析,本书不仅可帮助读者建立对 3D 打印发展的全局感,而且还通过深度剖析与行业透视带给业界一种思考的逻辑。这种全局感和思考的逻辑是弥足珍贵的,将带领企业和个人找到价值创造方向,重塑核心竞争力。

　　本书适合从事与 3D 打印相关行业的人员阅读,更适合那些希望对 3D 打印有全局认识的人员阅读。

图书在版编目（CIP）数据

3D 打印与工业制造/王晓燕,朱琳编著 . —北京:机械工业出版社,2019. 1（2023.7重印）

ISBN 978-7-111-61729-7

Ⅰ. ①3… Ⅱ. ①王… ②朱… Ⅲ. ①立体印刷 – 印刷术 Ⅳ. ①TS853

中国版本图书馆 CIP 数据核字（2019）第 000577 号

机械工业出版社（北京市百万庄大街22 号 邮政编码100037）
策划编辑:陈保华 申永刚 责任编辑:臧弋心 王春雨
责任校对:王 欣 封面设计:马精明
责任印制:刘 媛
涿州市殷润文化传播有限公司印刷
2023 年 7 月第 1 版第 4 次印刷
169mm×239mm · 17.5 印张 · 336 千字
标准书号: ISBN 978-7-111-61729-7
定价: 69.00 元

凡购本书,如有缺页、倒页、脱页,由本社发行部调换

电话服务　　　　　　　　　　　网络服务

服务咨询热线: 010 – 88361066　　机 工 官 网: www. cmpbook. com

读者购书热线: 010 – 68326294　　机 工 官 博: weibo. com/cmp1952

　　　　　　　　　　　　　　　　金 书 网: www. golden – book. com

封面无防伪标均为盗版　　　　教育服务网: www. cmpedu. com

序

Introduction

探索 3D 打印价值的 "wow"

增材制造是一种改变游戏规则的制造技术，而出版《3D 打印与工业制造》大致有两个主要目的，一是提供一种值得信任的思考逻辑。由于信息传播的便利性，使得我们生活在一个信息过于繁杂和浮躁的时代，这使得静心观察与深刻思考变得弥足珍贵。在日常的工作中，我们时常会清晰地感受到迷茫，也会体会到可信度高的资讯并不多，很多企业犹如在沙漠中行走，疲惫得甚至无法分辨出是否有危险来临，也很难看清机遇的到来。我们希望通过密切跟踪应用端的进展，提取出值得借鉴的观点，能够对这些企业的思考逻辑有所帮助。二是提供一种全局观。为什么全局观这么重要？拿金属粉末床熔融技术来说，这项技术的下一步是高度的智能化，通过感应器捕捉的数据，结合前馈控制、仿真模拟计算技术，从而实现对质量的稳定性和一致性的控制。也就是说关于这项技术，软实力将变得远远比硬件更重要。那么对于企业来说，建立这样的全局观可以避免无效的研发投资。对于大学生来说通过此书建立对 3D 打印的全局观也是很重要的，比如说你是一个计算机或者数学系的毕业生，你会发现，你的专业和 3D 打印看似不相关，实际上却是紧密相关的。

大道至简，懂得尊重 3D 打印的技术特点，就会寻找到适合 3D 打印发挥长处的价值创造之路。而 3D 打印从业者在日常所遇到的困惑或者所走过的弯路，基本都与不尊重 3D 打印的技术属性和不懂得挖掘 3D 打印的价值所在有关。

关于 3D 打印对于制造业的价值，则仁者见仁智者见智，在我们看来，只有把 3D 打印所制造的产品价值从产品生命周期和产业链的角度去理解，才能真正把握其中的奥秘所在。

3D 打印的突出特点有两个：一是免除模具，二是制造成本对设计的复杂性不敏感。免除模具的特点使得 3D 打印适合用于产品原型、试制零件、备品备件、个性化定制、零件修复、医疗植入物、医疗导板、牙科产品、耳机等小批量个性化的产品。而传统制造工艺，如果产品的设计过于复杂，那么对应的制造成本就会十分昂贵。3D 打印对所占用的材料成本更加敏感，而对设计的复杂性并不敏感，也就是说 3D 打印适合制造复杂形状的产品，包括一体化结构、仿生学设计、异形结构、轻量化点阵结构、薄壁结构、梯度合金、复合材料、超材料等。

摄影师 Platon Antoniou 曾在为霍金拍摄时问了霍金一个问题："您能不能给我

一个词，谈谈您想对这个世界说什么?"霍金打出了他对这个世界想说的话："wow"! 即使一生被禁锢在轮椅上，他依然觉得这个世界值得人惊叹与热爱。

提到霍金，是因为我们在关注 3D 打印所能为人类所创造的价值的过程中，我们的心得正好是："wow"。

当前，3D 打印要么被忽略要么被过分地夸大，希望人们能够通过《3D 打印与工业制造》来客观、清晰地了解关于 3D 打印的"wow"。不管你是哪个行业，不管你是什么专业，只要与制造有关，你会发现，你都离不开 3D 打印。而拥有这种洞察力，你将能做到心中有数。

无论你是学校里的学生，无论你是否在学习 3D 打印相关的知识，无论你是制造业的管理层还是技术人员，无论你的企业是否已经使用了 3D 打印技术。本书都将为你揭开 3D 打印关于价值创造的奥秘，你将从中受益。希望我们的读者能从应用的角度上理解 3D 打印的价值，不仅对 3D 打印的发展建立全局感，还能敏锐地捕捉到 3D 打印与应用端结合的落脚点。然后有针对性地去补充自己需要的知识，包括材料、机械、软件、检测、后处理、激光加工等。

如果，从现在开始预测关于 3D 打印下一个十年的发展，我们希望能看到在技术和应用层面上发生的变化：3D 打印与机器人成为生产线的一部分，与其他相关技术与装备协调配合，从而不断地制造不同的产品，包括塑料产品、金属零件以及复合材料产品。我们相信为了迎接这一天的到来，从业者需要更好的全局观与思考逻辑，这就是本书的价值所在。

感谢 3D 打印业界和应用端与我们多年的沟通，相信这本书将以其与众不同的视角带给业界一个"wow"。希望这本书成为 3D 打印行业的必读圣经! 帮助业界去开拓 3D 打印更多值得人惊叹与热爱的"wow"，这将是属于我们共同的旅程。

3D 科学谷　王晓燕　朱琳

前　言
Foreword

为什么要写这本书

本书作者来自于传统制造业，从传统制造的视角来理解和解读 3D 打印的潜力与发展趋势具有很大的优势，因为你必须了解制造，才能通过紧密追踪 3D 打印的发展获得一种"恍然大悟"的感觉，你需要多年植根于制造业，才能理解 3D 打印究竟对于制造业将要带来怎样的第四次工业革命。

我们相信，这种"恍然大悟"的心得不仅仅存在于我们心中，更存在于类似于 GE、欧瑞康、GKN 这些企业。面对 3D 打印，这些企业不仅仅在战略上进行了全盘布局，还感到了一种前所未有的压力和危机感，因为他们本身的大部分业务都扎根于传统制造方式，而他们越来越清晰地看到，以 3D 打印为代表的增材制造技术将要对他们原有业务本身的转型带来相当大的财务压力。面对 3D 打印，如果你感受到的是一种莫名的焦虑感和迫切感，那么这种感觉是正常的；面对 3D 打印，如果你感到这种技术令人失望，不仅贵还很慢，工艺也很难控制，那么你缺乏对 3D 打印本质的认识。

除了一种"恍然大悟"的分享驱动，出版本书还源于一种使命感。笔者曾经从业于德国的传统机加工行业，深知德国的工匠精神是如何深入到基因中的一种难以替代的竞争力，也曾经深入了解日本人如何用手工的方式来加工机床的床身部件，这些优势都会在 3D 打印的发展中体现出来。我国若要在 3D 打印领域取得突破，一定不能忽视基础，一定要正视现实，补齐短板，可谓任重而道远。

除了民族的使命感，还有一种对我们赖以生存的地球的责任感，正如 Christopher Barnatt 在他的《3D 打印，正在到来的工业革命》一书中所提到的"3D 打印最终和最重要的潜在益处是对环境的改变。现在，大量的燃油和其他资源在世界范围内被用来运送产品，许多东西都经过数百或数千英里来到我们的手中。考虑到自然资源供应的压力越来越大，这样大量的运输变得不可行，在文化角度上也会变得无法接受。因此，本地制造的需求就会成为 3D 打印的长期趋势。"

此外，不得不说，我们所处的世界，过于喧嚣和浮躁。市场上既不懂制造，又没真实地了解过 3D 打印技术，也没有跑过应用端的"3D 打印专家"比比皆是。一些所谓的咨询和分析机构，仅凭着股价走势，就对国家政策导向以及 3D 打印行业的发展进行各种不负责任的评论。这些谬论与误导以一种伪科学的方式出现，甚至会影响到传统制造业探索 3D 打印价值的心态，这是有害的。

工业和信息化部工业文化发展中心组织接受了我们的邀请并同意作为组编，针对 3D 打印普遍存在的误区，基于成功出版经验，着力于还原 3D 打印真实潜力与发展前景，并与市场上现有的 3D 打印类书籍有极大的差异化，《3D 打印与工业制造》这本书的着力点在于对 3D 打印的价值与潜力的深刻剖析。此外，与时俱进，根据 3D 打印的发展情况，《3D 打印与工业制造》计划每两年更新再版一次。

本 书 特 色

从章节安排来说，笔者曾走访过一些技术上处于制造业前沿的国内制造企业，但无一例外，这些企业的制造专家首先想到的是他们手上的产品通过 3D 打印来制造的话需要多长时间，精度达到什么水平，能否达到锻造的性能，成本是多少……，很多人从来没有想过，3D 打印的最大优势是用于制造极其复杂的产品，也就是说通过 3D 打印来完成制造，你的产品与现在产品相比将产生本质上的飞跃。

3D 打印要释放潜力，突破传统制造思维的限制是最重要的。本书从解释为增材制造而设计的思维开始，抽丝剥茧，通过制造业关心的出发点来解读突破思维限制的方法与轨迹。随后，通过第二大部分的市场篇将 3D 打印的宏观层面与微观层面的发展进行逐一剖析，呈现出能够捕捉和感知 3D 打印发展趋势的全景图。最后，通过每个具有产业化机会的细分市场及应用的介绍，结合 3D 打印技术"家族"下不同类别的打印技术，将产业发展方向进行逐一清晰的展开与透视。

读 者 对 象

1) 希望为数字化制造进行布局的企业。
2) 希望了解 3D 打印并准备就业的大学生与职校学生。
3) 对 3D 打印感兴趣的从业人员和爱好者。

如何阅读此书

第一部分实践篇包括突破思维局限、增材制造的国际标准、成功 3D 打印零件的要素等内容。实践篇不仅剖析了 3D 打印所需要具备的知识是需要跨界的，而且思维意识也需要突破传统的制约。

第二部分市场篇包括 3D 打印发展的宏观层面、微观层面、战略布局、数字化趋势、各国支持、科研机构、教育等内容。市场篇揭示了 3D 打印充满了无限的可能，也布满了暗礁，不管是政府支持层面，还是企业经营层面，抑或是大学生学习，建立对 3D 打印发展的全局观可以避免很多浪费与弯路。

第三部分应用篇包括航空航天、汽车、模具、铸造、液压、工业其他、医疗、电子、首饰等内容。应用篇的细分章节中重点剖析了 3D 打印将要带给每个细分应用领域的变化，以及 3D 打印在这些领域的发展趋势与前景。

勘误与支持

3D 科学谷力求内容的严谨性，但限于时间和人力因素，书中难免有不足之处，如存在失误、失实，敬请不吝赐教、指正。请通过 3D 科学谷官方网站 www.51shape.com，或官方微信 www_51shape_com 发表评论，或者直接发送邮件至邮箱 editor@51shape.com 联系我们，让我们在技术之路上共勉共进。

致　谢

感谢工业和信息化部工业文化发展中心的支持。

感谢中国 3D 打印文化博物馆对此书出版与发行的支持。

感谢安世亚太科技股份有限公司对本书的支持。

感谢 3D 科学谷德国同事 Mrs. Korinna Penndorf 在先进的 3D 打印技术方面所做的沟通工作。

最后，特别感谢支持 3D 科学谷（3D Science Valley）的朋友，你们的热爱与支持，让我们在追求目标的过程中更加富有力量，并且坚信 3D 打印一定会在中国的土壤中成长壮大。

3D 科学谷　王晓燕

目　　录
Table of Contents

第一部分
实　践　篇

第二部分
市　场　篇

第三部分
应　用　篇

第一部分
实　践　篇

第一章
突破思维局限

很多人怀疑3D打印潜力的一大依据是这一技术并不新鲜，而是30多年前就存在了，如果3D打印真的潜力巨大，为什么这么多年一直没有成为一种主流的制造技术？其实，除了成本、精度、效率等因素，制约3D打印发挥潜力的一个重要因素说出来可能会让很多人感到吃惊，那就是思维的限制。是我们自己的思维方式限制了这项应用的发展，这听起来似乎不可思议或者难以接受。

理解3D打印技术的特殊性，是突破思维限制，"玩转"这项技术的关键。

3D打印的特殊性在于它既是一种将产品设计转变为实体的制造技术，又是一种改变人们生产、生活方式的途径。如果单纯将3D打印看成是一种制造技术，那么就难免会将它与目前成熟的制造加工技术相比，显然，3D打印在成本、精度、效率等多方面都还不能与传统技术相比。从这个角度上来看，很多人认为3D打印并不"酷"，他们对3D打印技术的态度是拒绝的。

而另一种看待3D打印的角度就截然不同了，持这种态度的人或企业将3D打印技术看成是重塑产品，颠覆传统供应链和传统商业模式的一种途径。从这个角度上来看，3D打印技术的潜力不言而喻。

关于3D打印在产品重塑方面的潜力，一个典型的应用是3D打印助力西门子三款燃气轮机实现超过63%的联合循环效率。3D打印用于制造燃烧系统零部件，零部件是经过设计优化的，3D打印实现了更复杂的产品几何形状，使燃气轮机中的燃料和空气预混合得到改进，从而实现最高的发电效率。要知道从2000年到2010年期间，西门子花了10年时间才将联合循环电厂的发电效率从58%提升到60%，可见3D打印燃烧系统零部件对于提高发电效率所发挥的作用是显著的。从这个应用中可以看出，3D打印对产品的重塑，不仅包括其外观，还包括性能的提升。

关于3D打印对未来生产、生活方式的改变，制造业巨头GE（通用电气公司）曾经描述了一个有趣的场景：2030年的春季，一个人坐着自动驾驶汽车，行驶在上班的路上。在途中，汽车自动检测到一个零件需要在一周内更换，这个信息被汽车中的物联网设施传递给车主，车主通过应用了区块链技术的分布式制造网络，将零件定制需求发送给汽车售后服务店，于是汽车配件就可在售后服务店中进行定制化生产。当汽车到店更换零件时，零件已制造完毕，车主更换好零件继续上路。

在这个场景中，GE 突出的是包括 3D 打印技术在内的数字化技术对制造模式和生活的改变。传统方式下，汽车零件在工厂中大规模批量生产，制造后通过分销渠道进入到各维修店准备出售。而车主也无法预知零件更换需求，通常是在汽车出现问题之后，才前往售后服务点进行检修，然后更换上库存中的零件。

而在 GE 描述的场景中，这样的模式被改变了，汽车配件是按需生产的，生产地点也不是汽车零部件批量化生产的工厂，而是分布在社区周边的汽车售后服务点。这说明汽车零件的供应链被压缩了，并且 3D 打印带来的个性化生产模式，使生产离消费者很近。越来越多的老牌工业制造企业或品牌在产品生产过程中引入增材制造工艺，也正是看重了 3D 打印在产品重塑、供应链重塑以及商业模式改变等方面所具有的潜力。

那么，是不是说任何企业只要购买了 3D 打印设备，有朝一日就能够在企业所处的领域实现 GE 所描述的那种场景了呢？答案当然是否定的，无论是从技术本身，还是从产业链层面上来看，仅凭 3D 打印设备想要实现这一场景并不现实。

从技术本身来看，3D 打印技术所涉及的并非仅包括那些以逐层叠加的方式进行材料成型的设备，还涵盖了仿真技术、优化设计、监测 3D 打印过程质量控制技术，以及配套的后处理工艺。从产业链上来看，如果要像 GE 设想的未来汽车售后服务店那样实现零件或产品的分布式制造，消费者（或者是带有传感器的零部件）、3D 打印和相关后处理设备、分布式制造中心都需要并入网络，通过互联网、物联网、区块链等技术来管理制造需求和制造过程。

无论从哪个方面来看，3D 打印都不是一座"孤岛"，而是集成在一起的一系列硬件、软件技术系统。

如果你也看到了 3D 打印技术的潜力，那么就从突破传统制造思维的限制，打磨增材制造思维开始前行吧。

第一节　突破传统制造思维的限制

3D 打印/增材制造技术正在加速发展，并成为一种强大的生产技术，但在工业制造中应用该技术的一大障碍是，目前绝大多数的工业设计师所熟悉的制造技术是减材或等材制造技术，他们了解传统制造技术所要求的设计规则，在设计时会根据这些制造技术的特点来调整设计方案，然而对于增材制造技术的特点知之甚少。突破传统制造思维的限制成为增材制造是否能发挥潜力的一大挑战。

多年来形成的规则已经占据了设计师的大脑，这就意味着，当设计师们在设计一件 3D 打印零件或产品的时候，需要打破以往头脑中所熟知的设计规则，遵循一种满足增材制造技术特点和工艺要求的全新设计思路——为增材制造而设计（DfAM）。

"为增材制造而设计"最常见的定义是：基于增材制造技术的能力，通过形状、尺寸、层级结构和材料组成的系统综合设计最大限度提高产品性能的方法。为增材制造而设计不仅仅是一种设计方法，更是一种策略。在工作中设计工程师会遇到很多挑战，包括如何获得最优的结构形状，如何将最优的结构形状与最优的产品性能相结合，并在设计时将 3D 打印零件的后处理等工艺对设计的影响考虑进来。

为增材制造而设计离工业制造并不遥远，比如说我国的航天制造企业中国航天科技集团五院总体部针对其 3D 打印零件进行了点阵结构胞元性能的研究，结合三维点阵在航天器结构中应用的实际情况，提出了三维点阵结构胞元的表达规范，这些研究遵循典型的增材制造设计思路。

可以说，"为增材制造而设计"这一理念的倡导和执行层面的系统建设是当前 3D 打印向应用端深化的重心和必经之路。

1. 理解加工过程

在金属机械加工过程中，加工刀具可以由人工来进行选择，从而制造出特定的细节特征，刀具的大小决定了零件的孔和槽的最小尺寸。在注塑加工过程中，注塑模具的形状决定了产品的形状。

而增材制造过程中发生的各种变化，比机械加工过程要复杂得多。为什么这么说呢？以基于粉末床工艺的选区激光熔融（SLM）3D 打印技术为例，金属粉末材料被激光扫描和加热，每个激光点创建了一个微型熔池，金属粉末将经历一个从熔融到冷却凝固的过程。在此过程中，影响零件细节特征的不是刀具，而是激光光斑尺寸和激光器的功率。激光光斑的尺寸以及激光所带来的热量的大小决定了微型熔池的大小，从而影响着零件的微晶结构。

在激光熔融粉末时，必须有充足的激光能量被转移到材料中，将中心区的粉末熔融，从而创建完全致密的结构，但同时热量也会传导超出激光光斑范围，影响到周围的粉末。所以，通常金属 3D 打印零件的最小的制造尺寸需大于激光斑，超出激光点的烧结量，根据粉末的热导率和激光能量来确定。例如，$140\mu m$ 的点阵结构可使用 $70\mu m$ 的激光点来制造，对应壁厚可达到 $200\mu m$。

当然，金属 3D 打印技术包括很多，这里我们介绍的仅仅是其中一种：粉末床激光熔融技术，金属 3D 打印还有很多其他技术，这里不一一分析举例。

而关于塑料 3D 打印，材料的发展对其应用起到十分关键的作用，工艺方面则因为立体光固化（Stereolightgraphy Apparatus，SLA）、熔融沉积成型（Fused Deposition Modeling，FDM）等技术的快速发展而不断走向更加细致的分支。美国 Carbon、惠普（HP）、Stratasys 等公司所推出的多样化的 3D 打印设备，将塑料 3D 打印技术推向可以与注塑工艺竞争的水平，无论是从塑料件的性能，还是从尺寸和几何精度的角度来看，塑料 3D 打印已不再局限于原型制造，而是进入到产品生产制造层面。

2. 支撑结构

3D 打印技术是一种材料逐层成型，不需要使用模具的制造技术，这为产品的设计带来更大的空间。但是，多数 3D 打印工艺在制造零件的过程中需要支撑结构，它们将对 3D 打印产品的设计方式产生影响，并影响整体的制造效率和成本。

比如说在选区激光熔融 3D 打印技术中，支撑结构起到的作用一是加强和支持零件与构建平台的稳定性；二是带走零件构建过程中多余的热量；三是防止零件翘曲以及降低零件构建过程中的失败概率。在这种工艺中，去除支撑结构的成本在后期处理中可能占总成本的 70%，如果要提高增材制造的效率、降低成本，就有必要考虑如何在进行零件设计时最大限度地减少支撑结构的使用。

3. 表面质量

不同的 3D 打印技术带来不同的表面质量，这里面，金属 3D 打印与塑料 3D 打印的表面质量处于不同的市场接受度水平。随着加工技术和材料技术的发展，塑料 3D 打印中的光固化技术以及熔融沉积成型技术，使得用这种技术生产的产品的表面质量越来越接近注塑件的质量。

而金属 3D 打印目前还没有达到令人满意的水平。

以常用的选区激光熔融技术为例，在制造过程中，设备的激光束将对金属粉末进行加热，使其熔融，随后经过激光熔融的区域温度下降。在热传导的作用下，微型熔池周围出现软化但没有液化的粉粒。这些粉粒有的被熔融金属吸附，成为牢固地附着在组件表面的颗粒。其他距离热源远的粉末颗粒则未被熔融，仍留在粉末床上。

由于选区激光熔融设备在进行零件增材制造时是逐层铺粉的，在设备进行后一层的激光熔融处理时，将会有一些热量传导到前一层，从而将熔融不完全的颗粒又重新熔融。在这种渐进熔融和冷却的相互作用下，形成增材制造零件表面的特有纹理。

增材制造零件的表面粗糙度与激光功率大小、粉末粒度、层的厚度等因素相关。原则上，通过优化金属粉末和激光参数这样的方式能够改善金属零件的表面质量。但是，通过调节这些因素来提升表面质量与加工时间、加工成本之间存在着一定的关系，在进行调整的时候需要整体权衡。比如说层的厚度越小，表面质量越高，但同时所需要的加工时间会增加，加工成本也随之上升。3D 打印金属零件的表面质量也与零件表面的建构方向有关。一般来说，顶面会更光滑。当零件与基板之间的角度变大时，表面会变得更加粗糙。

4. 考虑后处理

当前的 3D 打印零件确实存在着一些先天不足，但部分先天不足可以通过一些后处理工艺来后天补足。以目前在实际生产中应用较多的粉末床金属熔融 3D 打印技术来说，为了使金属 3D 打印零件达到所要求的力学性能以及表面质量，在打印完成后往往需要配合使用热等静压、热处理、机械加工、磨削等后处理工艺。

这些后处理工艺将对 3D 打印零件尺寸产生一定改变，所以在设计一个 3D 打印产品的初期就应该将需要使用的后处理工艺考虑进去，以便在设计中为后处理工艺留出余量，降低零件的废品率。当然，这些设计思路对增材制造设计师提出了挑战，唯有设计师对将要应用的 3D 打印工艺充分了解，才能够在设计初期全盘考虑 3D 打印和后处理对于设计的影响。

比如说，如果一个金属 3D 打印零件需要通过机械加工提高表面光洁程度，那么设计师在设计零件时就需要考虑材料的去除量，并在设计时补偿，如果在机械加工中需要去除 0.05cm 的厚度，在设计的时候就需要增加 0.05cm，以便后处理后零件符合要求的尺寸公差。当试图进行表面后处理时，设计师还必须考虑过程本身的物理特性，比如说零件棱角位置材料会更容易去除，所以在设计时需要在这些位置加大轮廓度公差。除了外部表面光洁，零件的内腔往往需要一定的畅通性，设计师应考虑这些材料的去除率和补偿。

在进行增材制造设计时，设计师需要考虑两种类型的 CAD 模型：一种是最终的几何形状，包括基准的确定、加工尺寸公差要求、表面粗糙度要求等；另一个同样重要的 CAD 模型是供 3D 打印设备识别加工的模型，这个模型中可补孔，可增加支撑结构，也可以增加加工余量。

通过不同的 3D 打印工艺加工出来的零件，后处理的思路也不尽相同，这些后处理工艺将反过来影响到设计方案。例如，如果用于制造零件的设备为基于粉末床工艺的电子束熔融（Electron Beam Melting，EBM）3D 打印设备，不需要考虑到金属零件与打印基板分离的问题，但需要考虑去除金属粉末和粉末清除处理对设计的影响。如果用于制造零件的设备为选区激光熔融 3D 打印设备，则需要考虑将零件与打印基板分离切割的问题和消除残余应力的问题。有关后处理工艺对设计所产生的影响以及相关的应对策略的细节将在后面的"后处理"章节中进行介绍。

第二节　为增材制造而设计的规则

GE 研发的飞机发动机 3D 打印燃油喷嘴，将粉末床金属熔融增材制造技术推到了 3D 打印家族的聚光灯下。然而，在现实操作中，这项技术颇具挑战性，甚至可以说给研发团队带来了很多受挫折的体验。挫折来自于哪里呢？

增材制造技术为构建具有自由形状和复杂特征的零件提供了极大的自由度，可直接根据 CAD 数据制造成品，无须使用成本高昂的加工工具。然而，这并不是说这种灵活性能够让设计师随心所欲地设计任何想要的形状，至少在成本的约束下，这样做也是不现实的。与任何制造工艺一样，增材制造技术也有其本身的工艺特性，如果在设计 3D 打印产品时没有遵循其工艺特性，就难免在增材制造过程中遭受挫折。

而在设计时遵循增材制造的工艺特性，正是将"为增材制造而设计"的思维融入设计的过程，这有助于最大程度地提高加工成功率，并增强增材制造工艺的经济效益。毋庸置疑，设计师要想更具竞争力，不仅必须头脑更加灵活，还应对增材制造工艺有深入的了解。

接下来我们将通过英国增材制造企业雷尼绍（Renishaw）公司针对基于粉末床金属熔融工艺的选区激光熔融 3D 打印技术所总结的几点设计规则，来说明增材制造设计思维对于提高 3D 打印的成功率及生产率，开发高效 3D 打印零件时所起的作用。

这些规则可供有志从事粉末床金属增材制造领域工作的个人学习者，也可供希望引入选区激光熔融技术的制造企业所借鉴。

1. 残余应力

残余应力是快速加热和冷却的必然产物，这是选区激光熔融技术的固有特性。每一个新的加工层都是通过如下方式构建的：在粉末床上移动激光束，熔融粉末顶层并将其与下方的一个加工层熔合。当激光束离开后，热熔池中的热量会传递至下方的固体金属，这样熔融的金属就会冷却并凝固。这一过程非常迅速，大约只有几微秒。新的金属层在下层金属的上表面凝固和冷却时会出现收缩现象，但由于受到下方固体结构的限制，其收缩会导致层与层之间产生切应力。

残余应力具有破坏性。当设备在一个加工层顶部增加另一个加工层时，应力随之产生并累积，这可能导致零件变形，其边缘卷起，之后可能会脱离支撑。在比较极端的情况下，应力可能会造成组件破坏性开裂或加工托盘变形。这些效应在具有较大横截面的零件中最为明显，因为此类零件往往具有较长的焊道，而且切应力作用的距离更长。

解决这一问题的方法之一是改变扫描策略，选择一个最适合零件几何形状的方法。当使用激光熔融材料时，通常可以来回移动激光，这一过程称为扫描。所选择的模式会影响扫描矢量的长度，因此也会影响可能在零件上积累的应力水平。采用缩短扫描矢量的策略，则会相应减少产生的残余应力。

迂回扫描模式（也称为光栅扫描）：完成每层扫描后旋转 67°，加工效率较高，残余应力逐渐增加，适合小型、薄壁零件。

条纹扫描模式：残余应力均匀分布，适合大型、具有较厚截面的零件，加工效率高于棋盘扫描模式。

棋盘扫描模式：每层分为若干个 5mm×5mm 的岛状区域，完成每层扫描后将整体模式和每个岛状区域旋转 67°，残余应力均匀分布，适合大型零件。棋盘扫描可缩短各扫描线的长度，减少残余应力的累积。

也可以在从一个加工层移至下一个加工层时旋转扫描矢量的方向，这样一来，应力就不会全部在同一平面上集中。每层之间通常旋转 67°，以避免相近的加工层扫描方向重合。

加热加工托盘也是用于减小残余应力的一种方法，而序后热处理也可减少累积的应力。

对于残余应力，尽可能通过设计消除；避免大面积不间断熔融；注意横截面的变化；混合加工将较厚的底板整合到增材制造零件中；在应力可能较高的位置使用较厚的加工托盘；选择一种合适的扫描策略。

在任何叠层制造工艺中，加工方向始终限定在 Z 轴——垂直于加工托盘方向。请注意，加工方向并非始终都是通用方向。应当选择合适的方向，以便使用最少的支撑材料或不使用支撑材料来生产最稳定的工件。

2. 悬伸部分和熔融过程

在粉末床加工工艺中，由于形状是一层层构建起来的，因此层与层之间的关联方式非常重要。当每一层熔融时，它需要下面的一层来提供物理支撑和散热路径。

当激光熔融粉末层时，如果粉末层下方为固体金属，则热量会从熔池传递至下方结构，这会再次熔融部分固体金属并形成牢固的连接。随着激光移开，熔池也将快速凝固，因为热量已被有效传递出去。

如果零件具有悬伸部分，那么熔池下方区域至少有一部分会是未熔粉末。这些粉末的导热性远远低于固体金属，因此来自熔池的热量会导出更慢，导致周围更多粉末烧结。结果可能是多余材料附着在悬伸区域的底面，这意味着悬伸结构可能呈现出畸形和粗糙的表面。

3. 摆放方向选择

一般来说，与加工托盘形成的角度小于 45° 的悬伸结构需要支撑。悬伸表面称为下表层。它们通常会呈现出比垂直壁面和朝上表面更粗糙的表面。这种结果是熔池冷却速度减慢而导致悬伸结构下方的粉末局部烧结所致。

摆放方向的选择将大大影响支撑材料用量以及所需的后处理工作量。通常能够在多个方向上完成一个零件的加工，但应选择可实现最理想的零件自身支撑的摆放方向，以便尽可能降低加工成本并减少后期处理工作。

4. 局部最低点

局部最低点是零件上未与下方粉末熔融层连接的任何区域。这些区域在加工过程中需要添加支撑来固定。如果在下方没有支撑结构的情况下开始加工，当刮刀处理下一层时可能会造成第一个加工层发生位移，导致加工失败。

图 1-1 所示为零件的局部最低点，其局部最低点可能会非常明显，但也可能出现在与零件边缘相交的横孔或斜孔的顶部，比如说图 1-1 中三个孔的顶部即为局部最低点。

5. 特征摆放方向

如前所述，下表层的表面质量一般较差。如果要生产的工件具有精度要求较高的细节特征，那么最好将这些特征定位在零件的顶面，也就是上表层。

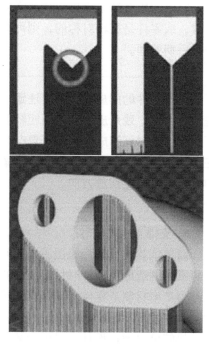

图 1-1　零件的局部最低点

另一个要考虑的问题是零件相对于加粉刮刀的摆放方向。图 1-2 所示为加粉刮刀和零件斜边的相互作用，从图中可以看到刮刀在移动过程中对零件的影响。当添加一层新的粉末时，刮刀会在粉末床上铺开粉末，粉末逐渐被刮刀挤压以形成新的密集层。当材料被挤压时会在粉末床上形成压力波，该压力波会与朝向刮刀方向倾斜的零件表面相互作用，向下挤压粉末并向上挤压零件的前边缘。这可能会使零件钩到刮刀上，导致加工失败。

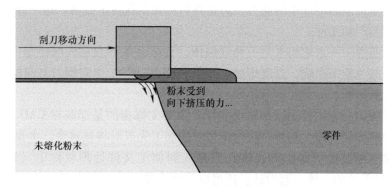

图 1-2　加粉刮刀和零件斜边的相互作用

请注意，柔性刮刀可以降低这种影响。

因此，支撑和斜边的摆放应尽可能远离刮刀方向。通过旋转零件，压力波能够以倾斜的角度冲击零件，从而降低零件变形的可能性。如果无法通过旋转调整位置，或零件是旋转对称的，则可能需要添加支撑，而受影响的加工面可能需要进行后期处理。

考虑工件的摆放方向时应注意：设计师应尽量创建自身支撑设计；加工成功是首要考量；残余应力和表面粗糙度也是受摆放方向影响的重要因素；摆放方向可影响加工时间和成本；具有复杂几何形状的零件可能不太容易摆放，通常需要在表面质量、细节、加工时间、成本和支撑结构之间权衡取舍；设计师必须评估冲突因素以确定摆放方向。

---

6. 支撑

简单依赖支撑来克服摆放方向问题不是好的办法。虽然 3D 打印的用户可能会容忍在制造原型零件时付出额外的加工时间和后期处理成本，但是此类浪费在批量生产增材制造零件时则是难以接受的。过度依赖支撑表明这个零件的几何形状"不够稳固"，这对成品率会有影响。

尽管可以通过设计来尽可能减少支撑，但有时也不可能将其完全消除。因为支撑有三大主要功能：

隔离材料——支撑可用于固定未与前一层相连的材料（即与加工托盘形成的角度小于45°的悬伸结构，或局部最低点特征）。最好将支撑结构集成到组件设计中。

残余应力——原则上应通过设计来减小加工过程中的残余应力，避免尖锐边缘，并避免大面积加工区域直接附着在加工托盘上。如果这点无法实现，那么可以应用支撑来消除零件中的应力，防止材料从加工托盘上脱落。这一方法不推荐用于批量生产加工件。

散热通道——未熔粉末是一种绝热体。支撑会从下表层区域传走一些热量，这有助于避免粉末燃烧、过度熔融、变形和变色，对于正对刮刀方向的下表层，其效果尤为显著。

支撑结构分为主要支撑和辅助支撑。主要支撑指的是那些在 CAD 环境中随组件一起开发的支撑，它是一次性结构，当加工完成时将被移除。主要支撑的特点是坚固，可控性更好。可以将它们导入到加工文件处理软件中（以 STL 格式），或与零件的主体一起设计。还可以使用完整的修订控制功能将它们以参数的形式导出。也可以执行有限元应力分析。此外，可以通过设计和模拟主要支撑，使其以可控方式传递热量。

辅助支撑是那些在加工文件处理软件中生成的支撑。在加工文件处理软件中创建的辅助支撑也可通过参数进行管理，但缺乏可追溯性和可重复性。如果更改零件设计，它们可能需要重建。

混合使用两种支撑，充分利用 CAD 设计和加工文件处理软件的优势来实现最佳方案。

在以下几种典型情况下，需要为增材制造零件添加支撑结构。

0.3~1mm 的水平悬伸结构可采用自身支撑，但是不建议这样做。而超过1mm 的悬伸结构则必须要重新设计或为其添加支撑。可在组件中添加圆角和倒角以消除悬伸结构。零件侧面露出的横向孔可能也需要支撑。在大多数选区激光熔融设备上可加工出的孔的最小尺寸为 0.4mm。

加工直径大于 10mm 的孔洞和管道，则要求在其中心添加支撑。

但值得注意的是，孔洞和管道内的支撑很难移除，并且可能需要后续加工。如果支撑太小，也会给移除带来难度。如果零件的几何形状比支撑更加脆弱，则在后期处理过程中零件损坏的风险较高。直径小于 10mm 的孔洞可在不添加支撑的情况下加工，但它们的下表层表面可能会出现一些变形，这是由于悬伸部分上方的熔池冷却速度减慢所致，水平孔的圆度误差很可能超出设计要求。

因此，更可行的设计方式是，将孔洞或管道设计成为能够自身支撑的形状，例如泪滴形或菱形孔。这两种轮廓都可用作流体通道，并可提供相似的液压性能，但是菱形孔能够更好地抵抗流体压力。

如果零件中要求必须有高精度的圆孔，那么需要在打印完成后进行后期加工。但通常，在实心结构上直接进行圆孔的钻孔加工可能是最合理的方式。

有关支撑的建议：将 10mm 以上的孔改造成自身支撑的菱形孔；使用倒角以避免较高支撑；移除相对加工托盘的悬伸角度小于 45°的区域；旋转下表层使其远离刮刀方向；在增材制造加工完成后再加工小型特征；直接紧贴加工托盘完成零件加工，同时留有额外的加工余量；移除水平下表层区域。

---

7. 3D 打印在优化设计中的应用

拓扑优化和创成式设计被越来越多地用于机械零件设计中，拓扑优化的主要目的是在移除多余材料的同时保持结构的强度和刚度。经过优化的零件通常呈具有复杂而轻量化的结构，而增材制造技术生产复杂形状零件的能力使之成为实现此类设计的最佳方式。

需要注意的是，经过优化的零件可能未必适合采用增材制造方式加工，尤其是就加工零件摆放方向而言，遇到这些情况需要对设计做出调整。比如说，以水平摆放方向加工某个拓扑优化零件时，在悬伸区域内需要添加很多支撑，而沿垂直方向重新摆放零件后，需要添加支撑的区域将变少，但对于零件中圆孔等细节将需要添加支撑或重新设计，并且需要注意优化的支撑杆与圆角的交角。

如果在设计阶段重新评估零件时已将摆放方向考虑在内，那么零件在进行增材制造加工时就只有一个摆放方向。接下来针对后期加工重新设计横向孔等细节。图 1-3 所示为一个横向加工优化案例，零件的摆放方向为垂直方向，设计师为实现成功的打印对其中的横向孔进行了重新设计。

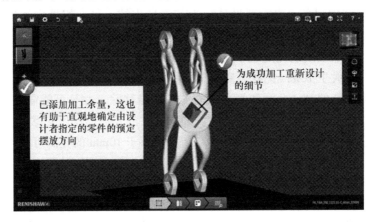

图 1-3　横向加工优化

设计师可能需要结合各种优化技巧（如拓扑优化、空心零件、胞元结构）以实现高效的设计。零件摆放方向应该是继适用性、形状及功能之后的又一个关键的设计驱动因素。

关于优化设计的建议：应用最小壁厚准则；确定用于加工的临界表面；考虑支撑定位和移除或重新设计以便省去支撑；设计时考虑零件摆放方向并相应修改细节；确定是否可达到要求的表面粗糙度。

总体来说，除了设计、尺寸、速度、价格等因素外，选区激光熔融 3D 打印技术还没有成为主流制造技术的一大限制因素就是能否制造出合格的零件对人员的经验依赖度高，而摸索这些经验的过程令人感到折磨，而且经验是难以复制的，这极大地限制了 3D 打印技术的广泛使用。

工业 3D 打印的下一步是通过科学方法来替代以经验为基础的探索。或许再过若干年，上述的设计规则已经直接融入到硬件和软件的智能化解决方案中，操作者不再需要为如何突破这些限制而上下求索。不过，在当前，要驾驭粉末床金属熔融工艺，了解设计规则还是一个必备的过程。

第三节　重塑产品

前面介绍了增材制造工艺的特殊性以及各种局限性并不是为了"吓坏"读者，恰恰相反，正是因为增材制造所蕴藏的巨大的颠覆能力，将局限性放在前面来谈，正是本书欲扬先抑的用意。用科学家理性的态度看待增材制造，用艺术家的想象力挖掘增材制造的潜力，理性与感性的结合，是打开 3D 打印精彩世界大门的敲门石。

你是否觉得令人激动的"旅程"就要开启了呢？没错，系好你的安全带吧，我们启程了！

"为增材制造而设计"之所以重要，是由于唯有掌握好增材制造设计规则才能够发挥出增材制造技术的最大价值。显然，在设计一个 3D 打印零件或产品时，并不是将采用传统制造方式的惯用思路直接拿来用，而是打破思维惯例，采用全新的设计思路去重塑产品的设计。

1. 以最少的材料满足性能要求

大自然中，我们经常看到一些不可思议的结构，譬如说竹子的结构，中间是空的，中空的结构对于竹子快速地生长是有利的，而竹子长得很高却不容易被风吹倒，很少的材料却达到比较理想的力学结构。如果你剖开竹子的壁，你会发现其中包含着很多蜂窝状的纤维结构，这些结构对竹子的壁起到了加强的作用。

以往金属加工中的铸造和锻造都要受到模具形状以及后期机加工过程中干涉等因素的制约，塑料加工过程中的注塑技术也要受到其注塑模具形状的制约，而 3D 打印所采用的增材制造方式释放了产品形状的自由度，带来了灵活的制造理念，使得我们拥有了模仿大自然的灵活性和可行性。

通过 3D 打印技术不仅可以从 0 到 1 地创造出一个前所未有的零件，也可以利用该技术对原有零部件进行再制造，为它们带来新的附加价值，如提升性能和轻量化。特别是对当前零件有着实现轻量化的需求时，可以考虑在现有设计的基础上对零件进行设计优化。

当选定需要进行轻量化设计优化的零件之后，设计师即可启动零件的 CAD 文件，并在此基础上进行轻量化设计。近年来，拓扑优化设计软件和点阵结构设计软件，为增材制造设计提供了便捷的设计工具，设计师可以通过拓扑优化找到优化的材料布局，并通过点阵结构进行精细程度的材料分配，以实现应力、屈服强度等设计要求。

图 1-4 所示为 3D 打印轻量化化油器，这是 2017 年为增材制造而设计挑战赛

（Design for Additive Manufacturing Challenge 2017）的获奖作品之一。其设计的巧妙之处在于将移动结构、浮动结构以及轻量化的内部点阵结构集成在一起。设计师在不影响零件成型质量的基础上，对如何减少支撑结构做了考量，这个步骤有助于降低3D打印零部件后处理的难度。

2. 一体化结构实现

长期以来，由于一个机械零部件制造需要多道加工工序才能完成，而每道加工工序都涉及自身的各种限制，所以机械中带有功能性的机械部件通常无法被制造成一个完整的一体化结构，而是由多个单独制造的零件装配而成。但是3D打印技术的应用为制造一体化结构提供了可能性。

图 1-5 所示为 GE 研发的飞机发动机 3D 打印燃油喷嘴，它是 3D 打印制造一体化结构的典型应用。这个看似简单的部件，具有复杂的内部几何形状。在 3D 打印燃油喷嘴诞生之前，燃油喷嘴是由 20 个精密零件组成的，制造过程中涉及大量的供应商和复杂的供应管理体系，GE 需要考虑每个零件的质量检测和库存管理，在所有零件交付后，还需要进行组装。每个过程都要小心翼翼，不能出任何差错，因为一个步骤的错误将导致整个燃油喷嘴质量不合格。

图 1-4　3D 打印轻量化化油器
（图片来源：Additive World）

图 1-5　GE 研发的飞机发动机 3D
打印燃油喷嘴（图片来源：GE Reports）

如图 1-6 所示，3D 打印帮助 GE 燃油喷嘴完成了从 20 到 1 的进化。这个一体化零件由基于粉末床金属熔融工艺的 3D 打印设备直接制造而成，从而避免了零件组装及管理复杂供应体系等环节。

3D 打印燃油喷嘴的研发工作长达 10 余年，过程虽然艰辛，但 GE 得到了可观的回报。由于重量的减轻和散热结构的设计优化，这款燃油喷嘴为 GE 新型飞机发动机的市场竞争力提升立下了汗马功劳。

3D 打印一体化结构最突出的特点，是以最少的零部件配置满足最多的技术

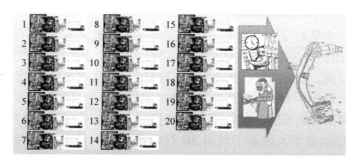

图1-6　GE 3D 打印燃油喷嘴的"进化"（图片来源：GE）

性能需求，将过去由多个零件进行装配才能具备的功能集成在单一的结构中。这就为工业零部件的设计优化带来了空间，特别是一些用传统工艺制造非常繁复、制造周期长、成本高的机械部件，可以考虑用功能集成的一体化设计思路和增材制造技术进行产品的设计优化。

3. 产品性能的优化

3D 打印颠覆了人们对传统制造方式的印象。以往看待制造，局限于如何提高制造效率，降低成本，但这一传统思维方式将因 3D 打印的入局而被颠覆。这正是各国政府纷纷提高对 3D 打印/增材制造重视程度的原因，在这里我们可以仍然拿 GE 的燃油喷嘴案例来提炼出一种直观的逻辑思路。

GE 通过增材制造的方法不仅改善了发动机燃油喷嘴容易过热和积炭的问题，还将燃油喷嘴的使用寿命提高了 5 倍，提高了 LEAP 发动机的性能。无疑，在 GE 的竞争对手没有研发这种高性能燃油喷嘴的情况下，带有 3D 打印燃油喷嘴的 LEAP 发动机将在市场领跑。

由此可见，增材制造技术将制造企业之间的竞争从降成本、增效益提升到了一个新的高度，即谁能够制造出既提高整体性能，又提升经济效益的产品，谁就将在市场竞争中胜出。而这也是国家制造业转型升级的重中之重，是制造业走向强大的目标所在。

我们能够看到的是，国际上的制造企业积极抢滩布局 3D 打印的目标指向了提升产品性能。比如说，SpaceX 等火箭制造商就在新一代可回收火箭方面尝到了 3D 打印的甜头，整个火箭制造业已经全体发力 3D 打印，进入到新一轮的产品性能优化竞赛，而实现产品优化的利器正是 3D 打印技术。

换句话说，3D 打印技术为制造企业创造了产品的附加价值。3D 科学谷通过对 3D 打印技术与工业制造领域的跟踪研究发现，通过 3D 打印技术来实现性能优化的产品范围非常广泛，大到飞机发动机部件、热交换器、液压阀体、注塑模具，小到一双带有 3D 打印鞋底的运动鞋，都成为了 3D 打印技术大显身手的平台。

4. 可编程材料

人类由一个胚胎发育到成人，这里面经历了细胞分裂等由一到多的过程。3D 打印所采用的增材制造方式犹如胚胎发育，在这个由少到多的过程中存在着巨大的想象空间，设计师可以操纵材料的搭配，从而实现更加丰富的材料组合。

尤其是金属 3D 打印可以加工部分难加工材料，使材料具有更好的热传导性、更高的延展性或强度。国际上的增材制造先行者，从开发难加工材料的打印装置和质量控制着手，培养了利用 3D 打印技术生产难加工材料零部件的竞争力。

比如说西门子公司投资的英国的 3D 打印服务公司 Materials Solutions，他们通过大量的时间很好地理解选区激光熔融工艺和高温合金材料微观结构与力学性能之间的相互关系。通过对材料在加工过程中的控制，Materials Solutions 具备了加工高温合金飞机叶片的能力。他们通过金属 3D 打印技术可以加工的材料包括镍基、铁-镍基、钴基合金。这些材料的工作温度通常超过 540℃，在高温下的强度、延展性以及抗蠕变性能和耐蚀性很强。Materials Solutions 通过增材制造工艺控制和引导材料的各向异性，实现高温合金零部件的优良力学性能。

除了在难加工材料零部件制造方面的能力，增材制造工艺还能够制造由多种合金构成的梯度功能复合材料（Functionally Gradient Materials，FGM）零部件的加工。基于定向能量沉积工艺的金属 3D 打印技术也还可以替代钎焊加工，其应用最大的优势是可以解决钎焊加工中接头强度不足的难题。其中，航天制造业在这一应用中取得的进展最为典型。

用梯度功能复合材料制造的零部件通常同时拥有多种不同的材料特性，比如说一个零件的一侧具备耐高温特性，而另一侧则具备低密度特性，或者是一个零件只在一侧具有磁性，而另一侧不具有磁性。

目前制造这类零部件的工艺是钎焊加工，该技术主要是通过加热到一定温度使焊料熔融，从而把两个同种材质或不同材质的金属件连接在一起。钎焊时一般都发生母材向熔融钎料的溶解过程，可使钎料成分合金化，有利于提高接头强度。但钎焊时也出现钎料组分向母材扩散的现象，扩散以两种方式进行：一种是钎料组元向整个母材晶粒内部扩散，在母材毗邻焊缝处的一边形成固溶体层，这将对接头不会产生不良影响；另一种是钎料组元扩散到母材的晶粒边界，常常使晶界发脆，尤其是在薄件钎焊时比较明显。

总之，保证两种金属材料的接头强度是采用钎焊加工技术制造梯度功能复合材料的难点。简单来说，钎焊加工就是将两个不同材料的零部件分别制造出来，然后再焊接在一起，但焊缝天然具有缺陷，容易脆化，在高载荷下极易导致零件失效。

2017 年，美国国家航空航天局（NASA）对一种由两种不同合金（铜合金和铬镍铁合金）制成的火箭发动机点火器进行了测试。通过对测试得到的零件解构数据进行分析，NASA 发现零件的两种合金有着很好的扩散分布，形成的接头强度很高。NASA 在制造时使用的设备是德马吉森精机（DMGMORI）公司的混合 3D 打印设备。两种合金粉末材料通过基于定向能量沉积工艺的金属 3D 打印技术分散熔合在一起，两种材料内部晶粒产生黏结，使得硬质过渡结构被消除，零件不会在巨大的压力和温度梯度变化下发生断裂。

第四节　数据赋能增材制造生产

当 3D 打印用于制造产品研发阶段的设计原型时，相关的设计数据、制造工艺数据还只是一些孤立的数据，它们对制造企业的整个产品生产过程并没有影响。然而，一旦 3D 打印技术（特别是金属 3D 打印技术）被用于生产最终产品时，企业需要考虑的问题就不仅仅是操作一台或几台 3D 打印设备的问题了，如何通过信息管理系统来管理增材制造生产过程，如何保证增材制造工艺的可重复性，以及建立起成熟的 3D 打印零件认证和质量检测方法就被提上议程。

以信息化手段来实现制造数据的自动化管理，让产品可追溯，是 3D 打印走向生产所需要面对的挑战，同时也是传统制造方式向智能制造转变中所面临的挑战。在传统管理模式下，制造工艺师将产品的三维设计模型转化为工程图样，标注公差，估算材料定额，下发到车间或发给外协供应商，作为加工、装配和质量控制的依据，使用过程发现的问题也不能及时反馈给产品设计部门加以改进，因此整个过程是开环的。先进的制造商开始从纸面流程过渡到基于 3D 模型的可交互的数字文档。智能制造环境要求一个动态的协作过程，产品数据可以在设计、制造、供应商之间无缝流动，确保每个需要的人能够随时随地获得最新的、正确的生产信息和工艺数据。

智能化工厂是借助不断建模和仿真优化运作的，从概念设计开始，工厂运行每一步的所有信息和数据都输入模型，进行优化，预测和指导下一步，然后对实施的结果进行分析是否达到预期，并将出现的问题反馈，构成闭环，修改模型，直到误差在允许范围之内。从 CAD/CAE 开始，一步步走过产品全生命周期的各个阶段，直到报废为止。这个数字化的过程被称为"数字线程（Digital Thread）"。

3D 打印/增材制造具有与生俱来的数字化基因。随着 3D 打印技术逐渐克服来自于硬件、设计和材料方面的挑战，这一技术在最终产品生产中的应用将越来越多，企业就不得不重新审视如何将 3D 打印这一增材制造技术融入"数字线程"或者产品生命周期管理中。这是 3D 打印/增材制造成为一种主流生产技术的重要途径。

1. 通过管理软件提升制造的自动化水平

谈到自动化，我们通常会想到的是由机器人主导的工厂制造自动化，而忽略了软件对自动化的作用。在这里，我们拿美国硅谷的高科技企业 Authentise 的"柔性"自动化技术来举例。

Authentise 为企业进行增材制造生产提供了信息化的解决方案。Authentise 的 3Diax 软件能够实现增材制造生产的自动化管理，减少人工管理的环节。

3Diax Machine Analytics 是 3Diax 软件平台的其中一个组件，尤其适合 3D 文件的安全存储和应用。由于减少了人工管理工作，生产企业能够更严格地控制产品的知识产权（IP），产品的 3D 设计文件无须通过人工操作的方式进行传输，而是保管在公司的 IT 系统中。

3Diax Machine Analytics 同时还具有实时监控 3D 打印设备的功能，以及收集和展示关键信息，包括设备利用率和打印材料使用情况，在故障发生时及时通知客户等功能。这些功能将提高增材制造生产率。

在监控 3D 打印设备的过程中，会产生大量数据。随着 3D 打印技术被纳入更大的制造供应链中，对制造企业而言，这类数据将是必不可少的。3Diax Machine Analytics 会自动捕获这类数据，软件中的机器学习算法将对这些数据进行分析，作为进一步自动化的基础。

以上功能可以和 3Diax 软件的其他功能结合使用，例如为客户订单报价、评价打印件价格、对打印任务进行自动分配、自动更新订单状态等功能。值得一提的是，3Diax 软件提供开放的应用程序接口（API），便于与企业现有的 IT 系统进行整合。

目前，3Diax 软件已经能够对市场上多种常见工业级 3D 打印设备进行实时数据访问、监测，如 EOS、SLM Solutions、HP、Carbon、3D Systems、Stratasys、Arcam 等公司推出的工业级 3D 打印机，成为这些 3D 打印设备融入到生产企业现有的制造体系的桥梁。除了 Authentise，市场上还有 Materialise 公司的 Streamics 软件，以及 Link 3D 和 3YourMind 公司都提供类似的解决方案。

2. 提高增材制造的可重复性和质量

作为一种数字化制造技术，在 3D 打印产品的制造过程中将产生大量数据，数据将贯穿整个增材制造过程。以粉末床金属熔融工艺为例，与增材制造相关的数据有六类：

（1）设计数据　CAD 模型、拓扑优化、内部点阵结构，以及预留了组装和加工余量等。

（2）打印准备数据　零件构建方向、支撑结构等。

（3）工艺参数　切片、能量输入、扫描速度、扫描路径等。

（4）打印过程监控数据　熔池监控等。

（5）后处理数据　热处理、精加工、支撑结构去除、表面处理等。

（6）过程后质量检测数据　机械检测、无损检测（NDE）等。

通过对这些数据建立相关的数学模型和进行相关性分析，可以开发3D打印零件质量分析或实时控制软件，进一步改进增材制造技术，并推动增材制造产品质量标准的制定。这些数字化手段，使3D打印免受人的经验影响，通过读取和利用大量的数据，实现3D打印质量的智能化控制。只有通过3D打印可以达到更高的产品质量稳定性和一致性，这一技术才能真正进入到上升曲线。

而以上这些与质量控制相关的智能化技术并不是一些尚未到来的技术，根据3D科学谷的市场观察，先进的增材制造企业已经在开展相关的工作。比如说，GE正在将数字化控制应用到3D打印中来，让打印设备能够智能化地实现自我纠错，生产出100%合格的零件。还有一种前置反馈技术，就像3D打印设备的大脑，能够告诉打印机如何做才能避免错误，利用所能得到的最新信息，进行认真、反复的预测，把计划所要达到的目标同预测相比较，并采取措施修改计划，以使预测与计划目标相吻合。

或许再过5年，一键打印将成为现实。

第五节　仿真提升过程可控性

工业领域3D打印技术的应用已经从原型和模具的制造扩展到直接的零件生产领域。随着更多的企业加入到增材制造阵营。不过，对于工业企业来说，购买工业级的3D打印设备只是进入到增材制造生产领域的第一步，而磨炼为增材制造而设计的内功，驾驭打印材料的特性以及加工工艺等工作还有更长的道路要走。

在这个道路上，一些企业采用的方法是不断地试错，通过试错来积累增材制造的经验。然而，尤其是基于粉末床熔融工艺的金属增材制造过程是个非常复杂的过程，仅依靠试错来积累经验是个漫长而昂贵的过程。不过有一种软件工具可以将粉末床增材制造过程中存在的错综复杂的问题进行量化，减少增材制造技术的挑战，优化流程，并且在打印之前对3D打印零件设计方案进行虚拟测试，减少企业试错成本，缩短企业开发新3D打印产品的学习周期。这个工具就是仿真。

接下来，我们就以粉末床选区激光熔融这种金属3D打印技术为例，了解仿真是如何驱动增材制造技术的。

1. 仿真驱动设计优化

增材制造设计师可以使用仿真软件，根据零件的力学性能指标，采用拓扑优化进行结构优化，去除那些不影响零件刚性的材料，得到一个轻量化零件，并进一步通过仿真分析进行设计优化。在仿真设计优化中，3D 打印零件的摆放方向、零件支撑结构、所需的生产时间和成本、壁厚、零件热处理以及表面处理等因素都会被考虑进来。

由此可见，仿真的价值在于在产品设计阶段对设计进行"指导"，得到一个更加适合增材制造的建模，减少零件因翘曲、变形而发生打印失败的情况，缩短新产品开发周期。也可以说，仿真是实现为增材制造而设计的驱动力。

2. 打印前质量控制

增材制造工艺本身有潜在的导致设计与制造不相符的风险。产品建模的阶段，往往以标准材料定义的方式分配材料，而不考虑金属材料的加工属性，不考虑应力或扭曲的发生。然而，实际的零件增材制造过程是个热传导的过程，会产生残余应力的产生并发生扭曲和材料的变化。

在基于粉末床金属熔融工艺的 3D 打印中，仿真涉及对金属粉末材料在金属增材制造过程中的行为预测，不同的材料性能对产品性能的影响预测，以及对建模模型的结构力学是否满足加工后所需要的零件力学性能的预测。

通过仿真软件可以研究如何优化残余应力，降低部分扭曲和改变材料的热加工行为，使得材料满足零件的静载荷、动载荷、振动性能。有限元仿真技术○还能为 3D 打印零件材料的疲劳寿命提供评估，从设计阶段即开启对零件完整生命周期的有效把控。

从这个意义上来看，仿真是管理 3D 打印预期的一种手段，或者说是实现打印前质量控制的一种手段。其最终的目标是使企业能够提前规避制造中一些不可预知的问题，减少企业在时间和资金上的浪费。

随着基于粉末床金属熔融工艺的 3D 打印技术在工业应用中的发展，市场上出现了专门针对增材制造工艺的仿真软件，如 ANSYS Additive Suite、美国工程软件公司 Altair 的 HyperWorks 以及 Inspire、达索 Abaqus、日本 MSC 软件公司的 Simufact Additive、德国 Additive Works 公司的 Amphyon 等。

第六节　实现轻量化的四种途径

轻量化尤其能够代表航空航天、汽车等交通工具制造领域的需求。轻量化结构的优势不难理解，以汽车为例，重量轻了，可以带来更好的操控性，发动机输出的动力能够产生更高的加速度。由于车辆轻，起步时加速性能更好，制动时的制动距离更短。以飞机为例，重量变轻了则可以提高燃油效率和载重量。

○　有限元分析是一般仿真软件使用的方法，有限元分析软件是对结构力学分析迅速发展起来的一种现代计算方法软件。而 3D 打印零件的设计过程中对力学性能的仿真与优化直接成为设计成功与否的关键因素。

要实现轻量化，从材料选择来说可以通过采用轻质材料，如钛合金、铝合金、镁合金、陶瓷、塑料、玻璃纤维或碳纤维复合材料等材料来达到目的，也可以通过采用高强度结构钢这样的材料使零件设计得更紧凑和小型化，从而达到轻量化的目的。

而3D打印带来了通过结构设计的方法来实现轻量化的可行性。具体来说，3D打印通过结构设计实现轻量化的主要途径有四种：中空夹层和薄壁加筋结构、镂空点阵结构、一体化结构实现、异形拓扑优化结构。

1. 中空夹层和薄壁加筋结构

中空夹层和薄壁加筋结构通常由比较薄的面板与比较厚的芯子组合而成。在弯曲荷载下，面层材料主要承担拉应力和压应力，芯材主要承担切应力，也承担部分压应力。夹层结构具有重量轻、抗弯刚度与抗拉强度大、抗失稳能力强、耐疲劳、吸声与隔热等优点。在航空、风力发电机叶片、体育运动器材、船舶制造、列车机车等领域，大量使用夹层结构，减轻重量。

如果用铝、钛合金作为蒙皮和芯材，这种夹层结构称作金属夹层结构。图1-7所示为3D打印金属夹层结构，该结构是由西安铂力特增材技术股份有限公司（简称铂力特）通过选区激光熔融技术制造的。经过设计的夹层结构对直接作用外部于蒙皮的拉压载荷具有很好的分散作用，薄壁结构（比如壁厚1mm以下）也能对减重有效果。

图1-7 3D打印金属夹层结构
（图片来源：铂力特）

夹层及类似结构可用作散热器，在零件上应用，极大地提高了零件的换热面积和散热效率。

2. 镂空点阵结构

镂空点阵结构可以达到工程强度、韧性、耐久性、静力学与动力学性能以及制造费用的完美平衡。通过大量周期性复制单个胞元进行设计制造，通过调整点阵的相对密度、胞元的形状、尺寸、材料以及加载速率多种途径，来调节结构的强度、韧性等力学性能。

三维镂空结构具有高度的空间对称性，可将外部载荷均匀分解，在实现减重的同时保证承载能力。除了工程学方面的需求，镂空点阵结构间具有空间孔隙（孔隙大小可调），在植入物的应用方面，可以便于人体肌体（组织）与植入体的组织融合。

镂空点阵单元设计有很高的的灵活性，根据使用的环境，可以设计具有不同形状、尺寸、孔隙率的点阵单元。在构件强度要求高的区域，将点阵单元密度调整得大一些，并选择结构强度高的镂空点阵单元；在构件减重需求高的区域，添加轻量化幅度大的镂空点阵结构，镂空结构不仅可以规则排列，也可以随机分布以便形成不规则的孔隙。另外，镂空结构还可以呈现变密度、变厚度的梯度过渡排列，以适应构件整体的梯度强度要求。

我们很多关注点放在点阵结构如何实现我们需要的强度和灵活性，一些极为小众的研究还包括如何获得需要的"脆弱性"。之前，英国轻量化项目联盟就在研究如何压破点阵结构。其应用场景是返航太空舱在进入地球大气层时候，压力和速度的变化对舱体的力学结构带来很大挑战。通过增材制造 Ti – 6Al – 4V 的点阵结构获得 $0.4g/cm^3$ 的超低密度，这样的结构需要设计成在某种压力下会被"压破"。总之，3D 打印为镂空点阵单元在力学方面的性能实现打开了一扇门。

3. 一体化结构

3D 打印可以将原本通过多个构件组合的零件进行一体化打印。这样不仅实现了零件的整体化结构，避免了原始多个零件组合时存在的连接结构（法兰、焊缝等），也可以帮助设计者突破束缚实现功能最优化设计。

一体化结构的实现除了带来轻量化的优势，减少组装的需求，也为企业提升经济效益打开了可行性空间。这方面典型的案例是 GE 通过长达 10 多年的探索，将其燃油喷嘴的设计通过不断的优化、测试、再优化，将燃油喷嘴的零件数量从 20 个减少到 1 个。

4. 异形拓扑优化结构

拓扑优化是指在一个给定的设计领域内，实现零件的最佳材料分布，给定领域通常包括：边界条件、预紧力以及负载情况等。拓扑优化对原始零件进行了材料的再分配，确定和去除那些不影响零件刚性的材料，往往能实现基于减重要求的功能优化。

但是你或许会感到疑问，拓扑优化不是一种很悠久的数学算法么？为什么这种方法会跟 3D 打印发生联系？的确，相比于"年轻"的 3D 打印技术，拓扑优化要"年长"多了，但 3D 打印技术的神奇之处在于其可实现复杂形状的制造能力，而这一能力恰到好处地释放了拓扑优化的潜力。可以说，这么多年来，拓扑优化犹如"睡美人"一样没有得到充分的重视与应用，而 3D 打印技术则扮演了唤醒"睡美人"的"王子"，某种意义上，这是一对天生的好"搭档"。

拓扑优化的模型经过仿真分析，得到一个适合 3D 打印的建模。通常 3D 打印出来的产品与传统工艺制造出来的零件还需要组装在一起，所以设计的同时还需要考虑两种零件结合部位的设计。

以上四种 3D 打印结构是实现机械轻量化的其中一个方向。实现机械轻量化是一个系统的工程，从每一个关键零部件的设计优化、制造，到轻量化材料的研发与应用都是轻量化探索道路上不可或缺的。

第七节　创成式设计

除了拓扑优化这样的"睡美人"被3D打印唤醒之外，还有一项颇具颠覆潜力的设计方法叫作创成式设计（Generative Design），创成式设计被国际上认为是未来设计的主流技术。创成式设计正在携手3D打印演绎让人惊叹的产品重塑能力。

当前在3D打印领域，提到最多的可能是拓扑优化，而不是创成式设计。虽然很多场合二者都是被混为一谈的，但细究起来两者是不同的，创成式设计是根据一些起始参数，经过迭代、调整，得到一个（优化）模型。而拓扑优化是对给定的模型进行分析，常见的是根据边界条件进行有限元分析，然后对模型变形或删减来进行优化。

创成式设计是一个人机交互、自我创新的过程。根据输入者的设计意图，通过"创成式"系统，生成潜在的可行性设计方案的几何模型，然后进行综合对比，筛选出设计方案推送给设计者进行最后的决策。通俗地说，创成式设计是一种通过设计软件中的算法自动生成艺术品、建筑模型、产品模型的设计方法。

创成式设计是一种参数化建模方式，在设计的过程中，当设计师输入产品参数之后，算法将自动进行调整判断，直到获得最优化的设计。目前比较著名的创成式设计软件包括Autodesk的Within和Dreamcatcher，西门子的Solid Edge ST10等。

创成式设计将激发设计师通过手动建模不易获得的思想灵感，创造出拥有不寻常的复杂几何结构设计作品。3D打印技术由于可以将复杂的设计转化为现实，注定已成为创成式设计的"好伙伴"。

在已经生产的3D打印产品中，不乏创成式设计的作品，比如说美国知名运动品牌Under Armour在设计限量版跑鞋Architect时，就使用了Autodesk软件的创成式设计功能来设计3D打印鞋中底，中底具有独特的点阵结构，为运动员提供稳定的脚跟支撑结构，并可为高强度训练提供所需的缓冲能力。还有空客为A320飞机设计的仿生隔离舱，也是使用了Autodesk创成式设计软件得到的模型，Autodesk软件通过自定义的算法，得到的结构特别适合于高强度，低重量要求的航空零件。

计算机辅助设计（CAD）技术的应用经历了三个时期，创成式设计属于第三个时期，是一种智能化的设计方式。在最早期的文档时代，计算机只是辅助设计师将产品绘制记录下来，不管是二维的几何图形还是三维的产品模型，都是基于覆盖式、经验式的文档操作；在优化时代，三维CAD设计开始逐渐成为主流，不管是在建筑业还是制造业，工程师可以通过真实准确的数字化模型，借助三维可视化的设计工具，以及仿真分析工具，让设计结果越来越优化；如今，设计师和工程师需要越来越多地洞察用户需求，让产品更加富有创意和个性化，这意味着 CAD 设计将变得更加互联化和智能化，这也是 Autodesk 等企业致力于推动创成式设计技术发展的重要原因。

在未来的创成式设计中，还将融合人工智能、虚拟现实、3D 打印、机器学习等新兴技术，将设计过程变得更加智能，让设计的门槛进一步降低。

第八节　小点阵大作用

虽然轻量化中我们谈到了包括蜂窝以及点阵结构的重要作用，也就是说点阵结构这个话题是从属于产品优化以及轻量化的。然而点阵结构正在渗入到卫星火箭、汽车散热器、植入物、鞋中底等多种 3D 打印结构中，其重要性越发重要，在这里我们单独作为一个章节来进行深入剖析点阵结构的作用。

3D 打印技术的优势之一是其复杂细节的制造能力，点阵结构就是一种非常典型的复杂结构。点阵结构不仅具有轻量化的特点，还可以使结构获得材料最低填充量的同时满足结构刚性的需求，并且吸收冲击能量以减缓振动或者达到噪声绝缘的目的。超轻的点阵结构适合用在抗冲击系统或者充当散热介质、声振、微波吸收结构和驱动系统。制造企业在进行产品优化升级时，如能运用好这些 3D 打印点阵结构，将为产品带来前所未有的附加价值。

1. 神奇的点阵结构

（1）轻量化　点阵结构是 3D 打印技术制造轻量化零部件的重要途径之一。在设计轻量化结构零件时，需要结合整个零件的功能实现，综合考虑空隙精度、空隙率、空隙形状、空隙大小、孔分布以及相互之间连通性等因素。

如图 1-8 所示，Renishaw 公司对两个阀体零件的重量进行了对比，两个零件的区别是左边零件没有使用填充点阵结构，而右边零件填充了点阵结构，结果是没有使用点阵结构的阀体质量为 1267g，而填充了点阵结构的阀体质量为 620g，点阵结构为零件带来了显著的减重效果。

实心阀体　　　　点阵结构阀体

图 1-8　阀体零件重量对比

（2）能量吸收　点阵具有两种动态属性，其中一种是压缩属性，另一种是弹性属性。在受到冲击时，弹性和压缩行为表现出了快速的集体反应。点阵结构的变形特性取决于其几何特征（拉伸或弯曲为主）和构成材料（特别是其延展性）。

凭借这两种属性，点阵结构可以被应用在需要进行能量吸收的结构中，起到减振的作用。航空制造领域和体育运动器材制造领域，已经开始探索这类 3D 打印点阵结构的应用价值。比如说波音公司研发了一种迷你 3D 打印点阵结构，波音称这种超轻结构可以在被压缩超过 50% 的情况下恢复原形，具有非常高的缓冲能力，其应用前景是制造飞机机舱墙壁和地板等非运动部件。3D 打印鞋中底，为运动头盔 3D 打印减振材料，也都是利用了点阵结构的能量吸收功能。

（3）热绝缘　点阵结构中的空隙对限制热传导将起到一定作用。热量通常能够通过金属快速传导出来，但在带有点阵结构的金属零部件中，因为内部一个一个的小格中使得热量的传导收到阻碍，因为在这些小格中空气无法形成对流，气体被困在格与格的支柱之间，这就导致了在点阵结构中通过气体被传导出来的热量相对较少。

（4）提高热交换效率　将点阵结构应用在热交换器的设计中，可以增加交换器的比表面积，将热量迅速转移到周围的空气中。另外一个思路是，点阵结构中的冷空气，也可以快速带走金属零部件中的热量。

图 1-9 所示的 3D 打印直升机排气喷嘴中，点阵结构保证了结构刚度，并起到传热作用。

（5）骨骼仿生　金属 3D 打印技术被史赛克、美敦力等著名骨科医疗器械制造商用于生产骨科植入物的其中一个重要原因，就是增材制造技术能够精确地制造出仿生骨骼结构，人体的骨骼是一种充满着空隙的结构，这种结构使骨骼具有轻量化和坚固的特点。

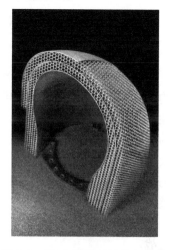

图1-9　3D 打印直升机排气喷嘴
（图片来源：英国 HiETA
科技公司）

3D 打印金属植入物中那些仿生骨骼结构其实是一系列经过精心设计的点阵胞元，这类结构有利于骨细胞的吸附。制造金属植入物常用的钛合金材料与人体骨骼具有不同的弹性模量，钛合金植入物比周围人体骨骼具有更高的抗拉强度，这将引起应力屏蔽⊖，但通过在植入物中添加点阵结构能够减轻应力屏蔽，有利于骨生长。

图 1-10 所示是 3D 打印髋臼杯植入物中的点阵结构，通过此图我们可以对植入物中的点阵结构有一些直观的了解。这是一个由 Renishaw 选区激光熔融设备加工出来的髋臼杯植入物，采用的设计软件是 Autodesk Within 创成式设计软件和 Betatype 的点阵设计软件。

⊖　应力屏蔽是指两种不同弹性模量的材料在一起受力时，弹性模量大的材料会承受较多的力，弹性模量小的材料就承受较小的力。由于钛合金的弹性模量大于人体骨骼的弹性模量，所以钛合金承担更多的应力作用，这种情况不利于新骨骼的生长。

图 1-10　3D 打印髋臼杯植入物中的点阵结构（图片来源：Betatype）

2. 小点阵大学问

点阵结构非常多样化，通过不同的胞元建模思路可以得到性能不同的点阵结构，比如说开孔泡沫对水和湿气有更高的吸收能力，对气体和蒸汽有更高的渗透性，对热或电有更低的绝缘性，还有更好的吸收和阻尼声音的能力，而闭孔泡沫的力学强度较高，绝热性和缓冲性都较优秀，吸水性小。再比如说，胞元既可以大小均一的地布在零件中，也可以不规则地分布在零件中，以实现出同质或异质的特性。通过对点阵结构的密度、刚度进行调整，可以改变整个晶格体积，并调整其性能。

点阵结构具有许多吸引人的特质，但它们的复杂性对设计和制造带来不小的挑战。

常规的点阵设计包括简单的支撑和节点的设计。但除了常规的点阵结构，在使用金属 3D 打印制造方式的时候，设计师还可以尝试很多特殊的复杂设计，例如螺旋 24 面体点阵结构和在不同方向上表现出类似刚度的纤维状点阵结构。

点阵结构可以作为产品的一部分，与其他结构整合成为一个完整的一体化轻量化产品，通过点阵的细观结构满足不同位置力学性能的要求。点阵结构也可以结合拓扑优化建模技术一起使用，使 3D 打印产品在整体外观上和产品局部结构上都能够与传统产品区别开来。

图 1-11 所示是 3D 打印金属一体化零件，可以看出这是一个集成

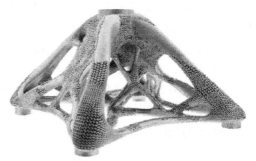

图 1-11　3D 打印金属一体化零件
（图片来源：Renishaw）

了点阵结构的 3D 打印零件，在设计该零件时使用了 Altair 的拓扑优化工具 Optis-trut 和 Materialise Magics 软件。

虽然在应用选区激光熔融金属 3D 打印技术制造复杂点阵结构时，设计师可以尝试一些颠覆性的设计方案，但同时也给点阵的设计与增材制造过程带来了新的挑战。在设计中会产生海量的数据，使设计模型变得巨大，准备构建文件的工作量也无形中变得繁复。现在，增材制造领域正在通过新的打印文件和自定义选区激光熔融设备的激光曝光策略来简化点阵结构打印文件生成和制造的过程，从而实现更好的力学性能和更短的制造时间。

在打印时，每一层点阵结构通常都涉及成千上万的稀疏分布的曝光，需要对激光能量的精确控制，才能制造出点阵结构的细节。当点阵的设计趋于复杂的时候，制造方面的挑战就更大了，特别是钛合金这样的材料，将表现出显著的残余应力，所以需要打印设备的铺粉刮刀不能是刚性的。这是由于残余应力会导致点阵的微小结构产生热变形，而刚性的粉刷容易将刚刚构建好的结构破坏掉。

虽然 3D 打印点阵结构在创造产品的高附加值方面极具潜力，但是如在零件的实际生产中应用 3D 打印点阵结构，仍有一些需要面对的挑战。其中一个关键的挑战是，验证点阵结构的可靠性，尤其是抗疲劳性。这是因为点阵结构中表面和尖锐的交叉点很多，这些点上应力集中，如何控制 3D 打印点阵结构的质量是个仍需探索的领域。3D 打印点阵结构能否广泛应用，一定程度上依赖于过程前、过程中、过程后增材制造质量监测技术的发展。

除了 Renishaw、Autodesk、Altair、Materialise 这些在点阵结构上积极探索的国际企业，中国空间技术研究院等国内机构都在进行着积极的探索，并在探索的过程中积累了属于自己的专业经验。

第九节　多材料 3D 打印

前面我们谈到过 3D 打印可以实现更复杂的材料组合，使得可编程材料变得可以实现。在这里我们通过单独的话题来进一步剖析材料的可编程如何来实现。

目前主流的 3D 打印技术仍为制造单一材料的 3D 打印技术，或者是在打印前将几种材料以特定的浓度和结构合成，然后进行 3D 打印。现有单一材料 3D 打印技术在打印速度、材料种类等方面得到发展的同时，多材料 3D 打印技术也是增材制造领域的一个重要发展方向。特别是金属多材料 3D 打印技术，该技术的功能是一次性制造出满足多种特殊功能需求的零件，而传统制造技术制造这类零部件的方法是，将不同材料的零件单独制造出来，然后将它们焊接或组装在一起。

1. 从冶金学角度理解多材料

多材料 3D 打印技术还处在起步阶段，但多材料 3D 打印技术突破了传统的加工方式的束缚，使工业制造工程师在零部件设计上获得更大的自由度。多材料金属 3D 打印技术的应用潜力受到了航空航天制造企业（如美国航空航天制造商洛克希德·马丁、波音）以及这个行业的次级承包商（如美国空军实验室和大学实验室）的高度重视，它们都在探索如何打印多种材料。

美国宾夕法尼亚州立大学的创新材料加工中心，针对如何通过直接数字沉积工艺（CIMP-3D）制造多材料金属 3D 打印技术展开了研究。然而，将不同特性的金属材料加工成为一个零部件并非易事，有些金属难以被加工在一起，比如说铝金属和钛金属就难以结合在一起，但是在实际应用中，有时又需要在铝金属零件中一些特别需要低重量和高强度的部位使用钛金属材料。如果能够使用多材料金属 3D 打印技术，将钛和铝两种材料制成一个零件，在需要高强度的部位增加钛金属材料的含量，无疑将为当前的零件制造带来颠覆性的改变。

美国宾夕法尼亚州立大学尝试从冶金学角度上来理解 3D 打印多材料，将每种材料进行元素分级，系统化地进行多种材料 3D 打印研究。他们研究的其中一个应用方向是为美国海军提供耐腐蚀的零件，即通过多材料 3D 打印技术，在零件中对耐蚀性或耐磨性要求高的部位添加镍基材料。

NASA 测试成功的 3D 打印点火器，由铜合金和铬镍铁合金两种材料 3D 打印制成，制造时两种粉末材料通过增材制造工艺分散熔合在一起，两种材料内部晶粒产生黏结，使得硬质过渡结构被消除，零件不会在巨大的压力和温度梯度变化下发生断裂，该技术也是从冶金学角度上来解决多材料 3D 打印的。

2. 多材料设计软件

由于多材料 3D 打印技术用不同材料制造一个完整结构，省去了零件组装的步骤。虽然在制造中这些组装步骤被省去了，但是在设计过程中，将不同材料的零件组合在一起却是无法省略的步骤。

在 3D 打印多材料产品的设计中，设计师需要思考一些问题，包括：零件中不同的部位用什么样的材料，具有不同属性的材料如何进行衔接，材料的定义如何与要实现的产品功能结合起来。而这些问题可以通过多材料设计软件来实现。

美国麻省理工学院计算机科学与人工智能实验室（CSAIL）就开发了一款设计多材料 3D 打印产品的软件 – Foundry。Foundry 被称为 3D 打印多材料处理软件界的 "Photoshop"，它可以处理复杂的多材料 3D 打印模型，配合使用诞生于麻省理工学院的 MultiFab 多材料 3D 打印机，可以制造出经过性能优化的复杂 3D 打印对象。性能优化是指从复合材料的角度来优化，使最终产品具有最优化的力学性能、热传导性能和导电性能等。

使用 Foundry 软件设计多材料 3D 打印产品的流程，首先通过三维建模软件将独立的零件设计出来，然后将零件导入到 Foundry 软件中，确定和制定目标产品的材料组成，最后通过多材料 3D 打印设备进行打印。Foundry 包括了 100 多种材料定义方法，能够以非常精细的分辨率控制打印对象的材料分布，用户可以细分、映射或者分配不同的材料到零件模型中的各个部分，并可以为 3D 打印对象定义多种属性，比如说设计师可以要求一个立方体结构的一部分具有刚性，而其余部分具有弹性。

第十节　超材料与 3D 打印

超材料是指具有不同寻常的特性的材料，它们是一些具有天然材料所不具备的超常物理性能的人工材料，比如说常规材料温度升高会发生膨胀，而经过特殊设计的超材料能够在温度升高时收缩。迄今，材料科学家研发的超材料包括"左手材料""光子晶体""超磁性材料"等种类。

超材料不同寻常的特性主要依赖于其独特的人工结构，通过对材料关键物理尺度上的结构进行有序设计，可以突破某些自然规律的限制，使材料具有"超能力"。3D 打印技术可以将预先设计好的特殊机械结构实现出来，使打印对象具有超材料属性。

2016 年 10 月，美国劳伦斯利物莫尔国家实验室（LLNL）发布公告称，LLNL 与麻省理工学院、南加州大学和洛杉矶加利福尼亚大学的一组科学家，开发了一种升温时收缩的 3D 打印超材料。这个超材料在降温后还可以恢复之前的体积，反复使用，在微芯片制造和高精度光学仪器等方面具有应用前景。3D 打印对象能够遇热收缩的秘密就藏在材料金字塔形状的网格设计中，这些金字塔形状的网格由聚合物、聚合物 – 铜复合材料两种材料构成，网格的支柱是一种具有更高热膨胀性能的材料，网格的外部框架则由低膨胀性能的材料构成，当温度上升的时候支柱发生的膨胀会大于外部框架，此时网格中的每个连接点会向内拉，迫使支柱发生折叠，进而使全部网格都向内拉，最终使材料出现收缩现象。这种网格结构是通过显微立体光刻 3D 打印技术制造而成的。

与多材料 3D 打印产品一样，实现超材料 3D 打印也是需要特殊设计软件来实现的。哈佛 John A. 保尔森工程和应用科学学院和哈佛大学威斯学院生物启发工程研究所的研究人员，研发了一种设计超材料的基础设计框架软件。软件并不限制 3D 打印的尺寸，从米级到纳米级尺度的 3D 打印都适用这款软件，从减振建筑材料到光子晶体超材料结构都可以进行设计。它就像一个软件工具包，可以智能化地构建超材料。哈佛大学的科学家们基于计算模型，量化材料弯曲的各种不同方式，并计算弯曲如何影响刚度等特性，软件使用数字框架快速循环几百万种不同的图案，让电脑通过理想的属性设置，给定一个恰当的设计。当一个给定的设计被选中时，科学家将使用 3D 打印机通过材料组合来创造超材料原型。

　　国内的科研机构在超材料设计与 3D 打印方面也非常积极，其中活跃的科研单位有东南大学、中国人民解放军空军工程大学、西安交通大学、北京交通大学等。东南大学通过 3D 打印一种自相似空间折叠结构的分形声学超材料，用于宽带声聚焦透镜；中国人民解放军空军工程大学研发了基于水或水溶液的超材料频率选择表面的设计方法，利用 3D 打印技术将低介电常数材料打印成特殊形状，使其能对特定尺寸与特定形状的水进行封装；西安交通大学使用液态光敏树脂和固体微粒作为打印原料进行超材料实体 3D 打印，其中液态光敏树脂作为超材料基材的原材料，固体微粒作为人造微结构，最终形成固态光敏树脂为基材并包裹具有二维空间拓扑排序人造微结构的超材料；北京交通大学通过 3D 打印技术制备太赫兹波导预制棒，按照波导立体结构逐片打印以形成太赫兹波导预制棒，进而拉制成太赫兹波导，简化了制作工艺，降低了带有锐角微结构复杂横截面且纵向可变的太赫兹波导预制棒的制作成本，为后续拉制出具有优越传输性能的太赫兹波导，提供了很好的基础。

第二章
增材制造的国际标准

第一节　ASTM 国际标准概述

2009 年，美国材料与试验学会（ASTM）成立了增材制造技术委员会 F42 委员会，F42 委员会分成 7 个技术子委会，包括测试方法（F42.01）、设计（F42.04）、材料与加工工艺（F42.05）、术语（F42.91），以及新发展的子委会，包括环境健康与安全（F42.06）、战略计划（F42.94）、美国技术咨询小组（TAG）与国际标准化组织（ISO）增材制造 TC261（F42.95）。

ASTM 针对增材制造标准所做的工作分为顶层标准、针对材料与加工工艺等不同阶段的一般标准和适于每个行业的特殊需求的特种材料、工艺以及应用的特殊标准。其中，顶层标准包括：常规概念、常规要求、常规应用。

ASTM 针对增材制造的关键标准包括：

F2971：增材制造制备测试样本的数据报告实践（Practice for reporting data for test specimens prepared by AM ）

F3122：评估通过增材制造工艺制造的金属材料的机械性能指南（Guide for evaluating mechanical properties of metal materials made via AM processes）

EN ISO/ASTM 52915：增材制造文件格式（AMF）1.2 版规范（Specification for AM file format（AMF）version 1.2）

ISO/ASTM52901：增材制造一般原则指南 – 购买增材制造零部件的要求（Guide for AM – general principles – requirements for purchased AM parts）

EN ISO/ASTM52900：增材制造通用原则的术语 – 术语（Terminology for AM – generalprinciples – terminology）

EN ISO/ASTM 52921：增材制造标准术语 – 坐标系和试验方法（Terminology for additive manufacturing – coordinate systems and test methodologies）

F3049：表征用于增材制造工艺的金属粉末特性的指南（Guide for characterizing properties of metal powders used for AM processes）

F3091/F3091M：塑料材料粉末床熔融规范（Specification for powder bed fusion of plastic materials）

F3187：金属定向能量沉积指南（Guide for directed energy deposition of metals）

ASTM 将增材制造技术分为八大类，每一类技术在市场上或对应多种不同的命名，详细分类请参考本书附录。

第二节 金属增材制造的现状与 ASTM 国际标准

大多数金属 3D 打印零件的成功取决于多方面因素，其中，选择合适的金属合金粉末可能是任何一位工程师面临的第一个关键决策。增材制造金属粉末的选择还没有像传统制造材料的选择一样宽泛。因此，至关重要的是工程师需要了解金属合金粉末的可选范围并且要熟悉其物理性能。

举例来说，在过去的 5 年里，众多 3D 打印服务提供商都表示能够打印铝合金零部件。但这并不意味着，3D 打印可以用来制造所有铝合金材料的零件。在可用的合金 3D 打印粉末中，虽然其中有许多厂商声称坚持了国际公认的标准，但实际上这些合金粉末，许多是根据金属供应商所确认的规格来制造的。

也许更重要的是，对于工程师来说，仍然缺乏描述这些合金材料性能的文档。大多数早期采用 3D 打印技术的人不得不通过做模糊的静态拉伸测试来确定性能。这些早期的金属 3D 打印探索者们，经历了没有 3D 打印零件热处理，或没有使用其他方法消除 3D 打印零件应力的过程。

即使是已经公布的最常用合金的疲劳数据，也大多是通过旋转弯曲疲劳试验得来的，该方法有利于实现快速定性结果。此外，通过增材制造得到的零件是最有可能具有各向异性的，至少在平行方向上和垂直于构建平面的方向上各向异性。这并不一定是坏事，或者是零件不能使用，但这些属性需要得到充分的理解。这与理解热轧或冷轧对变形合金的影响，或砂型铸造或高压压铸不同晶粒尺寸的影响是类似的。出于这些原因，选择适当的后期热处理也是至关重要的决策，这有利于实现零件所需的最终性能。

毋庸置疑，3D 打印已被许多行业所接受，几乎没有人再用"快速成型"这样的带局限性的眼光来看待 3D 打印技术。无论是学术界、行业用户，还是 3D 打印设备或粉末供应商，大量的研究工作旨在确定每一种合金能达到的物理性能，这让我们开始看到零件正在走向 3D 打印生产之路。通过完全合格的应用程序来使增材制造零件成为全球努力的方向。

1. 粉末床熔融（Powder Bed Fusion，PBF）

基于粉末床熔融工艺的金属 3D 打印技术是生产领域的常用技术，针对这种加工工艺，ASTM 出台了相关的标准。已出台的相关标准见表 2-1 ~ 表 2-6、表 2-8、表 2-10、表 2-12、表 2-13，将出台的相关标准见表 2-9，正在开发的相关标准见表 2-7、表 2-11、表 2-14。

表 2-1　现有 ASTM F42 关于增材制造零件的测试标准

标准	标准编号	名称
ASTM F42	F2924	Standard Specification for Additive Manufacturing Titanium – 6 Aluminum – 4 Vanadium with Powder Bed Fusion 用粉末床融合法层叠加制造 Ti6Al4V 的规则
	F3001	Standard Specification for Additive Manufacturing Titanium – 6 Aluminum – 4 Vanadium ELI（Extra Low Interstitial）with Powder Bed Fusion 通过粉末床熔融技术制造的 Ti6Al4 Vanadium ELI（非常低的空隙）零件标准
	F3055	Standard Specification for Additive Manufacturing Nickel Alloy（UNS NO7718）with Powder Bed Fusion 通过粉末床熔融技术制造的镍基合金（UNS NO7718）零件标准
	F3056	Standard Specification for Additive Manufacturing Nickel Alloy（UNS NO6625）with Powder Bed Fusion 通过粉末床熔融技术制造的镍基合金（UNS NO6625）零件标准
SAE AMS – AM	AMS 4999A	Directed energy Titanium alloy laser deposited products 通过激光定向能量沉积技术制造的钛合金零件标准

表 2-2　ASTM F42 关于增材制造化学组分的要求标准

标准	标准编号	名称
ASTM F42	F2924	Standard Specification for Additive Manufacturing Titanium – 6 Aluminum – 4 Vanadium with Powder Bed Fusion 通过粉末床熔融技术制造的 Ti6Al4 零件标准
	F3001	Standard Specification for Additive Manufacturing Titanium – 6 Aluminum – 4 Vanadium ELI（Extra Low Interstitial）with Powder Bed Fusion 通过粉末床熔融技术制造的 Ti6Al4 Vanadium ELI（超低空隙）零件标准
	F3055	Standard Specification for Additive Manufacturing Nickel Alloy（UNS NO7718）with Powder Bed Fusion 通过粉末床熔融技术制造的镍基合金（UNS NO7718）零件标准
	F3056	Standard Specification for Additive Manufacturing Nickel Alloy（UNS NO6625）with Powder Bed Fusion 通过粉末床熔融技术制造的镍基合金（UNS NO6625）零件标准
	F3184	Standard Specification for Additive Manufacturing Stainless Stell Alloy（UNSS31603）with Powder Bed Fusion 通过粉末床熔融技术制造的不锈钢合金（UNSS31603）零件标准

表 2-3　现有 ASTM 关于零件机械性能的测试标准（可适用于增材制造）

标准	标准编号	名称
ASTMB07	ASTM B557	Test Methods for Tension Testing Wrought and Cast Aluminum and Magnesium Alloy Products 锻造和铸造铝－镁合金产品抗拉性能的标准试验方法
	ASTM B645	Linear－Elastic Plane－Strain Fracture Toughness Testing of Alumium Alloys 铝合金线性弹性平面应变断裂韧性试验
	ASTM B646	Fracture Toughness Testing of Aluminum Alloys 铝合金断裂韧性试验
ASTM E04	ASTM E384－16	Standard Test Methods for Microindentation Hardness of Materials 材料显微压痕硬度的标准试验方法
ASTM E08	ASTM E399－12e3	Standard Test Method for Linear－Elastic Plane－Stain Fracture Toughness $K_{I}c$ of Metallic Materials 金属材料线弹性平面应变断裂韧度 K_{IC} 试验方法
	ASTM E466－15	Standard Practice for Conducting Force Controlled Constant Amplitude Axial Fatigue Tests of Metallic Materials 金属材料力控制轴向等幅疲劳试验实施规程
	ASTM E561－15a	Standard Test Methods for KR Curve Determination KR 曲线测定的标准试验方法
ASTM E28	ASTM E8/ E8M－16a	Standard Test Methods for Tension Testing of Metallic Materials 金属材料张力测试标准试验方法
	ASTM E9－09	Standard Test Methods of Compression Testing of Metallic Materials at Room Temperature 金属材料的压缩试验在室温下的标准试验方法
	ASTM E10－15a	Standard Test Method for Brinell Hardness of Metallic Materials 金属材料布氏硬度标准试验方法
	ASTM E18－16	Standard Test Method for Rockwell Hardness of Metallic Materials 金属材料洛氏硬度标准试验方法
ASTM F42	ASTM F3122－14	Standard Guide for Evaluating Mechanical Properties of Metal Materials Made via Additive Manufacturing Processes 通过增材制造工艺评估金属材料机械性能的标准指南
	ASTM F3184	Standard Specification for Additive Manufacturing Stainless Steel Alloy（UNSS31603）with Powder Bed Fusion 通过粉末床熔融技术加工不锈钢合金（UNSS31603）的标准规范

表2-4 现有 ASTM 关于钛与铝的标准（可适用于增材制造）

适用的标准与规范
ASTM E539，Analysis of Titanium by XRF 通过 X 射线荧光（XRF）技术分析钛
ASTM E2371，Analysis of Titanium by Direct Current Plasma and Inductively coupled Plasma AES 通过直流等离子体和电感耦合等离子体原子发射光谱法（AES）分析钛
ASTM E1941，Determination of Carbon by Combustion 通过燃烧测定碳
ASTM E1447，Determination of Hydrogen in Titanium by Inert Gas Fusion Thermal Conductivity/Infrared Detection 用惰性气体熔解热传导法/红外检测方法测定钛和钛合金中氢含量的标准试验方法
ASTM E1409，Determination of Oxygen and Nitrogen in Titanium by Inert Gas Fusion 由惰性气体融合技术的 标准试验方法测定氧钛及钛合金

表2-5 现行的金属组分分析标准（适用于3D打印金属粉末）

- ASTM E322, Analysis of Low – Alloy Steels and Cast Irons by Wavelength Dispersive X – Ray Fluorescenece Sepctrometry. ASTM E322，波长色散 X 射线荧光光谱法分析低合金钢和铸铁的标准试验方法

- ASTM E1085, Analysis of Low – Alloy Steels by Wavelength Dispersive X – Ray Fluorescence Spectrometry. ASTM E1085，通过波长色散 X 射线荧光光谱测定法分析低合金钢

- ASTM E572, Analysis of Stainless and Alloy Steel by Wavelength Dispersive X – Ray Fluorescence Spectrometry. ASTM E572，通过波长色散 X 射线荧光光谱测定法分析不锈钢和合金钢

- ASTM E353, Chemical Analysis of Stainless, Heat – Resisting, Maraging, and Other Similar Chromium – Nickel, and Cobalt Alloys. ASTM E353，耐热不锈钢，马氏体钢及其他类似的铬镍铁合金钢，钴合金化学分析试验方法

- ASTM E1019, Determination of Carbon, Sulfur, Nitrogen, and Oxygen in Steel, Iron, Nickel, and Cobalt Alloys by Various Combustion and Fusion Techniques. ASTM E1019：采用不同燃烧和熔融技术测定钢、铁、镍和钴合金中碳、硫、氮、氧试验方法标准

- ASTM E2465, Analysis of Ni – Base Alloys by Wavelength Dispersive S – Ray Fluorescence Spectrometry. ASTM E2465，通过波长色散 S 射线荧光光谱法分析镍基合金

- ASTM 2594 – 09 (2014), Standard Test Metod for Analysis of Nickel Alloys by Inductively Coupled Plasma Atomic Emission Spectrometry (Performance – Based Method). ASTM 2594 – 09 (2014)，用电感耦合等离子体原子发射光谱法分析镍合金的标准试验方法（基于性能的方法）

- ASTM E2823, Analysis of Nickel Alloys by Inductively Coupled PlasmaMass Spectrometry. ASTM E2823，用电感耦合等离子质谱测量法分析镍合金的试验方法

- ASTM E1479 – 16, Standard Practice for Describing and Specifying Inductively – Coupled Plasma Atomic Emission Spectrometers. ASTM E1479 – 16，描述与规定电感耦合等离子体原子发射光谱仪的标准试验方法

- MPIF Standard 67, Guide to Sample Preparation for the Chemical Analysis of the Metallic Elements in PM Materials (used for inductively coupled plasma, atomic absorption, optical smission, glow discharge, and X – ray fluorescence spectrometers). MPIF 标准67，PM 材料中金属元素化学分析样品准备指南（用于电感耦合等离子体、原子吸收、光学分裂、辉光放电和 X 射线荧光光谱仪等分析方法）

- MPIF Standard 66, Method for Sample Preparation for the Determination of the Total Carbon Content of Powder Metallurgy Materials (excluding cemented arbides). MPIF 标准66，粉末冶金材料（不包括硬质合金）总碳含量测定样品制备方法

- MPIR Standard 06, Method for Determination of Acid Insoluble Matter in Iron and Copper Powders. MPIR 标准06，铁和铜粉中酸不溶物的测定方法

表 2-6　ASTM 关于 X 射线和 CT 检查的标准

标准	标准编号	名称
ASTM E07.01	E1030	Stardard Practice for Radiographic Examination of Metallic Castings 金属铸件 X 射线照相检验的标准试验方法
	E1570	Stardard Practice for Computed Tomographic（CT）Examination CT 检查的标准试验方法
	E1814	Stardard Practice for Computed Tomographic（CT）Examination of Castings 铸件 CT 检查的标准试验方法
ASTM E07.02 *	E466	Radiographs for steel castings up to 2 inches in thickness 壁厚 2in（1in = 25.4mm）铸钢件标准参考射线底片

* ASTM E07.02 * 包含许多在验证 3D 打印零件中的缺陷时可能有用的参考。

表 2-7　关于热等静压（HIP）的现行标准和正在开发的标准

现行的关于热等静压标准：

F2924，F3001，F3049，F3055，F3056：ASTM F42 关于钛合金、镍基合金的粉末标准及加工标准

A1080：ASTM F42 关于钢、不锈钢、相关合金热等静压的标准

A988/A988M：ASTM F42 关于高温工作环境下法兰、配件、阀门的热等静压标准

正在开发的关于热等静压的标准：

WK51329：ASTM F42 关于粉末床熔融工艺加工铬钼合金（UNS R30075）的详述

WK47205：ASTM F42 关于铝合金热等静压的新指南

WK48732：ASTM F42 关于粉末床熔融工艺加工不锈钢合金（S31603）的详述

WK53423：ASTM F42 关于粉末床熔融工艺加工 AlSi10Mg 的详述

表 2-8　ASTM F42 关于通过粉末床激光熔融技术加工不锈钢合金的标准

F3184	Standard Specification for Additive Manufacturing Stainless Steel Alloy（UNSS31603）with Powder Bed Fusion 不锈钢合金（UNSS31603）通过粉末床熔融技术加工的标准规范

**表 2-9　SAE 将出台的通过粉末床激光熔融技术加工镍基超合金 625 的
航空零件增材制造标准**

标准	标准编号	名称
SAE AMS – AM	AMS7000 WIP	Additive Manufacturing of Aerospace parts from Ni – base superalloy 625 via the Laser Powder Bed Process 通过激光粉末床熔融技术加工 625 镍基超级合金航空零件

表 2-10 现有的关于表面质量与表面处理的标准

标准	名称
ISO 4287	Surface Texture：Profile Method – Terms，definition，and surface texture parameters 表面特征法：术语、定义和表面特征参数
ASME B46.1*	Surface Texture（Surface Roughness，Waviness，and Lay） 表面特征（表面粗糙度、波纹度和花纹方向）
ISO 1302	Geometrical Product Specifications（GPS）– Indication of surface texture in technical product documentation 产品几何量技术规范（GPS）– 技术产品文件中表面特征的表示法
ISO 12085	Geometrical Product Specifications（GPS）– Surface texture：Profile method – Motif parameters 产品几何量技术规范（GPS）– 表面结构轮廓法图形参数
SAE AS291F	Surface Texture，Roughness，Waviness and Lay 表面特征、表面粗糙度、波纹度和纹路
ASME Y14.36M	Surface Texture Symbols 表面结构符号
ASME B46.1	Surface Texture（Surface Roughness，Waviness and Lay） 表面特征（表面粗糙度、波纹度和花纹方向）
ASTM D7127	Shop or field procedure for roughness of surfaces for painting 测量涂层表面粗糙度的车间或现场程序
ASTM D4417	Standard Test Methods for Field Measurement of Surface Profile of Blast Cleaned Steel 现场测量喷砂清洗钢表面轮廓的标准试验方法
ISO 4288	Geometrical Product Specifications（GPS）– Surface texture：Profile method – Rules and procedures for the assessment of surface texture 产品几何量技术规范（GPS）表面结构：轮廓法 评定表面结构的规则和方法
ISO 8503 – 2	Preparation of steel substrates before application of paints and related products – Surface roughness characteristics of blast – cleaned steel substrates – Part2：Method for the grading of surface profile of abrasive blast – cleaned steel – Comparator procedure 涂装油漆和有关产品前钢材预处理 喷射清理钢材的表面粗糙度特性 第2部分：磨料喷射清理表面的粗糙度定级方法
NACE SP0287	Field Measurement of Surface Profile of Abrasive Blast – Cleaned Steel Surfaces Using a Replica Tape 喷射清理钢材的表面粗糙度特性 – 表面轮廓测定的复制带法

（续）

标准	名称
MPIF 标准 58	Method for Determination of Surface Finish of Powder Metallurgy Products 粉末冶金产品表面粗糙度测定方法
AE AMS03 – 2	Cleaning and Preparation of Metal Surfaces 金属表面的清洁和制备
SAE J911	Surface Roughness and Peak Count Measurement of Cold – Rolled Sheet Steel 冷轧薄钢板表面粗糙度和波峰数测量

* 包含定义、测量方法、设备类别等附加信息。

**表 2-11　ASTM 将要发布的增材制造设计准则 WK54856 和
新指南 WK38342 以及增材制造产品的定义**

标准	标准编号	名称
ASTM F42	WK54856	Principles of Design Rules in Additive Manufacturing 增材制造设计原则
ASTM F42	WK38342	New Guide for Design for Additive Manufacturing 增材制造设计指南
ASME Y14 分委会	—	Product Definition for Additive Manufacturing 增材制造产品的定义

表 2-12　ASTM F42 关于定向能量沉积加工技术的标准指南 F3187 – 16

标准	标准编号	名称
ASTM F42	F3187 – 16	Standard Guide for Directed Energy Deposition of Metals 直接能量沉积金属加工工艺的标准指南

表 2-13　ASTM F42 关于设备与检测技术之间的增材制造术语标准 ISO/ASTM 52921

标准	标准编号	名称
ASTM F42	ISO/ASTM 52921	Standard Terminology for additive manufacturing Coordinate Systems and Test Methodologies 增材制造坐标系统和测试方法的标准术语

表 2-14　正在开发的标准

标准	标准编号	名称
SAE AMS – AM	AMS7000	Additive Manufacture of Aerospace parts from Ni – base Superalloy 625 via the Laser Powder Bed Process 通过激光粉末床工艺加工镍基超合金 625 材料的航空零件

（续）

标准	标准编号	名称
SAE AMS – AM	AMS7001	Ni Base 625 Super Alloy Powder for use in Laser Powder Bed Additive Manufacturing Machines 通过激光粉末床增材制造设备加工的镍基超合金 625 的材料标准
SAE AMS – AM	AMS7002	Process Requirements for Production of Powder Feedstock for use in Laser Powder Bed Additive Manufacturing of Aerospace parts 通过激光粉末床熔融增材制造方法来加工航空航天零件的粉末原料的生产工艺要求
ASTM F42	WK49229	New Guide for Orientation and Location Dependence Mechanical Properties for Metal Additive Manufacturing 金属增材制造与机械性能相关的定位指南
ASTM F42	WK55297	Additive Manufacturing General Principles – Standard Test Artefacts for Additive Manufacturing 增材制造总则 – 用于增材制造的标准测试制品
ASTM F42	WK51282	Additive Manufacturing, General Principles, Requirements for Purchased AM Parts 增材制造总则，采购增材制造零件的要求
ASTM F42	WK51329	New Specification for Additive Manufacturing Cobalt – 28 Chromium – 6 Molybdenum Alloy（UNS R30075）with Powder Bed Fusion 通过粉末床熔融增材制造工艺加工钴 – 28 铬 – 6 钼合金（UNS R30075）的新规范
ASTM F42	WK53423	Additive Manufacturing AlSi10Mg with Powder Bed Fusion 通过粉末床熔融增材制造技术加工 AlSi10Mg 的标准
ASTM F42	WK53878	Additive Manufacturing – Material Extrusion Based Additive Manufacturing of Plastic Materials – Part1：Feedstock materials 用于材料挤出增材制造工艺的塑料材料标准第 1 部分：原料
ASTM F42	WK53879	Additive Manufacturing – Material Extrusion Based Additive Manufacturing of Plastic Materials – Part2：Process Equipment 用于材料挤出增材制造工艺的塑料材料标准第 2 部分：工艺设备
ASTM F42	WK53880	Additive Manufacturing – Material Extrusion Based Additive Manufacturing of Plastic MaterialsFinal Part Specification 用于材料挤出增材制造工艺的塑料材料标准最终部分：零件规范

（续）

标准	标准编号	名称
ASTM F42	WK56649	Standard Practice/Guide for Intentionally Seeding Flaws in Additively Manufactured（AM）Parts 增材制造零件的内部种间缺陷标准实践/指南
AWS D20	D20.1	Standard for Fabrication of Metal Components using Additive Manufacturing 使用增材制造工艺加工的金属零件制造标准

有许多术语被用来描述粉末床熔融技术（见附录），总体来说，粉末床熔融技术制造金属零件的原理是：通过切片软件对该三维模型进行切片分层，得到各截面的轮廓数据，由轮廓数据生成填充扫描路径，设备将按照这些填充扫描线，控制激光束或电子束选区熔融各层的金属粉末，逐步堆叠成三维金属零件。由于从激光或电子束快速熔融金属粉末到快速固化，整个过程发生在一个非常高的速度范围内，由此产生的金相晶粒尺寸可以发生明显的变化。通过调整工艺参数，最终可以在一定程度上实现对打印对象晶粒尺寸、微观结构的控制。

激光束或电子束开始扫描前，铺粉装置先把金属粉末平推到成型缸的基板上，激光束再按当前层的填充轮廓线选区熔融基板上的粉末，加工出当前层，然后成型缸下降一个层厚的距离，粉料缸上升一定厚度的距离，铺粉装置再在已加工好的当前层上铺好金属粉末。设备调入下一层轮廓的数据进行加工，如此层层加工，直到整个零件加工完毕。整个加工过程在通有惰性气体保护的加工室中进行，以避免金属在高温下与其他气体发生反应。人们习惯性地将这一技术称为 3D 打印，但严格来说，这并不是这一技术准确的名称，增材制造更为准确。

通过金属增材制造工艺制造的零件通常被认为具有比砂型铸造零件更好的材料性能，但通常达不到锻造性能。原因是多方面的，也相当复杂。在大多数情况下，可以理解为一层一层熔融金属粉末的过程中使得具有不同的微观结构与材料性能的金属基体在热影响区（HAZ）下进一步的差异化。这些成千上万的微型焊接区域中包含更多的热影响区。

激光加工过程中，熔池的凝固行为对激光 3D 打印最终成型件的综合性能有很重要的影响。凝固速率过慢引起的晶粒粗化将极大地降低材料强度；凝固速率过快易造成制件内部微裂纹和孔隙等加工缺陷，导致制件使用过程中的提前失效。同时，伴随凝固行为产生的残余应力集中问题与制件尺寸精度和表面粗糙度有密切联系。

2. 常用合金粉末

在合金粉末中最常用的是钛合金 Ti6Al4V 或者叫 Ti64，这种合金通常用于许多行业，由于其强度堪比钢材，但密度却几乎只有钢的一半，因而成为最常用的合金之一。这种合金主要有两个类别：Grade 5 级和超低间隙 Grade 23 级。后者对于氧和氮含量的控制有着更严格的要求。

ASTM F42 所发布的关于钛合金的各项标准对这种合金与应用领域的结合是非常有帮助的。

由于每种不同的 3D 打印设备操作起来都有自己的特点，而且 Ti64 的残余应力是一个特别的问题。所以 Ti64 零件增材制造的过程不是简单地设定好打印参数就可以完成的。值得注意的是，有许多不同的应力消除热处理周期，每种周期将导致不同的力学性能。例如，Renishaw 在英国的医疗和牙科产品部门定制开发了一个定制的热处理工艺，提升了 ELI 合金的加工灵活性，目前他们将这一工艺加工的产品冠以 X - Flex^{TM} 的商标。

当然其他的钛金属还包括工业纯钛 Ti – CP、医用钛合金 Ti7AI7Nb 和其他高温或高强度钛合金，如 Ti – 6242。

铝合金的加工是另一门学问，将铝合金加工工艺构建成一整套体系的是美国 Sintavia。Sintavia 综合制造能力使得 F357 铝合金的制造更加快速，并且达到或超过行业的严格验证参数要求。Sintavia 独家的铝合金加工工艺是一整套的体系，不仅包括预构建材料分析，还包括后期热处理和压力消除。通过对常温、高温强度验证以及 0℃ 以下的温度验证的经验积累，Sintavia 能够快速生产出满足要求的铝件。

另外一种常见的合金是钢粉，常用的是工具钢和不锈钢。工具钢的适用性来源于其优异的硬度、耐磨性和抗变形能力。由于具有高硬度和耐磨性高等特点，马氏体钢被广泛应用于模具制造领域，包括注塑模具、轻金属合金铸造、冲压和挤压模具，此外，该材料也为几个对材料性能要求很高的工业部门所应用，如航空航天、高强度机身部件和赛车零部件。

在金属 3D 打印过程中，目前有一个非常明确的经验法则：碳素钢更难处理。最流行的合金是马氏体钢，通常称为 M300 或 1.2709，是工具钢的一种。然而，这种合金实际上最初是为了满足导弹和火箭发动机这些航空航天领域所使用的反冲弹簧、驱动器、起落架部件、高性能的轴、齿轮、紧固件等零件生产的。后来，这种合金被模具行业广泛使用，并在压铸行业用作长期模具。与钛合金的加工类似，马氏体时效钢可以通过采用几种不同的热处理方法获得不同的性能。

不过与钛合金不同的是，即便不经过热处理，马氏体钢也可能满足制造的要求。如抗拉强度可以从 1000MPa 通过时效硬化达到 2000MPa。

不锈钢与碳素钢中铬的含量不同，不锈钢不容易生锈腐蚀。奥氏体不锈钢具有高强度和耐蚀性。316L 不锈钢材料可应用于航空航天、石油、天然气等领域，也可用于食品加工和医疗等领域。

金属 3D 打印主要用的是马氏体沉淀硬化不锈钢，或者是 17 – 4PH 或 15 – 5PH，15 – 5PH 可以提供更好的高温抗氧化性，马氏体沉淀硬化不锈钢具有很高的强度和更进一步的硬化，具有良好的韧性、耐腐蚀、无铁素体。15 – 5PH 广泛应用于航空航天、石油化工、化工、食品加工、造纸和金属加工业。马氏体不锈钢的耐蚀性提供了一个优秀的选项，高达 315℃ 时仍然拥有高强度、高韧性，随着激光加工状态带来极佳的延展性。金属 3D 打印不锈钢材料，除了马氏体不锈钢还有 ASM 300 系列奥氏体不锈钢，包括 316L 和 304L。

与先前描述的合金类似，这两种不锈钢最初作为金属打印材料是因为工业用途范围广泛，这些钢通常用于航空航天领域，或用于医疗设备，并在重工业，如石油和天然气领域应用广泛。

沉淀硬化（PH）不锈钢通常具有抗拉强度高、耐蚀性，同时还具有良好的韧性，材料可以具备高于 1400MPa 的抗拉强度。不同的供应商供应的材料之间成分差异虽然很微小，也会导致 3D 金属打印完成后材料性能的显著变化。然而，最终的属性通常依赖于使用的热处理方法。例如，一个常见的错误是没有对 17 – 4PH 进行充分的时效硬化以获得完全的马氏体结构，导致产品力学性能低于预期的结果，这种不锈钢不能通过增材制造技术生产出高质量部件。如果要使这种 3D 打印零件达到最佳的性能，对零件进行热处理是关键的步骤。

对于奥氏体不锈钢，316L 是迄今为止最常用的金属材料。作为一个标准的工业合金，在一些酸性环境中具有优秀的表现，并且具有很高的强度。这些单相不锈钢是非热处理的，这意味着它们的强度不能通过热处理来提高。

还有一种用途广泛的合金是钴铬钼合金，简单称为钴铬，在牙科部门应用最为普遍。这是 ISO 5832 或 ASTM F75 合金的衍生物，起源于钨铬钴合金，该材料最初是作为整形外科植入物用铸造合金。但是用于牙科的合金不同于用于植入物的钴铬合金，因为它含镍（Ni）的自由基，并有更多的钨（W）的成分。牙科合金具有很好的强度（>1300MPa，消除应力后），并且具备很好的生物相容性，与陶瓷涂层不易分离。3D 金属打印可以将这种材料制成牙桥、牙冠等产品，与传统制造技术相比具有制造流程短、精度高、成本低的优势。

由于高耐磨性，良好的生物相容性，无镍（$w_{Ni} < 0.1\%$），所以钴铬合金（Co28Cr6Mo）常用于外科植入物，包括合金人工关节、膝关节和髋关节。也可

用于发动机部件、风力涡轮机和许多其他工业部件，以及时装行业，珠宝等。与Stellite21合金类似，这种合金具有较好的抗拉强度（＞1100MPa）具有高韧性、延展性（断后伸长率18%～20%），良好的耐蚀性，以及在高温下正常工作的性能。与大多数增材制造的金属一样，最终的性能可以根据具体的要求，通过精心选择的热处理周期来实现。

其他高温合金主要是基于Ni基合金，Inconel有两个最常见的型号是625和718。使用合金的选择通常取决于最大工作温度和强度要求的组合。这些镍基合金具有高合金含量，能够承受各种各样的严重腐蚀，镍和铬的组合可以耐氧化，钼的存在使这些合金抗点蚀和缝隙腐蚀，铌则在焊接过程中防止随后的晶间应力腐蚀开裂。

所以要进行这些合金材料的3D打印，则需要熟知这些成分的属性，作为通常的经验法则，选择625合金用于具有较高的强度和抗蠕变、断裂和腐蚀的环境，即使在980～1140℃的高温范围内，625的名义抗拉强度仍在827～1034MPa之间。718可用在稍低的工作温度下，通常是在700～760℃的范围。718合金的室温抗拉强度在1170～1275MPa之间。另外，这两种合金也可以在非常低的低温环境下使用。

总体来说，625在温度高达约815℃的条件下依然具有优良的负载性能，此外，这种材料还具有良好的耐蚀性能，广泛应用于需耐点蚀、耐缝隙腐蚀和耐高温的领域，例如航空航天、化工和电力工业中的应用。718具有优异的抗热疲劳性能，以及在927℃的特殊断裂强度，非常适合于喷气发动机和燃气轮机叶片。718具有优异的耐蚀性以及良好的耐热和拉伸、抗疲劳、抗蠕变性能，Inconel718适合各种高端应用，包括飞机涡轮发动机和陆基涡轮机（叶片、环、套管、紧固件和仪表零件）。其他高温合金包括哈氏C276和Mar－M247。

在铝合金材料中，AlSi12是一种具有良好的高温性能的轻质增材制造金属粉末。典型的应用是热交换器等薄壁零件，同时也是航空航天的原型或已投入生产的零部件。而AlSi10Mg——硅/镁组合带来显著的强度和硬度的增加。这种铝合金适用于薄壁、复杂的几何形状的零件，是具有良好的高温性能的轻质材料。零件组织致密，具有与铸造或锻造零件相似的性能。

压铸合金AlSi10Mg类似于美国360合金，虽然这并不是一个被广泛认可的高强度铸造合金，但它已被证明通过适当的热处理能够产生相当高的强度，虽然这一事实也还备受争议。但从广义上讲，这种合金可以通过标准的热处理工艺，固溶处理后人工时效，称为T6周期。溶液处理500℃以上，4～12h，温度不应超过550℃，其次是水或聚合物熔体淬火。人工老化温度在155～165℃之间，时间6～24h，通过精确的时间和温度控制最终性能。抗拉强度在220～340MPa之间，屈服强度在 180～280MPa 之间。其他合金包括 169（A357）和 AlSi7Mg。另外专有的合金如 Scalmalloy 已经被用于空客的增材制造中，这是一些令人兴奋的进展。

其他纯金属粉末和铜（Cu）、钨（W）、钽（Ta）的合金也经常出现在金属 3D 打印研究或专业应用。新的金属和合金将不断涌现，金属打印系统不断获得改进。作为金属 3D 打印企业来说，重要的是结合市场的需求，在一个应用点上深挖，形成自己的一套方法。

第三章
成功 3D 打印零件的要素

在大多数工业制造企业中，现有的零件质量检测方式是，在生产完成后通过坐标测量机（三坐标测量机）来检查机械特征，通过 X 射线来检查内部缺陷，通过 CT 扫描来寻找深层的缺陷。然而，每种技术都会有其自身的局限性，比如检测人员有可能没有正确地读三坐标测量机的结果，X 射线可能只捕捉到靠近表面的孔隙和裂缝缺陷，昂贵的 CT 扫描技术还没有被广泛使用，并且解读扫描结果的技术人员需要经过大量的培训。

反观 3D 打印技术，特别是基于粉末床熔融工艺的金属 3D 打印技术，其原理是由构建软件将零件模型切成上千层，每一层（切片）与 3D 打印过程具有相关性，最终零件被逐层加工成为一个零件。在这上千层的打印过程中，存在若干影响金属零件质量的变量。如单纯依靠目前的几种过程后质量控制技术，难免会导致零件失败率高的情况发生。那么，针对金属 3D 打印零件的质量控制，能否变被动为主动，在上千层的打印过程中就随时进行检测，尽量避免打印缺陷的发生呢？

答案是肯定的，粉末床熔融金属 3D 打印设备制造商以及一些仿真软件公司、第三方增材制造质量控制系统研发企业，在 3D 打印的过程前质量控制和过程中控制这两个方面进行了大量的探索，目前相关的软件产品已应用在金属增材制造中。

对于塑料零件，其质量要求与传统塑料零件的要求并没有明显区别，比如说交通工具对塑料零件的阻燃性、耐磨性、耐温性等方面有要求，关于这些要求的测试方法已经很成熟。而对于金属零件则更加复杂，不仅需要针对金属 3D 打印建立新的检测方式，还需要建立新的质量认证方式和标准。

第一节 金属 3D 打印质量控制的三种方法

无疑，对于 3D 打印设备厂商来说，谁能够抢先开发出更高质量控制水平的技术，使得产品更加一致，可靠性更高，那么这样的设备在市场上将是所向披靡的。而决定质量控制水平的核心不仅仅涉及感应器和照相机的监测水平，更涉及了大数据处理能力、模拟仿真、前置反馈、数字化双胞胎（Digital Twin）[⊖]和人工智能等技术的运用。

1. 过程前控制

对于金属增材制造中的粉末床金属熔融工艺，理解和控制金属 3D 打印过程中熔池的行为一直是个难题。能不能像二维打印那样，在打印之前来个"打印预览"，将可能发生的一些错误避免掉呢？

事实上，在第 1 章中介绍的仿真技术所起到的作用就相当于"打印预览"，仿真优化其实是一种增材制造过程前控制技术，也是实现金属 3D 打印质量控制的一种方法。

在金属 3D 打印领域，业界最常用的质量控制方法是过程中控制，例如第三方增材制造质量控制服务商 Sigma Labs 公司通过对加工过程进行数字图像的多片拍摄，然后通过计算机将这些图像与设计模型的切片进行比较，从而判断 3D 打印机是否可以继续工作。而要实现在打印前就控制打印质量，就需要借助仿真技术来实现。

2. 过程中控制

（1）照相技术　照相技术的原理可以这样来理解，假设一个即将被打印的 3D 打印零件是立方体，这个立方体被分为 3000 个相等的切片（在垂直方向上），每一片都是相同的厚度。要打印立方体的时候，3D 打印机将其生成 3000 个打印过程，就这样产品按照垂直方向从底部到顶部被打印出来（Z 方向）。每完成一个打印过程，打印设备中的监测系统都会拍照。当整个立方体被打印完成时，该系统将拍摄 3000 个数字图像。通过系统记录的每一层的图片，计算机将图片与设计模型的切片相对比。比如说，如果该系统记录的数字图像为第 1870 片，则计算机将与设计模型的第 1870 片相对比。

采用照相技术的典型增材制造质量控制系统是 Sigma Labs 公司开发的 PrintRite3D®CONTOUR ™系统。Sigma Labs 是一家第三方增材制造质量控制系统开发商，PrintRite3D®CONTOUR ™系统是与 Honeywell（霍尼韦尔）公司合作开发的一套独立的系统。Honeywell 在航空零件制造、汽车涡轮增压器研发中大量地应用了金属 3D 打印技术。

举个实际的例子进一步说明 PrintRite3D®CONTOUR™系统的原理，Sigma Labs 对 Honeywell 某发动机紧固件加工过程的数字图像进行了多片拍摄，计算机将这些图像与设计模型的切片进行比较，提供了符合增材制造设计意图的客观证

⊖ 数字化双胞胎是指企业在实际投入生产之前即能在虚拟环境中优化、仿真和测试，在生产过程中也可同步优化整个企业流程。数字化双胞胎需要两个条件：一套集成的软件工具和三维形式表现。西门子在 2016 年西门子工业论坛中曾多次提及数字化双胞胎的概念。

据（Objective Evidence of Compliance to Design Intent）。如果计算机识别出刚刚打印的图像与设计切片有差异，则该层是缺陷发生可疑层。如果与几何切片的差异是显著的，那么就可以通过程序指令让打印机停止。如果与模型切片的几何差异不显著，3D 打印机可以继续工作，但向操作者发送一个可疑信息警告，这样在打印完成后的质量检测过程中作为考察重点。

（2）热成像技术　热成像技术是对激光金属 3D 打印过程中的熔池热进行监测的一种过程中质量控制技术。在选区激光熔融技术的熔融过程中，每个激光点创建了一个微型熔池，从粉末熔融到冷却为固体结构，光斑的大小以及功率带来的热量的大小决定了这个微型熔池的大小，从而影响着零件的微晶结构。

为了熔融粉末，必须有充足的激光能量被传送到材料中，以熔融中心区的粉末，从而创建完全致密的部分，但同时热量的传导超出了激光光斑覆盖范围，影响到周围的粉末。当激光移开后的区域温度下降，由于热传导的作用，微型熔池周围出现软化但不液化的粉粒。

与照相技术不同的是，热成像技术的原理是通过高分辨率热成像的感应器进行温度测量，从而获得材料加热熔融过程的温度变化以及如何传导热量和如何冷却的详细数据。这些数据的呈现方式与加工的几何形状是相关联的矩阵式数据，金属增材制造设备的操作人员可以精确地推测加工参数是如何影响成品零件质量的，加工参数包括激光功率、系统扫描速度、扫描与粉末床的距离、粉末层厚度等。

采用这一技术的典型企业是美国加州的 Stratonics 公司，Stratonics 的传感器系统可以应用于不锈钢、钛合金以及其他高温金属 3D 打印过程中的温度测量。Stratonics 的 ThermaViz 实时控制软件通过对感应器所反馈的数据信息，实现对加工过程的调整与控制，当软件发现加工过程会导致零件报废或出现质量问题的时候，反馈系统将自动调整加工参数以保证稳定的热输出。通过实时热图像与标准热量参数的匹配，实现对加工过程的自动调整，从而生产出更一致的产品，并实现更好的材料结晶结构。

当然，也有的 3D 打印设备制造商通过高温计来实现对温度的记录，然而作为一个波长范围的结果，单色高温计可能不准确，高温计只是给到用户关于一些大面积的平均温度，这是温度的一个指标，但不一定是对绝对温度的测量。

其他过程中质量控制手段还包括熔池光谱学和超声波技术，这些技术处于快速开发阶段。

（3）原位 X 射线成像技术　对于如何减少甚至消除粉末床金属 3D 打印技术所带来的毛孔问题是科学家们一直努力的方向，其中熔池监测是重要的环节。英国曼彻斯特大学 Chu Lun Alex Leung 等科学家将原位 X 射线成像用于监测激光增材制造中的缺陷和熔池动力学[一]，这在 3D 科学谷看来，代表了熔池监测的又一进步。

根据 3D 科学谷的市场研究，当前业界最常用的过程中质量控制方法是照相技术，通过对加工过程进行数字图像的多片拍摄，计算机将这些图像与设计模型的切片进行比较。与这种相对静态的熔池监测不同的是，英国曼彻斯特大学试图在动态层面上更加透彻地理解激光熔融过程中发生了什么，为了更加透彻地研究激光增材制造相关的激光物质相互作用和凝固现象，推动粉末床激光熔融工艺开发和优化，Chu Lun Alex Leung 等科学家将原位 X 射线成像技术用于监测激光增材制造中的缺陷和熔池动力学。

通过原位和操作高速同步加速器 X 射线成像，科学家们揭示了金属熔融沉积第一层和第二层熔体轨道时的基本物理现象。监测表明，激光诱导的气体/蒸汽射流促进了熔体痕迹和裸露区域的形成，通过溅射（速度为1m/s），科学家们还发现了马兰哥尼对流（现象）[二]（以 0.4m/s 的速度再循环）的孔隙迁移机制。

针对激光再熔融的孔隙溶解和扩散，科学家们开发了一种机制图，用于预测熔体特征的演变，预测随着线性能量密度的降低，熔体痕迹形态从连续半圆柱形轨道到断开的珠粒的变化，以及随着激光功率的增加，熔池润湿性得到改善。这样的结果阐明了粉末床激光熔融技术背后的物理学规律，对粉末床激光熔融技术的发展至关重要。

包括粉末床激光熔融和直接能量沉积在内的激光增材制造技术引起了学术界和工业界的极大兴趣。而这些加工技术中会产生的尺寸精度差和缺陷又是困扰技术发展的制约因素，缺陷包括不充分熔融、残余孔隙度和飞溅等，它可能会导致激光 3D 打印技术的零部件在使用过程中的力学性能（屈服应力和疲劳性能）不一致。

第三代同步辐射源的高通量 X 射线束，能够以前所未有的时间（<1μs）和空间分辨率（几微米）实现 X 射线成像。通过同步加速器 X 射线成像来调查和量化缺陷和熔池动力学。科学家们进行了多次试验，通过调整激光功率（P）、扫描的速度（v）或线性能量密度（LED，LED = P/v）来研究这些因素对熔池动力学的影响。科学家们揭示了在激光 3D 打印过程中熔体轨迹、裸露区域、飞溅和孔隙形成的机制，包括孔隙迁移、溶解、扩散和爆裂。这项研究中所提出的方法和结果可以增强对增材制造和其他材料加工技术（例如焊接和熔覆）的理解。

[一] 相关研究论文发表于《Nature Communications》第 9 卷（文章编号：1355（2018））。

[二] 根据百度百科，马兰哥尼对流（Marangoni）或热毛细管对流是一种与重力无关的自然对流，在具有自由表面的液体中，沿着液体表面存在表面张力梯度，就会发生 Marangoni 对流，不需要克服什么激活势垒，很小的温度梯度就足以使之开始流动。

科学家们在研究过程中揭示了一种不太常见的现象，即激光诱导的液滴飞溅所带来的气体膨胀，在激光增材制造过程中，这些气孔很容易转移到熔池中。研究结果显示了大部分孔是沿着凝固前沿在马兰哥尼对流的影响下向外和向下发生，一些毛孔凝聚形成较大的毛孔。在凝固结束时，由孔隙爆裂导致孔隙在大气中爆裂，在熔融的轨道表面上留下凹坑。

（4）人工智能质量控制中的应用　金属3D打印零件的质量有没有可能被100%地控制呢？相信这是金属增材制造界所共同努力的目标。虽然目前看来这个目标是遥不可及的，但人工智能技术在增材制造质量控制中的应用，使金属3D打印技术距离这个目标更近了一步。

GE就正在尝试人工智能技术在金属增材制造过程中的应用，并且通过数字双胞胎，创建一个模拟的仿真模型，使得加工过程更加可预测。GE的目的是使金属3D打印设备成为自己的"质量检查员"，使金属零件打印过程中的每一层都能够实现100%的可见性，机器学习算法使设备具有学习能力，随着时间的推移它们将能够识别3D打印过程中出现的任何问题。

人工智能技术将为金属3D打印的物理过程和数字模拟过程搭建起一座桥梁，将来自传感器和设备的数据与分析模型和材料科学相结合，不断改进工业部件质量，乃至整个制造流程中的数字模型。这个过程就像人的学习过程，从过去的经验中进行学习，然后变得"更聪明"。

在金属3D打印过程中，如果人工智能技术"观察"到一部分构造出现的错误与曾经出现过的错误类似，打印设备会将其标记为供操作员响应的提示，操作员可以通过停止打印或者动态调整来纠错，并继续进行零件的打印过程。当然，更先进的情况是实现3D打印设备在没有人工介入的情况下，自行完成这些修正。在GE的人工智能检测过程中，零件构建数据被不断地与GE专有的"黄金标准"进行对比，就可以发现加工中的偏差情况。

可以看出，基于人工智能的质量控制技术是否能够准确判断打印中出现的错误，与机器学习算法所"学习"过的数据量密切相关，理论上人工智能"学习"的打印过程越多，它对增材制造过程的了解就越深入。

美国卡内基梅隆大学（Carnegie Mellon University）材料科学与工程系的科学家，也针对金属3D打印质量控制的人工智能技术进行了深入研究。他们的目标是通过机器视觉技术解决粉末床熔融金属3D打印技术所带来的气孔问题。这个问题是科学家们一直努力要解决的问题，解决这个问题的方式包括调整加工参数、过程中工艺监测和质量控制等。卡内基梅隆大学称这项技术的准确率达95%以上。

机器视觉是人工智能的一个分支。简单说来，机器视觉就是用机器代替人眼来做测量和判断。机器视觉系统是通过机器视觉产品（即图像摄取装置）将被摄取目标转换成图像信号，传送给专用的图像处理系统，得到被摄目标的形态信息，根据像素分布、亮度和颜色等信息，转变成数字化信号；图像系统对这些信号进行各种运算来抽取目标的特征，进而根据判别的结果来控制打印设备。

研究团队在八种不同的商业原料粉末上测试了机器视觉粉末分选系统，发现他们的系统能够精确地分选 3D 打印机中的粉末。在没有人监督的情况下通过计算机视觉来识别和分类粉末，计算机可以识别出金属粉末是否具有零件要求的微观结构质量——抗拉强度、疲劳强度、韧性等。计算机实际上能够比训练有素的人类更好地区分粉末。该系统甚至可以识别关于粉末的许多其他特征，如颗粒尺度、颗粒如何组合在一起、颗粒的表面粗糙度以及它们的形状。

这种机器视觉方法将会防止金属 3D 打印产生裂纹或发生加工故障，更重要的是这种方法是自主的、客观的和可重复的，这是推进金属 3D 打印过程中质量控制的必要条件。

目前，增材制造金属粉末原料的表征方法仍依赖于对目标材料的直接测量。例如，使用动态图像分析来捕获粉末的显微照片、分段，并测量粒径和纵横比分布，从而发现这些特征以及粉末流变学测量与粉末流动和扩散特征相关；通过使用流变学测量表征粉末；用激光衍射、X 射线断层扫描和光学和扫描电子显微镜测量粒径和形状。这些测量方法能够对影响粉末特性因素的有所掌握。

但人工智能这样的数据科学提供了一种互补的方法，可以直接从数据流中提取信息，而无须进行还原测量。卡耐基梅隆大学的方法不是明确地识别和测量单个颗粒，而是将粉末显微照片隐含地表征为局部图像特征的分布。卡耐基梅隆大学证明了计算机视觉系统能够对具有不同粒度、形状和表面纹理分布的粉末进行分类，以及识别代表性和非典型的粉末图像。

卡耐基梅隆大学的研究成果在金属增材制造领域的应用包括：粉末批次鉴定，量化粉末回收的影响，根据粉末特性选择打印参数，识别可能与粉末扩散或打印缺陷相关的特征，以及基于视觉图像定义客观材料标准。

3. 过程后控制——质量检测

对于粉末床金属熔融技术来说，3D 打印制品在制备和使用过程中，某些缺陷的产生和扩展目前几乎无法避免。产生缺陷的原因主要有两个方面，一个是由材料特性导致的缺陷，这种缺陷主要是气孔，这个缺陷无法通过优化 3D 打印特征参数予以解决；另外一种则是由工艺参数或设备等原因导致的缺陷，如孔洞、翘曲变形、球化、存在未熔颗粒等。

无疑，避免缺陷的最好方式是能够在 3D 打印过程中就及时找出并纠正缺陷，但是对于打印零件的过程后质量检测仍是目前必不可少的环节。过程后质量检测的方法有破坏性检测和无损检测技术（Non - destructive Testing，NDT）[⊖]两类。传统制造领域中常用的破坏性零件检测技术，并不适合于检测 3D 打印的小批量零件或个性化定制零件，一些无损检测技术[⊜]适用于 3D 打印金属零件的表面和内部缺陷的检测。

无损检测技术有多种，一些从事金属增材制造研究的机构对多种无损检测技术在金属 3D 打印零件检测中的优缺点进行了研究。其中 NASA 和 GE 这两家航空航天领域的金属 3D 打印活跃用户，都对无损检测技术进行了研究。NASA 对计算机 X 射线断层技术、渗透测试、涡流检测、结构光、超声扫描等无损探伤检测技术的检测效果进行了研究。GE 增材制造对红外脉冲热成像和计算机 X 射线断层等技术进行了研究，GE 将计算机 X 射线断层技术用于其著名的 3D 打印燃油喷嘴的检测中。

值得一提的是，3D 打印技术在工业制造中尤为突出的应用是制造利用传统工艺无法实现的复杂零件，但并非每种无损检测技术都适合检测复杂零件的内部缺陷，在检测复杂零件内部结构方面 X 射线计算机断层技术具有优势，配合高分辨率的工业 CT 和 DR 技术，X 射线检测将在 3D 打印技术的发展中发挥更大的作用。

美国宾夕法尼亚州立大学将目前的无损检测技术针对复杂 3D 打印零件检测的有效程度做了分析，分析表明 X 射线计算机断层扫描技术是最有效的检测手段。宾夕法尼亚州立大学将金属 3D 打印零件的复杂性分为五个层级：①简单的零件；②优化的零件；③带有嵌入式设计的零件；④为增材制造设计的零件；⑤复杂的胞元结构零件。宾夕法尼亚州立大学的分析结果表明，在 5 个层级上，X 射线微焦计算机断层扫描（X - ray Micro CT）都是有效的检测手段。表 3-1 为金属 3D 打印零件无损检测效果，从中可以看出 X 射线微焦计算机断层扫描对于 5 个层级的检测都是有效的。

表 3-1　金属 3D 打印零件无损检测效果（来源：宾夕法尼亚州立大学）

无损检测技术	零件几何结构复杂性层级				
	1	2	3	4	5
VT 目视检测	Y	Y	P③	NA	NA
LT 泄漏检测	NA	NA	Y	Y	NA

⊖　无损探伤检测技术：就是利用声、光、磁和电等特性，在不损害或不影响被检对象使用性能的前提下，检测被检对象中是否存在缺陷或不均匀性，给出缺陷的大小、位置、性质和数量等信息，进而判定被检对象所处技术状态（如合格与否、剩余寿命等）的所有技术手段的总称。

⊜　过程中控制技术也属于无损检测技术范畴，但此处仅介绍无损检测技术在过程后质量控制中的应用。

（续）

无损检测技术	零件几何结构复杂性层级				
	1	2	3	4	5
PT 渗透检测	Y	Y	P①	NA	NA
PCRT 过程补偿共振检测	Y	Y	Y	Y	Y
EIT 电阻抗层析成像检测	Y	Y	NA	NA	NA
ACPD 交流电压降检测	Y	Y	P③	NA	NA
ET 涡流检测	Y	Y	P③	NA	NA
AEC 涡流阵列测试	Y	Y	P③	NA	NA
PAUT 相位阵列超声波检测	Y	Y	P②	NA	NA
UT 超声波检测	Y	Y	P②	NA	NA
RT 放射检测	Y	Y	P④	NA	NA
X – Ray CT X 射线计算机断层扫描	Y	Y	Y	Y	NA
X – ray Micro CT X 射线微焦计算机断层扫描	Y	Y	Y	Y	Y

注：Y—该技术适用；P—在适当条件下可能采用的技术；NA—该技术不适用。

① 只有表面才能提供良好的应用和清洁。

② 声束遮蔽不是问题的区域。

③ 可以通过导管或导管可以进入的外表面和内表面。

④ 不需要大量曝光/拍摄的区域。

　　X 射线计算机断层扫描技术不仅能够用于检测 3D 打印零件，还能用于经过后处理的 3D 打印零件。图 3-1 所示为 GE 燃油喷嘴的检测结果，这是经过热等静压处理的 3D 打印燃油喷嘴的 X 射线断层检测结果，热等静压工艺改善了零件内部晶体结构，提高了零件抗疲劳性能。但以上研究也指出，即使是最有效的无损检测技术目前也无法对复杂增材制造零件进行完全可靠的检测。

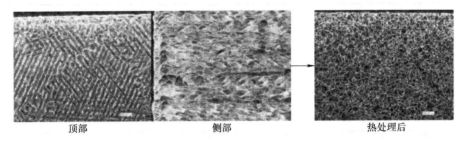

顶部　　　　　　　　　　侧部　　　　　　　　　　热处理后

图 3-1　GE 燃油喷嘴的检测结果（图片来源：GE）

　　GE 正在对金属 3D 打印零件质量检测领域积极发力。GE 下属的贝克休斯

（BHGE）检测科技部门正在推进通过金属 3D 打印零件的检测技术来微查复杂零件细节，他们的目标是使用功能强大的 X 光机、计算机断层扫描仪、超声波和其他检测设备找到一种新的快速方法，从而在 3D 打印部件中发现隐藏的缺陷，并将这种检测技术无缝嵌入 3D 打印的生产线中。

BHGE 的检测技术通过传感器和软件加速检测过程，他们正在研究机器学习系统，每天可以处理数以万计的图像，并开发机器学习算法，实现图像检测的自动化。BHGE 的检测中心还研究三维失效检测，这需要了解不同打印层之间的相互依赖关系，也是行业面临的最大挑战。GE 增材制造位于辛辛那提的客户服务解决方案中心（CSC）配备了 BHGE 目前最先进的 X 射线计算机断层扫描、超声波和远程视觉检测（RVI）检测设备，还配备了用于 CT 三维测量的先进恒温室，以及用于服务和训练的专用场地。

质量检测技术是推动 3D 打印技术，特别是粉末床金属熔融技术走向生产的关键因素。通过实现对复杂零件的检测，当前的增材制造行业有望将过程中的加工参数与模型结构以及零件力学性能建立有效的相关性分析，随着材料特征数据库的建立，以及人们对加工过程中几何形状特征与重要的工艺变量之间关系的理解，增材制造领域的知识系统有望被建立起来，从而将金属增材制造推向新的高度。

第二节　安　全　生　产

金属 3D 打印技术逐渐走向生产领域，在复杂零部件制造或小批量生产中占有日益重要的地位，GE、空客、Honeywell 等著名制造业用户近年来在全球范围内建立了增材制造中心，并安装了多台金属 3D 打印设备。除了这些大型制造企业，一些细分领域的中小型制造用户也陆续安装了金属 3D 打印设备，并打造企业在增材制造领域的竞争力。

随着越来越多的金属 3D 打印设备走向企业的生产车间，应怎样做才能确保安全生产呢？在使用金属 3D 打印设备中存在哪些需要规避的安全隐患呢？

1. 粉末和惰性气体使用中的风险

选区激光熔融金属 3D 打印机使用的材料为金属粉末，粒径为 $10 \sim 70 \mu m$。这种类型的粉末材料存在引发火灾或爆炸的风险，此外，人体对粉末颗粒的长期接触和吸入也会给身体健康带来一定隐患。

在选区激光熔融工艺中，激光器将金属粉末进行局部的熔融。这个过程是在充满惰性气体（氩气或氮气）的环境中进行的，这些气体可以在封闭的环境下产生氧气，这也是第二个风险的来源。此外，金属粉末激光熔融过程中将产生一定"烟雾"，这些物质会沉积在打印室和过滤器中。烟雾中的颗粒比金属粉末本身更细,也存在着与金属粉末类似的安全隐患,因此需要定期清洁。

总结下来,选区激光熔融在打印过程中主要存在四个隐患:火灾和爆炸,粉末吸入和接触,惰性气体窒息以及材料废物对环境的影响。

2. 火灾和爆炸

火灾和爆炸通常是由多种条件同时满足而引起的,引起火灾的条件包括氧气、燃料、点火源。当同时具备氧气和燃料这两个条件时就存在着火的隐患了,此时需要避免火源。环境中产生的静电有可能成为点火源,另外受热物体表面、气体都有可能产生静电及火花从而成为点火源。引起爆炸的条件包括粉尘、氧气、燃料等。

当然,即使是以上条件同时具备也并非意味着一定会引发火灾和爆炸,只有当这些条件达到一定水平时,才会发生危险。比如,燃烧的风险随着粉末粒径的减小而增加,因此在风险控制工作中,应该注意金属粉末的属性。通常,铝合金、钛、钛合金以及这些金属粉末所产生的烟雾引发火灾或爆炸的风险高于钢、铬镍铁合金、青铜、钴铬合金等非活性金属。

不熟悉金属 3D 打印技术的朋友也许没有意识到,除了在材料储存和打印过程中需要注意安全规范地处理 3D 打印粉末材料,在进行 3D 打印零件后处理时,也尤其需要注意残存粉末材料的安全处理。这是因为当金属 3D 打印零件从打印设备中取出时,零件中或其支撑结构中仍然含有微量的粉末材料。大多数金属 3D 打印零件的支撑结构是中空的,因此粉末可能被困在里面。当零部件被从构建板上取出时,这些支撑结构的一端有可能将困在支撑结构中的金属粉末释放到大气中。

即使是通过抽真空等方式进行二次清洁处理,也难以彻底清洁零件及支撑结构中的残余金属粉末,因为粉末颗粒可以在应力释放期间黏附到支撑材料的内壁或部分地熔融到零件表面上,难以被彻底清除干净。钛、铝等活性金属粉末材料在处理时要尤其小心,如果打印零件中的残存粉末被重新释放到后处理设备中,在量达到一定水平,并且与火花接触的情况下,则有引发爆炸的风险。

因此在通过电火花线切割(EDM)、机械加工等方式进行金属零件后处理的过程中,一定要注意粉末的残存量,安全、规范地进行零件的后处理。比如说,通常去除支撑结构的建议处理方式是通过水下的加工方式来移除构建基板,从而使得这些松散的粉末释放到水中。当将 3D 打印的金属零件放在磨床或车/铣床上进行加工的时候,一定要确保这些零件中的粉末不会在加工过程中发生的火花点燃情况下引起爆炸。

全面了解和诊断与金属 3D 打印有关的安全隐患的技术研究还在进行中,必要的时候需要事先通知当地的消防队员以便在紧急情况下做出更快的响应。

3. 粉尘吸入和接触

金属 3D 打印粉末的粒径为 $10 \sim 70\mu m$，这类粉末处于对人体的呼吸系统产生伤害的边缘。有学者在研究论文中表明，人体在吸入直径为 $10 \sim 70\mu m$ 的粉末颗粒之后，这些细微的粉末颗粒可以沉积在气管和支气管中，最终被人体吞咽和排出，在这个直径范围内的粉末颗粒，对人体肺部产生伤害的可能性较小，因为只有直径在 $2\mu m$ 以下的颗粒才能到达肺泡中对肺部造成伤害。但是由于人体长期处在金属粉末的环境中究竟会对身体造成怎样的伤害目前并没有得到充分的证实，因此粉末操作人员仍应佩戴呼吸器等防护设备，对身体进行保护。

4. 惰性气体窒息

选区激光熔融 3D 打印设备在工作状态下会用到氩气或氮气这样的惰性气体。惰性气体如果由于某些原因发生泄漏，则可能产生严重后果。由于这两种气体都不能被人体所察觉，受害者会在没有防备的情况下吸入含有这两种气体的空气。在人体呼吸的空气中氧气含量为 21%（体积分数），如果因惰性气体泄漏而使氧气含量低于 19.5%，人体就会因氧缺乏而受到伤害。这种情况特别容易发生在比较封闭的小操作间里，金属 3D 打印用户应该注意这种潜在的风险，并采取预防措施，防患于未然。

5. 环境影响

环境影响是粉末床工艺的金属 3D 打印机在使用过程中的一个挑战。处理和收集设备中不同部位"散落"的金属粉末，在这个处理过程中也存在上述火灾、爆炸和吸入性伤害等风险。另外，存储中散落出来的粉末可能对外界环境造成一定危害。

建议在使用金属 3D 打印设备前，除了充分了解这些关系到安全生产的因素，还应参加打印设备厂商提供的系统培训，向设备厂商了解设备的安全操作规范，并结合消防、安全生产条例做好规范的预防措施。

第三节　后处理对增材制造的影响

虽然在前面的章节中提到过热等静压、热处理等后处理技术，不过很显然，后处理包括的工艺很多。本节专门来剖析后处理的多样性以及重要性。

很多用户在初次接触 3D 打印技术的时候都有个误解，以为 3D 打印的零件从设备中取出来以后就可以直接进行装配或使用了，而事实上并非如此。每一个 3D 打印成功案例的背后，都少不了后处理工艺的"功劳"。仅仅是去除 3D 打印过程中产生的支撑结构和改善零件的表面粗糙度这两项任务就足以让后处理工艺成为增材制造中不可或缺的环节。部分金属 3D 打印零件还需经过热等静压等热处理工艺，改变金属、合金等材料的微观结构。

当前的粉末床金属熔融 3D 打印技术的确存在着一些"先天不足"，比如说内部存在气孔、未熔融粉末等。有了先天不足，就需要后天来补，对于金属 3D 打印件的其中一项常用的"补足"工艺是热等静压。

热等静压工艺的原理是将制品放置到密闭的容器中，向制品施加各向同等的压力，同时施以高温，在高温高压的作用下，制品得以烧结和致密化。热等静压工艺目前在粉末床金属熔融技术加工出来的零件上用得比较普遍，热等静压技术的常见应用包括铸件缺陷修复、金属粉末和陶瓷部件的固结或者扩散黏结。通过该工艺可以减少金属 3D 打印零件内的空隙。

不过热等静压工艺并不是万能的，它并不能消除金属 3D 打印零件的所有缺陷，比如说对于那些从零件内部延伸至零件表面且与外界气体介质相通的缺陷和零件内部存在的较大缺陷都无法通过热等静压工艺来补足。

"后天补足"的方式是多种多样的，除了常用的热等静压工艺，还有热处理工艺。热处理是指材料在固态下，通过加热、保温和冷却的手段，以获得预期组织和性能的一种金属热加工工艺，总体来说热处理环节对于需要一定机械抗疲劳性能的零件必不可少。

在大多数情况下，热处理都不会改变设计，除非在热处理过程中发生显著的失真。目前，由于残余应力的影响，很难通过激光熔融的方式来生产大的部件。电子束熔融加工工艺一般在水平和垂直方向不需要应力消除。如果在热处理过程中，存在几何失真的问题，可以在设计过程中考虑添加一些选项，例如在薄壁构件周围加上节点或框架，这样就可以在热处理过程中提高稳定性。

当然，不同的 3D 打印技术所结合的热处理技术也有所区别，例如，Norsk Titanium 通过其快速等离子体沉积（RPD^{TM}）技术为波音飞机生产的 Ti - 6Al - 4V 钛合金零件则是通过 Solar Atmospheres 公司的真空热处理技术达到零件性能要求的。Solar Atmospheres 公司的真空热处理炉消除应力能够满足 AMS 2801 和其他 OEM 严格的规范要求。所谓真空热处理，是把工件在 10^{-1} ~ 10^{-2} Pa 真空介质中加热到所需要的温度，然后在不同介质中以不同速度进行冷却的热处理方法。

不过，并不是所有应用 3D 打印技术的用户都愿意去寻求额外的热处理解决方案，因此一些增材制造设备厂商顺应市场需求，为用户提供一揽子解决方案，例如 Additive Industries 公司的 MetalFab1 增材制造系统就集成了热处理。该系统采用模块化设计，基于多激光器的粉末床激光熔融工艺是其中的核心技术，系统中集成了自动化的热处理模块、交换模块、存储模块。这的确是国内设备制造商可以借鉴的差异化思路。

表面粗糙度对机械零件的使用性能有很大影响，关系到零件的耐磨损性、抗疲劳强度、耐腐蚀性、密封性、接触刚度、测量精度等。以疲劳强度为例，粗糙零件的表面存在较大的波峰波谷，它们像尖角和裂纹一样使零件对应力集中非常敏感，从而影响零件的疲劳强度。金属 3D 打印零件面临着提高表面质量的挑战，而后处理是解决这些问题的重要方案。

图 3-2 所示为电子束熔融 3D 打印钛金属零件后处理前后对比，图 a 为后处理之前的零件，图 b 为后处理后的零件，后处理工艺为水射流清洁，可以看到后处理之后 3D 打印零件中晶格结构的表面质量得到提升。

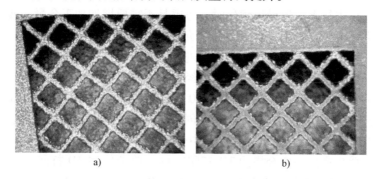

图 3-2　电子束熔融 3D 打印钛金属零件后处理前后对比（图片来源：Bel Air）

通常，在开始进行设计之前、确定采用何种 3D 打印技术之时，就应确定零件表面质量的要求。以粉末床选区激光熔融 3D 打印技术制造的零件来说，即使是同一个 3D 打印零件，不同位置上的表面粗糙度也会有所差异，这与打印零件的成型方向和在打印基板上的定位是相关的。因此，为了获得最佳的表面粗糙度，需要把握好零件关键面的成型方向。还有一个考虑的因素是打印速度，打印速度和表面粗糙度是负相关的两个因素。另外，零件的表面粗糙度关系到后处理时的材料去除量，一般来说打印零件的表面粗糙度数值越高，在后处理时需要去除的材料就越多。

3D 打印表面质量后处理的工艺有多种，例如水射流清洁和湿磨工艺、电化学抛光、机械加工、电火花加工等，没有哪种技术可以对所有的 3D 打印零部件进行后处理。3D 打印零部件的表面质量受到打印机类型、打印技术和材料粒度多种因素的影响。后处理技术需要与打印材料、打印技术和零件几何形状相匹配，有时多种不同技术可以用于一种零件的后处理。

在设计 3D 打印零件时要考虑的不仅仅是 3D 打印工艺，还要考虑后处理工艺对设计的约束，并为后处理预留出加工余量。例如，一个原本由 5 个部分组成的部件，可以被设计为功能集成的一体化 3D 打印零件，但是在采用这种设计方案的时候应考虑到打印完成后的表面处理要求，有时传统精加工技术可能并不适用加工这种 3D 打印的零件，那么，这种情况下就需要重新调整设计方案，考虑将整体式的零件拆分为两个部分，打印完成之后进行组装。再举个例子说明，在选区激光熔融设备中，零件和基板基本上是焊接在一起的，零件必须用机械方法如电火花线切割或带锯来切除，电火花线切割是一个更准确的过程，所以在设计的时候去除余量大约 3mm 厚，而如果用锯来分离零件，建议至少添加 5mm 的余量。

对初次打印的零件进行后处理之后，工程师应收集后处理的结果及数据，以用于下一轮的设计优化。通过评估尺寸公差、表面粗糙度以及在后处理中损失的几何形状，在进行下一轮设计优化时，考虑是否需要增加加工余量，或者考虑是否需要将零件拆分为多个组件等。条件允许的话，用不同的后处理技术进行 3D 打印零件的表面处理，对每种产品原型进行分析，掌握每种工艺的限制因素。

不过，或许不久的将来，依靠人工经验进行设计优化的方式将被软件全面替代。Autodesk 公司目前已经在 Fusion 360 设计解决方案添加了对 3D 打印零件后处理工艺进行规划的功能，软件能够在创成式设计过程中将加工余量设置好，以免设计师在 3D 打印后进行的减材加工中受到限制。

显然，要生产出一个合格的 3D 打印零件，单纯依靠 3D 打印设备是不现实的。3D 打印技术并不是一个孤岛，如何实现将设计、加工准备、加工过程、加工过程控制以及质量检测等每个环节紧密地协调在一起，形成一个完整的工艺链是实现增材制造生产的成功要素。

第二部分
市 场 篇

第四章
3D 打印的发展：宏观层面

　　凯文·凯利在《新经济，新规则》一书中曾说过，企业从一个山峰直接跳到另外一个山峰是不可能做到的。不论一个组织有多明智、速度有多快，要去到想要去的地方，它必须一步一步地从原来所在的地方走下来，放下曾经的辉煌成就，这会使人感到一种痛苦。

　　这种难熬的过程不仅适用于网络经济，也适用于实体经济，增材制造与应用端的结合，如何切入到应用端，而应用端如何放下以往的辉煌，努力在增材制造领域创造新的成绩，这也是一种难熬的过程。

　　虽然 3D 打印技术极具吸引力，但是从 20 世纪 80 年代诞生至今它与应用端的结合速度非常缓慢，究其原因，除了 3D 打印技术本身还有许多需要完善之处，除了材料还需要更好更便宜以外，我们也不应低估了应用企业做出这种颠覆性转型所需要付出的努力。

　　就拿深入拥抱增材制造技术的 GE 公司来说，GE 历经多年研发的 3D 打印燃油喷嘴已在商业化道路上获得了成功，GE 看到了增材制造的深层次影响，但不可否认的是引入增材制造技术也给 GE 带来了很多压力，例如供应链、库存管理改变所带来的压力和培养增材制造人才的压力。可见，工业制造企业从传统制造模式这一"山峰"走下来，并重新攀登 3D 打印/增材制造这一新的"山峰"的过程是极为艰难的。

　　当然新兴的制造领域也将成为 3D 打印技术的"新山峰"，比如说电动车制造。电动车的市场正在迎来从量变到质量的飞跃，3D 打印技术无论是助力电动汽车的研发，还是在全新的车身结构，轻质结构的实现，以及汽车内饰、智能互联方面都有着巨大的潜力。

　　凯文·凯利在《新经济，新规则》中还指出，在新经济波涛汹涌，快速变化的环境中，只有反应敏捷、顺应变化、行动快速的公司才能成功。快速走向新方向只解决一半问题，快速放弃旧有成就才能解决另一半问题。而目前处于 3D 打印技术应用端的工业制造企业正走在哪段路程之上呢？我们可以边了解 3D 打印技术及其应用的宏观、微观发展情况和发展趋势边思考这个问题。

第一节　3D 打印进入生产

的确，3D 打印技术很多人听起来感觉很新鲜，实际上这项技术存在已久。3D 打印技术诞生在 1984 年，3D Systems 公司的创始人 Charles Hull 发明了立体光固化设备，通过 UV 激光固化光敏树脂的技术制造三维实体模式，用途是帮助设计师进行产品设计验证，也就是制造产品原型。

对于存在了 30 多年的技术，如果有人说这项技术将带来工业革命，那无疑让人感觉底气不足，似乎我们所认为的革命应该像暴风雨一样迅猛才对。但是 3D 打印的应用发展多年却仍局限在原型制造领域，这似乎与革命的味道相差甚远。

进入到 2010 年以后，更加高效的 3D 打印技术陆续出现，3D 打印材料种类也日益丰富，仿真优化技术与增材制造的结合日臻紧密，3D 打印技术在生产中的价值浮出水面，全球范围内制造企业所开发的生产级应用也陆续出现。

那么，3D 打印的真正用武之地是仅限于研发过程中的原型制造，还是可以在生产领域有更广泛的作为？

关于这个话题，至今，工业制造界对 3D 打印的态度仍分为消极和积极两种，持消极态度的企业对于 3D 打印技术甚为质疑甚至是漠不关心，根据 3D 科学谷的观察，与仍在纠结这一技术的潜力大为不同的是，很多持有积极态度的工业制造企业早已不再观望，这些企业大多对 3D 打印技术进行了多年的应用探索，他们对 3D 打印技术的应用不仅仅是制造原型，而是用来制造全新的产品，即通过 3D 打印设备生产前所未有的零件。

GE 航空发动机燃油喷嘴、西门子的燃气轮机部件、阿迪达斯的鞋中底、史赛克（Stryker）的外科植入物、涡轮机叶片等已经进入到市场的产品都是非常典型的 3D 打印生产级应用。如果说这几种典型应用只是在航空航天、医疗等产品附加值极高，对制造成本又不是非常敏感的行业中发挥价值，那么即将在汽车制造中出现的生产级应用则更加能够体现出 3D 打印技术在生产中的前景。

在国际上，一些拥有核心零部件研发能力的汽车制造企业已在开展 3D 打印汽车零部件研发，例如汽车传动系统制造商吉凯恩在其创新中心中通过增材制造技术来重新设计和制造下一代车辆的定制零件，还与保时捷通过金属 3D 打印开发新型电子驱动动力总成的应用。美国通用汽车也在增材制造生产领域投入很大，通用汽车计划在 2019 年内在汽车内安装金属 3D 打印的轻量化零件。通用汽车将 3D 打印用于原型制造的历史长达 30 年之久，3D 打印正在进入到通用汽车的生产领域。

1. 效率提升，成本下降

早在 2013 年，麻省理工技术评论就已将增材制造技术列为十大开创性的技术之一。然而那时增材制造本身和后处理的效率低，并且设备价格昂贵，仅设备的折旧成本就可以占掉零件成本的一半。随之而来的是设备的升级，例如新一代选区激光熔融金属 3D 打印设备使用多个激光器，具有更大的建构室，并带有自动化的上下料系统以及改进的在线监测功能。所有的技术提升都在大幅度提高增材制造技术的商业价值。

3D 打印材料也是一个影响成本的主要因素，但是打印材料价格的显著下降将是个必然的趋势。以金属增材制造为例，曾就职于西门子的金属增材制造领域的资深专家 Bernhard Langefel 认为在接下来的 5 ~ 10 年中，金属打印产品的价格会降低一半，并继续下降至目前的 30%。而在 2018 年各大塑料 3D 打印材料商就纷纷宣布材料降价，有的材料降价幅度高达 50%。

2. 创造高附加值产品

目前，增材制造技术发挥的主要空间是个性化定制产品的小批量生产，或者是生产对于传统制造技术来说非常复杂的产品，如：功能集成性零件、拓扑优化异形零件。增材制造技术发挥的空间还包括制造特殊材料配方的产品，如纳米陶瓷增强高温镍基合金零件，金属增材制造工艺能够更加精确地控制不同材料的微观晶粒结合。

制造企业是否采用 3D 打印技术，还需要综合考虑产品在整个生命周期的价值传递作用，这种作用在航空工业中体现得比较明显，简单举个例子来说，GE 通过增材制造的方法不仅改善了喷油嘴容易过热和积碳的问题，还将喷油嘴的使用寿命提高了 5 倍，并且将提高 LEAP 发动机的性能。从这个案例来看使用 3D 打印技术就是有意义的。

由于增材制造技术还可以实现无模具直接制造，所以制造小批量备品备件时更加灵活，只要有能够进行 3D 打印的设计文件，就可以实现按需生产。这将消除实体备品备件的储存和运输成本，也能减少待维修设备的停机时间。西门子燃气轮机的维修就是一个典型的案例，用增材制造技术进行损坏零件的维修，减少了大约 90% 的维修时间，通过直接在缺损零件上以近净成型 3D 打印的方式制造缺损部分，维修费用也将降低。

3. 供应链将被颠覆重组

虽然在短期内 3D 打印能够发挥作用的应用领域，要么是小批量生产，要么是复杂产品的生产，市场研究机构德勤指出，随着 3D 打印技术的发展，3D 打印技术实现中等到大批量的生产可能性很大。

可以说德勤的预测已经在现实中可以找到现实的应用例子，包括瑞士峰力的助听器，Stryker 以及爱康医疗的骨科植入物，Invisalign 以及时代天使的隐形牙齿矫正器，阿迪达斯 Futurecraft 4D 的鞋中底，GE 的燃油喷嘴、叶片，西门子的燃烧器零件以及叶片，牛津性能材料（OPM）为波音 CST - 100 宇宙飞船提供的 3D 打印结构件，宝马 i8 Roadster 的 3D 打印行李盖支架，还有大量的卫星、火箭上面都装有 3D 打印零件。3D 打印已经不是处于蹒跚学步阶段了，而是越来越得到成熟的产业化应用。

由于 3D 打印技术的使用，减少了对铸造、锻造、模具制造等工艺的需求，并且减少了对零件装配的需求，在增材制造的生产环境中，对大面积厂房、车间等物理基础设施的投资需求就没有传统制造模式那么高了。正是这种方式，使未来 3D 打印可以挑战现有以规模经济为主导的制造业，从多站式的生产、物流、组装的大规模的生产模式，逐渐转化成分布式网络化生产，缩短全球供应链网络，由 3D 打印材料供应商和服务商连接的网络直接接近最终用户。

如果这种分布式制造的模式走向成熟，制造业、物流业和仓储业都将受到这些因素的影响，货物运输和港口配置也将转化，土地分区政策可能要重新评估。但分布式制造的模式走向成熟需要具备几个条件：个人用户或企业用户对产品有个性化需求；产品的价值在整个产品生命周期中彰显；增材制造工艺及其后处理工艺的效率提高，产品质量稳定。

未来，一部分的产品将不再需要实物跨洋跨海的贸易，而是只需要交易三维模型数据。而包括一些跨国参加展览，有的则不需要将展品运输到国外，而是将数据传输到国外的 3D 打印服务公司，本地打印本地展示。这样的情况在 3D 业界已经出现，国内的三维设计公司极致盛放在参加意大利的展会的时候，将其婚纱设计稿发到比利时 Materialise 的 3D 打印工厂，Materialise 工厂将婚纱 3D 打印出来后，发送到意大利，这减少了海外参展的运输报关流程与成本。

第二节　迎接商业模式的重构

很多公司通过 3D 打印技术所带来的产品附加值和综合效益来提升竞争优势，而这些变化都将改变他们的商业模式。GE 在一期 Industry in 3D（工业中的 3D 技术）系列访谈中也谈到了如何更好地应对 3D 打印带来的对于商业模式的重构。当时 Carbon 的联合创始人及 CEO 和阿迪达斯的品牌战略副总裁谈到对关于数字制造的看法，包括无模化、定制化、按需生产、减少环境污染、材料可回收等。

3D 打印带来个性化生产模式，生产可以离消费者很近。那么无疑，即使没有美中的贸易争端，随着制造技术的发展，制造业向手握强势品牌的国家回归也是极有可能的趋势。这就需要我们重新审视我们所熟悉的制造环境，之前我们习以为常的商业模式和国与国的竞争方式正在发生改变。

根据市场研究机构 Gartner 预测，2021 年以前，3D 打印带来的商业模式的改变，在医疗、航空航天、消费品领域体现得最为明显。

1）预测：到 2021 年，75% 的新型商用和军用飞机将搭载 3D 打印引擎、机身和其他部件。

航空航天业是第一批采用 3D 打印的行业之一，虽然原型制造仍然是所有行业 3D 打印的主要应用范畴，但航空航天领域已经积极地将 3D 打印的应用推向模具、夹具和零件生产方面。例如，经过 20 多年的经验积累，波音公司在 4 个国家的 20 个地点进行了增材制造，在商业和国防项目中，有超过 5 万个 3D 打印部件正在飞行。

GE 航空新型先进涡轮螺旋桨发动机设计将 855 个常规制造零件减少至 12 个 3D 打印零件，并且功率增加 10%，节省 20% 的燃料，缩短开发周期并降低设计成本。

2）预测：到 2021 年，25% 的外科医生将在手术前在 3D 打印模型上进行练习。

3D 打印是复杂外科手术预规划的工具，已有少量医院在开展这一应用，涉及的学科包括：骨科、神经外科、心脏外科、肿瘤外科等。3D 打印模型是根据患者的医学影像数据所转换的三维模型设计的，能够真实地还原解剖结构，用多材料 3D 打印的模型还可以逼真地还原人体器官的"质感"，为医生进行手术预演创造了更加便利的条件。

Gartner 估计近 3% 的大型医院和医学研究机构已经具备了在内部进行 3D 打印的实力。而根据 3D 科学谷的市场研究，GE 等医疗设备制造商，也在将三维建模和 3D 打印功能向新一代的设备或软件中集成，也就是说 3D 打印手术模型或将成为术前准备中的一项标准配置。这些技术与 Gartner 所预计的手术训练、模拟的"交钥匙"方案类似，医疗团队可以通过集成的系统直接获得 3D 打印模型，无须为了某台手术单独和工程师团队进行沟通。

而不仅仅是 3D 打印模型，3D 影像虚拟现实（VR）技术也被应用到手术练习方面，通过交互式的全息三维医疗模型使医生直观地进行手术规划和模拟。

3）预测：到 2021 年，世界前 100 家消费品公司中有 20% 将使用 3D 打印来制造定制化的产品。

快速产品原型是消费品公司目前最广泛使用 3D 打印技术的应用，如联合利华（家用产品）通过 3D 打印技术来大幅缩短设计和生产时间，节省成本。不过快速原型并不是消费品行业唯一相关的应用领域。

3D 打印也可能对消费品公司供应链产生重大影响，定制化按需生产将减少库存，这驱动着一些将消费品公司能够重新思考他们的商业模式，比如说有几家欧洲的山地自行车制造商，开发了适合用 3D 打印进行制造的轻量化自行车，这些产品接受客户的按需定制。

虽然，增材制造不可能完全取代消费品市场的大规模生产模式。但不可否认的是，产品的批量和产品的生命周期正在急速缩小和缩短。就拿鞋业来说，在 2011 年以前匹克同款式的鞋可以做 20 万双，而到 2011 年同款式的鞋也就两三千双，其中还包括不同颜色的。而近两年来，匹克、阿迪达斯、安德玛等运动鞋品牌推出了带有 3D 打印鞋中底的运动鞋，这些运动鞋中的 3D 打印中底是根据某一项体育运动而设计的，产量从几百双到上千双不等，与传统规模生产的数量相比，这些运动鞋属于小批量的产品。

的确，消费者追求个性化的意识更加强烈了，消费者品味的变化倒逼着消费品市场寻求更加灵活的生产方式。与传统制造技术相比，现在的公司必须学习如何使用 3D 打印技术，从而更有意义地进行批量与成本效益的权衡。

4）预测：到 2021 年，20% 的企业将建立内部创业公司来开发新的 3D 打印产品和服务。

已发展成熟的公司正在面临着创业公司的竞争，为了与这些快速发展的新兴公司进行竞争，部分成熟企业内部出现了鼓励内部创业的情况，以快速跟踪 3D 打印技术和其他创新技术可能会对当前业务产生的威胁。

比如说，空中客车、巴斯夫、GE、卡特彼勒等一批大型企业已经建立了工业规模的 3D 打印内部创业模式，这些公司将加快 3D 打印集成到现有制造流程中的速度，制造传统技术难以实现或成本太高的零部件。

3D 打印内部启动的概念正在迅速获得大型成熟企业的重视，并将在未来几年变得更为普遍。

5）预测：到 2021 年，40% 的制造企业将建立 3D 打印卓越中心。

国际上几家著名工业制造企业都成立了 3D 打印卓越中心。

西门子通过英国林肯工厂及其收购的英国 3D 打印公司 Materials Solutions，对 SGT‒400 燃气轮机的叶片进行了重新设计，用 3D 打印技术生产的叶片具有完全改进的内部冷却几何形状。而叶片的批量生产通过位于美国 Worcester 的工厂来完成。在这里，西门子林肯工厂就扮演了卓越中心的角色。

2017 年，吉凯恩集团在牛津郡阿宾登开设了一个新的卓越中心。新中心将致力于为吉凯恩的汽车业务开发先进制造技术，包括定制化的 3D 打印零部件、电动传动系统、复合材料等。

德国奥迪与德国工业级 3D 打印制造商 EOS 建立了伙伴关系，双方的合作涉及奥迪全面部署工业增材制造技术，并且，奥迪在英戈尔斯塔特建立相应的 3D 打印卓越中心。通过这种合作关系，奥迪从 EOS 获得的支持包括：提供适合的增材制造系统和生产流程，共同进行 3D 打印的应用开发，构建内部的增材制造知识，将奥迪工程师培训成为内部增材制造专家。

在过去几年中，已经建立了工业规模的 3D 打印卓越中心（Center of Excellence，COE）的企业还包括：波音、强生、劳斯莱斯、宝马、GE 等，同时他们已经将 3D 打印相关的工作流程整合到关键业务流程中。卓越中心的功能是能够更好地完善现有的 3D 打印方法，并为推广 3D 打印技术做准备，同时创建度量标准，重点改进设计创新，健全关键流程标准化，并重点改进质量和检验流程。3D 打印卓越中心还可以作为供应链合作伙伴的培训机构或体验中心，并为企业内部的团队提供培训机会。

3D 打印卓越中心是企业发展的加速器，长期目标方面卓越中心可以实现设计和制造过程的无缝对接。如果成功，卓越中心在产品的设计、制造和维护中引入 3D 打印技术具有广泛的意义。

虽然中型企业制造商开始效仿卓越中心的理念，但投资较少。这些公司倾向于将 3D 打印服务外包出去，因为所需的资金成本和专业劳动力往往是一个太大的壁垒，使得这些中型企业无法自行承担卓越中心的运转成本。工业制造企业可以借助 3D 打印厂商的力量来进行卓越中心的部署。

第三节　国内当前三大"接地气"的机会

3D 打印行业进入快速发展期，为我国企业带来前所未有的机遇，同时也伴随着相当大的风险。我国企业所面临的风险不仅仅是技术问题，还有商业模式和战略能力方面的挑战。一切都在变化中，从设备技术的快速发展，材料技术为设备带来的新市场发展空间，企业的内部生态圈战略版图新布局，销售网络与商业模式的演变……，无一不处于动态的变化当中。

3D 打印行业商业化的应用案例越来越多，但是并非是每家企业都能像 GE 的燃油喷嘴那样，也并非是每家企业都有阿迪达斯和 Carbon 在开发 3D 打印鞋中底时所具有的契合度，即使是像国内企业爱康医疗通过 3D 打印来制造骨科植入物的商业模式也具备极高的门槛。

3D 打印无模化的特点使得这项技术尤其适合原型及个性化和小批量的生产。3D 打印由于适合用于传统制造技术难以实现的复杂产品的加工，因而这项技术在轻量化、一体化结构实现方面有着一定的颠覆力。而这一切都回归到 3D 打印对于最终产品的附加值输送。

国内的 3D 打印应用与国外相比可以说是冰火两重天，一部分原因是国内进入到 3D 打印应用领域的不少企业几乎没有制造业基础，很多盲目的追逐风口，以轻量级、无基础的情况进入到 3D 打印领域。再加上缺乏对市场需求的深入理解，缺乏现有的销售渠道，缺乏搭建好的技术壁垒，想要实现 3D 打印与应用的结合是非常具有挑战的。

拿名不见经传的牙科隐形矫正器来举例，根据 Yahoo Finance 上的数据显示，美国的 Align Technology（ALGN）公司凭借着牙科隐形矫正器以及扫描器，其年收入可达到 15 亿美元，流通市值达到 177 亿美元，光固化 3D 打印技术是 Align 制造隐形矫正器所必需制造工具。

由此看出 3D 打印可以"撬动"的应用产业价值远远大于 3D 打印本身，我们先不谈 177 亿美元的市值，只谈 15 亿美元的销量与 3D 打印行业相比较来说是什么概念？国内目前的 3D 打印新三板挂牌的领头羊企业一年的收入约 3.5 亿人民币。也就是说如果我国出现两家 Align Technology 这样体量的公司，凭借着牙科领域的塑料 3D 打印，就可以达到年产值 200 亿元，当然这里面可以牵动多大的增材制造产业的产值，我们还没有相关数据。

3D 科学谷预测，3D 打印在国内今后 5 年的发展将经历一个全面的洗牌期。缺乏基础和核心竞争力的企业被洗牌出局，更多具有制造基因的企业入场并与 3D 打印深度融合。当然，国内并非所有的 3D 打印应用公司都缺乏制造基因。所谓厚积薄发，国内也有例如爱康医疗这样的公司，基于其骨科的丰富经验，再开发 3D 打印植入物，他们的成功显得更加顺其自然。再或者像东莞科恒，基于其做手办的市场份额，将制造方法切换到更多的 3D 打印技术的应用，这属于顺势而为。

而结合中国的特点，当前 3D 打印进入商业化应用领域可操作的空间在哪里呢？接下来，我们将结合应用领域在中国当前的状况，3D 打印技术与应用领域的结合度，以及当前国内可对标和参考的企业，这几个思考点来进行剖析。

1. 牙科

3D 打印在牙科领域的应用已经引起了各方面的重视，其中国内通策医疗已经将 3D 技术运用在矫正、种植和补牙中，天津杰冠医疗科技也与银邦股份合作开发 3D 打印在齿科领域的应用。

（1）隐形矫正器　根据 3D 科学谷的市场研究，3D 打印隐形矫正器正在形成产业化趋势。美国 Align Technology 公司于 1998 年在全球率先推出隐形矫正器，产品名 Invisalign（隐适美）。该产品目前是全球应用最广的隐形矫正器。隐适美 2011 年进入中国，目前市场占有率还不高。国内企业中，北京时代天使于 2003 率先推出自主研发的隐形矫正器，是国内份额最大的企业。此外，上海正雅齿科、西安恒惠在该领域实力也较强。近年来，隐形矫正市场中出现的品牌陆续增多，如 Dentosmile、缔佳医疗器械（美立刻）、美加易等。

（2）义齿与种植牙　义齿的 3D 打印国内已经涌现了众多的企业，根据 3D 科学谷的市场研究，博恩登特等义齿加工企业这个领域拥有多年的应用开发经验。在义齿金属 3D 打印设备方面，除了 Concept Laser、EOS 等国际品牌，国内品牌铂力特的选区激光熔融 3D 打印设备 BLT – S200 以及汉邦科技的金属 3D 打印设备选区激光熔融 – 100 在义齿加工领域有着深入应用。

种植牙的 3D 打印正处在蓄势待发的阶段，2018 年全球种植牙的市场规模预计将达到 66 亿美元，年复合增长率为 10%。2017 年，在科技部公布的首批"十三五"国家重点研发计划获批项目中，北京大学口腔医院唐志辉教授牵头的"增材制造和激光制造"重点专项项目"增材制造个性化牙种植体与颌面骨、颞下颌关节修复体的关键技术研发"位列其中，这也是"增材制造和激光制造"重点专项内获批的唯一口腔医学研究项目。

根据相关资料，种植牙技术目前在我国的使用状况却不够普遍。统计数据显示，2016 年全球牙种植体使用量约为 1800 万颗，而我国仅占 80 万颗，比例不足 5%。业内人士分析说，其中的重要原因是，种植技术复杂，牙种植体市场长期被国外产品垄断，价格高昂。现在一颗种植牙的手术费、种植体费用以及牙冠费用全部加起来价格约为 1.6 万元左右。其中，种植体的价格占比最高，我国目前所用的种植体中，90% 以上来自进口。

2018 年，根据 3D 科学谷的市场研究，国内有望出现进入到种植牙 3D 打印的第一梯队公司。其中，广州市健齿生物科技有限公司通过其一系列的专利技术为产业化应用打下了基础，其基于选区激光熔融金属 3D 打印技术，解决了 3D 打印螺纹成型效果不佳的问题，保证了植体的精度及配合，具有很好的植入稳定性及骨细胞附着性。

根据 3D 科学谷的市场研究，国际上，德国口腔产品制造商 Natural Dental Implants 公司早在 2006 年就推出定制化种植牙产品 REPLICATE Tooth 系列，所用的制造技术是 CAD/CAM、数控铣床等数字化技术。目前 Natural Dental Implants 已经开发出 3D 打印的 REPLICATE Tooth 种植牙产品原型，种植牙的钛金属牙根是由 3D 打印技术直接制造的。该产品在 2017 年内开始进行深入测试。

（3）间接产品　除了制造最终产品，牙科领域还有需要大量定制化的间接产品，例如牙科模型。这些产品往往对力学性能没有太高的要求，但却是最终产品制造和牙齿修复过程中的有力工具。这类间接应用产品的定制化生产需求推动了塑料 3D 打印技术在牙科行业的增长与发展。

口腔影像技术、三维建模技术、计算机模拟技术与 3D 打印等数字化加工技术相互衔接、配合，共同构成了手术导板的数字化设计与制造工艺。基于光聚合工艺的数字光处理（Digital Light Procession，DLP）3D 打印机与生物相容性材料逐渐挑起了手术导板制造的"大梁"。

手术导板是在实施种植手术前制造完成。通过数字化技术制造的手术导板，精准地确定了种植体半径、种植深度、倾斜度以及种植体与牙颌窦底距离等关键信息。牙医按照种植导板的"导航"进行操作，不需要反复切开、翻瓣、缝合，缩短了种植手术时间，使手术更加精准，大大减轻了患者的痛苦。

在这方面，我国已经拥有了不少公司从事牙科间接产品的 3D 打印，而下一步，如何实现完全数字化的制造将是 3D 打印进入到产业化应用阶段的助推器。

2. 随形冷却模具

随形冷却是复杂模具设计的首选方式，冷却通道可以被设计成复杂的异形，管道直径可以不断变化，根据冷却要求，横截面也可以是椭圆形或者方形。使用正确的计算和冷却分析可以极大地优化模具冷却方式，从而缩短模具周期，提高部件质量，特别是在易失真和变形区域。模具随形冷却水路的制造工艺，现在常采用选择性激光熔融技术。

随着中国模具登上世界竞技舞台，中国的模具质量得到不断的提高，中国模具行业是个近 2000 亿元产值的市场。3D 科学谷预计 2020 年国内 3D 打印可渗透的市场在 30 亿元左右，该数据包括 3D 打印设备、材料、模具产品的 3D 打印服务。

在国际企业中，EOS、雷尼绍都积累了丰富的随形冷却模具应用经验。此外还有一些专注于随形冷却模具制造的公司，例如美国密歇根州的 linear 模具 & 工程公司（以下简称 linear 公司），这家公司创建于 2003 年，是一家专注于高生产量的注射模具设计、工程以及制造的公司。自 2005 年，linear 公司开始了直接把金属 3D 打印技术用于原型和最终零部件产品的探索，在随形冷却模具制造方面形成了自己的核心竞争力。随后，2016 年，linear 公司被液压领域的领导者 MOOG（穆格）收购，然而由于看好 3D 打印在随形冷却模具制造的市场将要全面爆发的态势，linear 公司又将其部分股份在 2017 年从 MOOG（穆格）手上回购回来。

国内企业方面，除了深圳光韵达、悦瑞、铂力特等企业由 3D 打印设备的销售延伸到随形冷却模具的制造服务，还出现了模具制造企业延伸到通过 3D 打印来实现随形冷却模具制造的趋势，其中深圳德科在过去两年内已经陆续购置 8 台 EOS 的 M290 金属设备，专注于模具服务。

3. 电动汽车

拿电动汽车这个新兴的应用领域来说，电动汽车的市场正在迎来量变到质量的飞跃，根据亚琛大学的预测，电动汽车的年产量 2020 年有望达到 410 万台（约占 4% 的汽车市场份额），2025 年达到 2490 万台（约占 22% 的汽车市场份额），2030 年则将达到 5040 万台（约占 42% 的汽车市场份额）。但是从 2020 年到 2025 年这 5 年来说，增量将是 6 倍。而不少电动汽车的玩家并非来自传统制造业，而是来自互联网企业，这些企业对接受 3D 打印技术的心态势必更加开放。

电动汽车无疑是 3D 打印真正能大规模进入产业化的一个绝佳应用领域。虽然当前的 3D 打印局限在航空航天和医疗领域，然而对于制造业来说，最大的应用市场是汽车等工业消费市场，而对于传统汽车来说，即使 3D 打印有着一定的应用潜力，由于汽车产业庞大的技术认证体系，复杂的供应链方式，企业无法从一座山峰直接跳到另外一座山峰，这使得传统汽车制造行业引入 3D 打印技术的过程变得尤其缓慢。

电动汽车市场为 3D 打印带来的机遇不仅仅是研发试制、热交换器、汽车内饰、个性化定制这些商业机会，电动汽车市场还将进一步打开上述的随形冷却模具的市场，并推进快速铸造与 3D 打印技术的结合。

以上三类"接地气"的应用将在本书的"应用篇"中进行更加详细的剖析。

第五章
3D 打印的发展：微观层面

3D 打印进入了快速发展的通道，宏观层面可以说是波涛汹涌，微观层面可以说是暗流涌动，踏入 3D 打印的浪潮之中，不仅仅需要对宏观层面的应用发展趋势时刻保持同步，还需要对微观层面的技术发展时刻关注，否则一不留神就有误入歧途的可能性。

乔布斯曾经说过，只有当你回头看时，才会发现这些过去的点其实已经画出了那条线。所以，要相信每一个点迟早都会连接到一起。这的确是 3D 打印发展所带给人的直观感受，你经常会因为一日千里的变化感到摸不着头绪，然而过段时间，很多技术与应用的发展就像拼图似的呈现出一种立体清晰的场景来。

3D 打印行业每一个努力的点正在连成一条线，这些线正在呈现一个立体的面，有起有伏，微观的变化带来宏观的发展，宏观的发展牵引微观的进步。

拿 3D 科学谷 2015 年接触的 Divergent Microfactories（DM）的 3D 打印超级跑车来说，当时在旧金山举行的 O'Reilly Solid 会议上，Divergent Microfactories 公司创始人兼 CEO Kevin Czinger 声称 Divergent Microfactories 将会推出一辆基于 3D 打印部件的超级跑车。这辆超级跑车称为 Blade，主体部件是铝合金和碳纤维，非常轻，速度很快，其汽车底盘和支撑结构的制造工艺颇像搭建乐高积木的感觉，通过 3D 打印铝制的"节点"结构，然后通过现成的碳纤维管材将其连在一起。使用这种独特的 3D 打印方法制造节点式汽车底盘，重量减轻了 90%，强度却更高了，而且比使用传统技术制造的汽车更耐用。

这是当时我们看到的一个点，这个点闪闪发光的同时，也显得十分孤立。我们已经习惯汽车是由大型工厂流水线制造出来的，而像搭积木一样"拼凑"一辆车，这样的制造汽车方式可行吗？

很快，2016 年 Divergent Microfactories 获得了亚创的支持，并宣称要将业务拓展到中国来。2016 年 Divergent Microfactories 还获得了李嘉诚旗下维港投资领投的共计 2300 万美元（约 1.79 亿港元）的 A 轮融资。2017 年，Divergent Microfactories 又获得了李嘉诚 B 轮 6500 万美元的融资。而 2018 年，Divergent Microfactories 引入新投资者上海联和投资有限公司，通过 Divergent Microfactories 进行汽车结构设计及激光金属 3D 底盘打印技术。

由 Divergent Microfactories 3D 打印超级跑车一个点，发展到在中国开发及生产电动汽车这样一条线，进而这条线或许还会影响到上海电动汽车设计与生产在全国的影响力这个面。可以说，3D 打印正在点亮制造业的创新活力。

第一节　金属 3D 打印和冶金加工学

与金属增材制造相关的最早的一项 3D 打印技术是选区激光烧结技术，当时是用来烧结塑料粉末。而在 1990 年，Manriquez – Frayre 和 Bourell 实现了通过该技术打印金属制品的应用。

发展到今天，当我们一提起金属 3D 打印的时候，通常指的是选区激光熔融技术，而选区激光烧结技术更多的是用来烧结聚合物材料。

在金属增材制造领域，还有一种容易被忽略的技术——直接能量沉积技术，通过电子束、等离子或者是激光将金属丝/粉末熔化，通过焊接的方式将金属产品以近净成型的方式制造出来。

选区激光烧结技术专利是德克萨斯大学奥斯汀分校的 Carl Deckard 博士和学院顾问 Joe Beanman 博士在 1984 年申请的。3D Systems 通过收购的方式从中获得了此项技术，但在 2014 年专利过期后，新涌现的 3D 打印机制造商旨在使这一昂贵的工业 3D 打印技术走下神坛。

选区激光熔融技术的创始专利来源于德国 Fraunhofer 激光技术研究所，相关专利的到期日是 2016 年 12 月。德国 EOS 公司在 1995 年推出了第一台商业选区激光熔融设备，并且通过取得 3D Systems 专利授权的方式获得了选区激光烧结技术专利的使用权。Arcam 公司在 2000 年通过 Adersson&Larsson 的专利获得了电子束熔融技术的使用权利，并于 2002 年推出了第一台商业化的设备。

随着最初的 3D 打印设备专利全面到期，以及金属加工的过程中控制，粉末技术的发展，并且随着 GE 收购 Arcam 和 Concept laser 公司，选区激光熔融和电子束熔融这两种基于粉末床金属工艺的 3D 打印技术也迎来了走向成熟的时期。GE 增材制造负责人 Greg Morris 曾表示，GE 将在 2 到 3 年内提高 3D 打印的速度，他们希望未来达到现在速度的 100 倍。而随着设备加工技术的提升，加之材料的配合以及价格的合理化，金属 3D 打印在产业化领域的道路势必会越来越宽。而对于加工应用方来说，要迎接这样的技术浪潮，了解金属 3D 打印的冶金加工学就成为必修课。

在金属加工过程中，发生着许多微妙的事情。以选区激光熔融技术为例，在激光对粉末的熔化加工过程中，每个激光点创建了一个微型熔池，从粉末熔化到冷却成为固体结构，光斑的大小以及带来热量的多少决定了这个微型熔池的大小，从而影响着零件的微晶结构。为了熔融粉末，必须有充足的激光能量被转移到材料中，以熔化中心区的粉末，从而创建完全致密的部分，但同时热量的传导超出了激光光斑周长，影响到周围的粉末，出现半熔化的粉末，从而产生孔隙。

根据 3D 科学谷的市场研究，从设备领域为了达到激光定位与聚焦，大多数激光熔化系统使用电流计扫描振镜，最新出现的技术是动态聚焦系统，通过在 galva 振镜的上游激光光束中放置更小的镜头，来调整光学系统的焦距。

对于应用端来说，除了设备的配置这样的刚性条件，冶金性能方面还与金属 3D 打印过程的诸多条件相关。加工参数的设置、粉末的质量与颗粒情况、加工中惰性氛围的控制、激光扫描策略、激光光斑大小以及与粉末的接触情况、熔池与冷却控制情况的差异等都带来了不同的冶金结果。

通常来说加工越快，表面粗糙度越高，这是两个相互矛盾的相关变量。另外，残余应力是定向能量沉积工艺以及粉末床工艺所面临的共同话题，残余应力将影响后处理和力学性能参数。不过，根据 3D 科学谷的市场研究，残余应力也可以用于促进再结晶和细小的等轴晶组织的形成。

在过去的几年里，对于金属打印过程中微观结构的理解和新合金的加工性能方面已经获得了不少的研究成果。同时还观察到微观结构的非均质性，在这方面通过表征工作（柱状晶、取向、孔隙度等）获取对加工冶金学的进一步理解，从而不仅提高金属 3D 打印的工艺控制能力，还为材料制备以及后处理提出了新的要求。

第二节　多样化的金属 3D 打印技术

不同的金属 3D 打印技术存在着一定层面的竞争或互补关系。金属 3D 打印技术正在不断地获得效率与打印质量的提升和打印工艺的优化，除此之外，新的金属 3D 打印技术不断涌现出来，例如：纳米颗粒喷射（Nano Particle Jetting）技术，原子扩散增材制造（Atomic Diffusion Additive Manufacturing）技术，平铺激光熔化技术（Tiles Laser Melting）和大面积光刻（DiAM）技术。

金属 3D 打印技术的竞争主要是提供高精度和实现零件的复杂性，以及更高的效率和更低的成本。

1. 新金属 3D 打印技术

（1）纳米颗粒喷射技术　这种技术的原理是打印机每秒喷射出上千滴"油墨"，听起来有点像大幅面数码打印以及纺织品的打印。Xjet 公司纳米颗粒喷射技术的特别之处在于其喷射头多次经过相同区域，每次经过都给出微小的偏移，使得每个喷嘴在多个略有不同的位置喷射打印材料。

Xjet 提供的其中一种打印材料是碳化钨/钴打印油墨组合物，该材料中包括液体媒介物和打印材料颗粒，液体媒介物是打印材料的载体，而打印材料为亚微米级、纳米级的碳化钨（WC）和钴（Co）颗粒。钴也可以溶解在油墨中以有机钴化合物、盐或络合物等前驱体（precursors）的形式存在。

在完成 3D 打印之后，3D 打印的生坯将在真空和相对低温环境（几百摄氏度）下进行加热，在这个过程中有机材料被除去。随后，再以接近于材料熔点的温度进行液相烧结。在烧结之后，可达到切削刀具所需的强度和硬度。

纳米颗粒喷射技术具有以下特征：纳米金属射流技术、金属混合油墨、新型喷墨装置和喷射方法（高温处理）、出色的分辨率、速度高于选区激光烧结。图 5-1 所示为纳米颗粒喷射技术雷达图，从中可以了解该技术的特点。

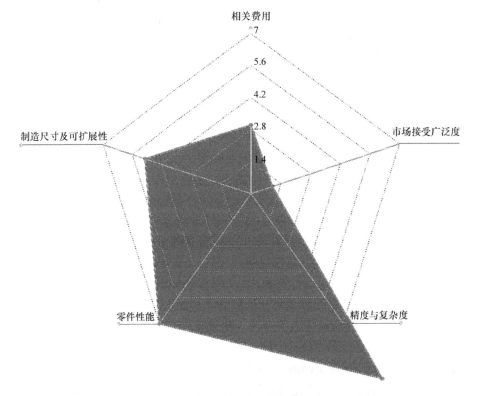

图 5-1　纳米颗粒喷射技术雷达图

（2）原子扩散增材制造技术　原子扩散增材制造是一种具有突破性的技术。该技术与基于材料挤出工艺的熔融沉积成型 3D 打印技术的原理有相似之处，但是应用领域是打印钛、铝等金属零部件，而不是塑料零部件。Metal X 是采用这种技术很有代表性的企业。

与熔融沉积成型 3D 打印技术的不同之处是，原子扩散增材制造设备使用的打印材料是一种由塑料黏合剂包裹着的金属粉末材料，打印完成后通过对 3D 打印件进行烧结，将塑料黏合剂去除，从而形成一个金属零件。有趣的是，该技术会一次性烧结好整个零件，并允许金属晶体穿过黏结层，从而实现零部件强度的提升，最终得到一个完整的致密金属件。该技术可用于汽车、医疗和航空航天领域。

图 5-2 所示为原子扩散增材制造技术的雷达图，从中可以了解这项技术的特点。

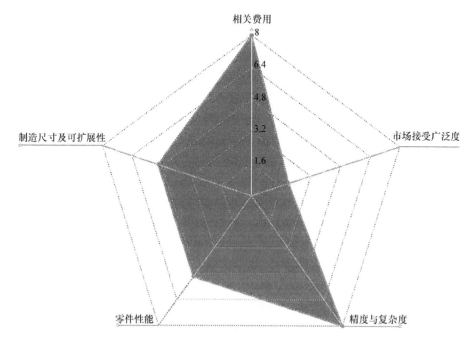

图 5-2 原子扩散增材制造技术雷达图

（3）平铺激光熔融技术 欧洲钣金加工设备企业 Adira 的新型复合机床同时将粉末床熔融和直接能量沉积这两种激光增材制造工艺和激光切割技术结合在了一起。Adira 公司将复合机床中集成的新技术称为平铺激光熔融技术，该技术将现有的工作区按照顺序分为几个小片段，最终制造出大于制造腔室的单个大型零部件或若干个小型零部件。激光器的运动与离焦能力可为零部件的细节和高度复杂的轮廓形状建立不同扫描策略，以提高生产率和处理速度。图 5-3 所示为平铺激光熔融技术雷达图，从中可以了解该技术的特点。

Adira 复合机床采用了模块化给料系统，这种独立的双料斗给料系统，可提供 2 种不同的加工材料，由用户来选择最终所需要的材料。在进行给料设备的清洁和准备的同时，机床仍可以进行加工，这一工作原理旨在将设备的停机等待时间最小化。

（4）大面积光刻技术 美国加利福尼亚州劳伦斯·利弗莫尔（Lawrence Livermore，LLNL）国家实验室发明了一种使用大面积的光刻金属 3D 打印工艺。该

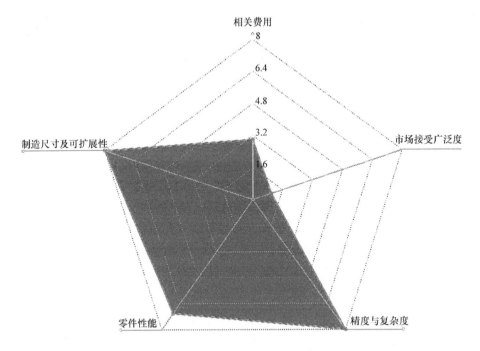

图 5-3　平铺激光熔融技术雷达图

工艺使用光寻址光阀（Optically – Addressable Light Valve，OALV）作为激光调制器，一次性打印整层金属粉末。光寻址光阀技术源自于美国国家点火设施项目（National Ignition Facility Project，NIF）。

大面积光刻技术使用多路复用器，激光二极管和 Q 开关激光脉冲来选择性地熔化每层金属粉末。近红外光的图案化是通过将光成像到光寻址光阀上实现的。在基于二极管的增材制造工艺中，激光由一组四个二极管激光器阵列和脉冲激光器组成。它通过可寻址光阀，对所需制造的 3D 模型的二维"切片"图像进行图案化。激光随后闪烁一次打印整层金属粉末，而不是像传统的选择性激光熔融系统一样通过激光扫描路径策略来完成逐点的金属粉末熔化过程。

美国国家点火设施项目的高功率激光束技术可以比以往任何时候都更快地3D 打印金属零件。这或许将颠覆粉末床选区激光熔化技术。

DiAM 工艺可以实现与现在的金属 3D 打印机相当的打印质量，并且可能超越今天的金属 3D 打印质量，通过在投影图像中微调灰度梯度的能力意味着更好地控制残余应力和材料微观结构。

在金属 3D 打印领域，除了以上介绍的新技术正在以全新的面貌刷新业界旧有观念之外，还有的金属 3D 打印企业在现有金属 3D 打印工艺的基础上进行了创新。例如，获得宝马风险投资部门投资的 Desktop Metal 公司，推出的桌面级

3D 打印设备，可达到当前金属打印速度的 100 倍。

（5）超高速激光材料沉积（EHLA）技术 直接能量沉积技术的原理是由激光在沉积区域产生熔池并高速移动，材料以粉末或丝状直接送入高温熔区，熔化后逐层沉积。其中，基于激光送粉原理的 LENS 技术（直接能量沉积技术的一种）在零件修复领域应用广泛。然而，该技术只能成型出毛坯，然后依靠数控加工达到其净尺寸。

直接能量沉积技术所加工的表面质量，有可能达到涂层的效果吗？德国弗劳恩霍夫研究所（Fraunhofer）的研究人员开发的用于涂层和修复金属部件的增材制造方法——超高速激光材料沉积（EHLA）技术就可以实现这种效果。

EHLA 技术具有替代目前的抗腐蚀和抗磨损技术的潜力，如替代镀硬铬和热喷涂技术。

镀硬铬是一种传统的表面电镀技术，其应用已长达 70 多年。镀铬层硬度高、耐磨、耐蚀并能长期保持表面光亮，且工艺相对比较简单，成本较低。长期以来，铬镀层除了作为装饰涂层外，还广泛作为机械零部件的耐磨和耐蚀涂层。电镀硬铬镀层技术常常用来修复破损部件。

但电镀硬铬工艺会导致严重的环境问题，镀铬工艺使用的铬酸溶液，会产生含铬酸雾和废水，而且还有其他一些缺点，如：硬度比一些陶瓷和金属陶瓷材料低，且硬度还会随温度升高而降低；镀铬层存在微裂纹，不可避免产生穿透性裂纹，导致腐蚀介质从表面渗透至界面而腐蚀基体，造成镀层表面出现锈斑甚至剥落；电镀工艺沉积速度慢，也不利于厚镀层的应用。EHLA 是该技术的一个经济的替代性技术，EHLA 技术在涂层过程中无化学应用，是一种环保的技术，涂层牢固地黏合到基底材料上，不会碎裂。硬铬镀层的表现会出现孔隙和裂缝，但 EHLA 技术涂层是无孔的，能够在更长的时间内提供更有效的保护。

热喷涂是指将细微而分散的金属或非金属的涂层材料，以一种熔化或半熔化状态，沉积到一种经过处理的基体表面，形成某种喷涂沉积层。涂层材料可以是粉状、带状、丝状或棒状。热喷涂枪由燃料气、电弧或等离子弧提供必需的热量，将热喷涂材料加热到塑态或熔融态，再经受压缩空气的加速，使受约束的颗粒束流冲击到基体表面上。冲击到表面的颗粒，因受冲压而变形，形成叠层薄片，黏附在经过制备的基体表面，随之冷却并不断堆积，最终形成一种层状的涂层。该涂层因材料的不同可实现耐高温腐蚀、抗磨损、隔热、抗电磁波等功能。

热喷涂技术的不足之处是，使用过程中将消耗大量的材料和气体，因为只有大约一半的材料最终涂覆在部件表面上。另外，热喷涂技术产生的涂层仅与基底材料进行弱结合。并且涂层是多孔的，因此在涂层时需要多涂几层，每层大约 25 至 50 微米厚。Fraunhofer 表示，EHLA 工艺热喷涂技术更经济，仅需大约 90% 的材料。而且产生的涂层是无孔的，并能够牢固地黏合到基底材料上。

Fraunhofer 建议，新的 EHLA 技术可用于修复现有的金属部件。在 Fraunhofer 对外公布 EHLA 技术之前，阿克伦大学研究了一种修复金属部件的增材制造工艺——超声速粒子沉积（SPD）技术。其原理是通过一种高压喷射方法，压缩空气赋予超声速射流中的金属颗粒足够的能量冲击固体表面，以实现与固体表面的黏结，而不会出现在焊接或高温热喷涂过程中产生的热影响区。如果获得 FAA（美国联邦航空局）认证，阿克伦大学的 SPD 技术可以应用于修理金属飞机部件。Fraunhofer 的 EHLA 工艺也可以应用在相同的领域，而哪一种工艺更适合？这一切还是未知数。

2. 我国在金属 3D 打印领域的创新

（1）难熔金属和高导热、高反射金属　钨材料的硬度高，脆性大，导电性差，机加工困难，采用传统的减材制造工艺难以成形形状复杂的零件。且钨材料的熔点在金属中最高，熔点高达 3400℃，是典型的难熔金属，成形更加困难。

铜材料属于高导热、高反射金属，在选区激光熔融过程吸收率低，因此成形效率低、冶金质量难控制。

铂力特在通过选区激光熔融 3D 打印技术制造钨合金和铜合金材料领域取得了进展。图 5-4 和图 5-5 分别是铂力特公司制造的钨合金光栅和铜合金复杂流道尾喷管。其中，钨合金光栅零件整体采用薄壁结构，最小壁厚仅 0.1mm。铜合金尾喷管内外壁之间设计了 50 条随形冷却流道，增大冷却接触表面积，降低温度达到快速冷却的效果，有效提高了零件的工作温度。

图 5-4　钨合金光栅（图片来源：铂力特）　　**图 5-5　铜合金复杂流道的尾喷管**
（图片来源：铂力特）

（2）金属丝 3D 打印的突破　华中科技大学数字装备与技术国家重点实验室张海鸥教授主导研发的金属 3D 打印新技术"智能微铸锻"设备，可用于制造具有锻件性能的高端金属零件，这一技术有望改变国际上由西方国家垄断的金属丝 3D 打印格局。

该技术以金属丝材为原料，材料利用率达到 80% 以上。由于这一技术能同时控制零件的形状尺寸和组织性能，大大缩短了生产周期。制造一个 2t 的大型金属铸件仅需十天左右，而传统铸造技术所需时间在三个月以上。

这种以金属丝为原材料的增材制造技术属于一种无须模具的自由近净成型技术，具有全数字化、高柔性，打印的零件具有材质全致密，没有宏观偏析和缩松的特点。

（3）定向晶零件 3D 打印工艺　逐渐成熟的 3D 打印技术为关键零部件的制造提供了一种新的技术方案，在制造工艺和制造精度上都有了极大的改善和进步。但是，这种技术也存在着一些缺陷，例如在金属打印时，由于存在较大的温度梯度，金属难以持续稳定地生长，难以获得品相良好的柱晶或单晶组织，因而得到的零部件的性能和特性受到极大的影响。

西安交通大学克服现有技术中存在的问题，提供了一种采用多束激光辅助控温 3D 打印定向晶零件的装置及方法，通过增加辅助控温光源，利于零件的金属晶体定向生长，能够得到连续的柱晶或单晶组织。

通过设置激光器和扫描器，形成主激光光束和若干束辅助激光光束，能够形成多束混合同步扫描的激光，通过辅助激光光束调整成型过程中熔池的温度梯度方向，改变熔池等温面曲率半径偏转方向，使其与组织生长方向夹角小于设定值，就可以很好地形成定向凝固柱晶组织；同时主激光光束和辅助激光光束配合可改变温度梯度大小，降低打印层温度梯度，确保金属晶体可以连续稳定地生长，控制定向凝固柱晶间距尺寸，得到性能优良的定向凝固柱晶或单晶组织。

（4）记忆合金　我国西北有色金属研究院、中国科学院沈阳金属研究所、天津大学等高等院校和科研院所也进行了大量的关于记忆合金理论研究和生产工艺研究，取得了众多的科研成果和专利技术。

在材料企业中，沈阳海纳鑫科技有限公司以钛镍基记忆合金丝作为原料，采用激光熔覆增材制造工艺，通过对部件的组织控制和变形量的控制制造功能材料部件。沈阳海纳鑫科技有限公司还拥有钛镍基记忆合金的熔炼、钛镍基记忆合金丝的制备技术。

记忆合金在医学医疗领域的应用包括血管支架、矫形植入物等。在国内的大学和医疗器械企业当中，都有针对 3D 打印记忆合金医疗器械的研究成果。

南京航空航天大学基于自动铺粉的激光组合加工技术研究了一种制备形状记忆合金血管支架的方法。具体方法是根据待加工零件的三维数据模型，利用高能激光束熔化混合粉末体系，通过逐层铺粉、逐层熔凝叠加累积的方式，直至最终成型网状结构的血管支架坯件，然后经过电化学抛光处理达到特定表面粗糙度要求。

广州迈普再生医学科技有限公司利用记忆合金 3D 打印技术开发了脊椎矫形植入物，使用的方法是通过选区激光熔融 3D 打印设备制备镍钛基记忆合金材料骨架，在得到的镍钛基记忆合金材料骨架上沉积热塑性材料，从而制备热塑性材料外壳，或者单独制备热塑性材料外壳，再将镍钛基记忆合金材料骨架与热塑性材料外壳组合，从而得到功能单元。镍钛基记忆合金材料具有随时间可控变形的性质，这种性质是通过基于应力平衡的方式实现的。

（5）铝基纳米复合材料 南京航空航天大学提供一种基于选区激光熔融成型的铝基纳米复合材料，用于激光增材技术领域，有效地解决了铝基纳米复合材料在激光增材过程中工艺性能与力学性能不匹配、增强颗粒分布不均匀以及陶瓷相与基材相之间润湿性较差的问题，使得所获得的产品具备良好的界面结合以及优异的力学性能。

南京航空航天大学对于铝基纳米复合材料的加工是在高纯氩气保护气氛环境中进行的。加工过程中，加工参数和粉体性能是影响激光最终成型件的两个最主要因素。从粉体成分角度考虑，稀土元素和陶瓷颗粒的添加必然会增强铝合金粉体对激光的吸收率，从而可保证在的激光功率下熔池具有充足的液相量。一方面，添加的陶瓷相其粒径大小、密度以及质量分数均会影响到激光吸收率；另一方面，激光成型工艺参数同样会显著影响到铝基纳米复合材料成型过程中熔池的热动力学特性以及随后的显微组织和性能。

南京航空航天大学通过优化选区激光熔融成型中有效体能量密度来控制获得良好的成型质量，有效体能量密度的作用体现在对激光加工中熔池的稳定性、温度场、流场以及伴随的激光显微组织结构的影响，综合地反映了粉体物性和加工参数这两者对选区激光熔融加工过程的影响。南京航空航天大学的制造工艺所形成的熔池具有很好的稳定性，成型件表面具有光滑并呈现出波纹状的熔道轨迹，同时几乎看不到球化效应并获得近全致密的结构。显微组织分析表明增强颗粒得到均匀的弥散分布，基体晶粒细小并呈胞状结构生长。

3D 打印技术的发展与更新速度之快，让传统机械制造的行业专家们也为之侧目。究竟这些技术走向何方？哪种技术将成为最有市场应用前景的技术？这一切虽然还没有一个确切的答案，但有一点是明确的：贴近用户需求的技术最有前景，如何平衡效率、质量、成本的关系将是技术竞争所需要解决的问题。

第三节 走向生产的塑料 3D 打印

1. 挑战注塑工艺

3D 打印与注塑竞争的可能性有多大？无疑，注塑工艺的优势在于大批量，而 3D 打印的优势在于小批量或者是用于非常复杂的设计。目前，要替代掉注塑工艺，3D 打印的发展空间要么是小批量简单设计，要么是大批量非常复杂的设计。

而 3D 打印技术要想在小批量简单产品的生产工艺上取得一席之地，就需要在打印价格方面取得优势；3D 打印技术要想在大批量复杂产品的生产工艺上获得比注塑工艺更大的优势，就需要打印速度更快。

推动塑料 3D 打印技术进入生产领域的不仅有专业 3D 打印塑料材料制造商、工程塑料 3D 打印设备制造商，还有像陶氏化学、巴斯夫、DSM 和沙特基础工业这样的大型化工企业，他们一直在幕后研发用于 3D 打印领域的新材料，市场上很多 3D 打印设备配套的塑料打印材料是由这些化工企业生产的。

无论是后起之秀还是老牌 3D 打印企业，都看到了塑料 3D 打印在生产领域的应用潜力。比如说，惠普和 Carbon 这两家塑料 3D 打印企业的后起之秀，从诞生起就将技术定位于生产；老牌塑料 3D 打印企业 Stratasys 也拥有一系列满足工业生产苛刻要求的工程级塑料解决方案，Stratasys 的全资子公司 Evolve Additive Solutions 还推出了高速塑料 3D 打印工艺。

短期内我们虽然无法判断在塑料 3D 打印的市场上谁将成为主导，有一点是可以肯定的，那就是塑料产品设计思路的改变。设计师需要突破传统设计思维的限制，不是用注塑产品的设计思路来设计 3D 打印塑料件，而是从设计初始就理解 3D 打印技术的优势和价值所在，为增材制造而设计。

2. 打破"原型"局限的工程塑料

工程塑料在力学性能、耐久性、耐腐蚀性、耐热性等方面能达到更高的要求，而且加工更方便并可替代金属材料。工程塑料被广泛应用于电子电气、汽车、建筑、办公设备、机械、航空航天等行业，以塑代钢、以塑代木已成为国际流行趋势。

2017 年以来工程塑料的 3D 打印正处于蓄势向上的阶段。相比目前多应用在航空航天和医疗这些要求高附加值产品领域的金属 3D 打印技术，工程塑料 3D 打印与应用端的结合面更加广泛。随着 3D 打印技术与各应用细分领域结合的深入，3D 打印设备企业和材料企业开始针对某一特定应用领域的小批量生产开发专用的工程塑料 3D 打印材料和设备。

图 5-6 为几种常见工程塑料，其中标记"＊"的几种工程塑料已可通过 3D 打印设备进行加工。

（1）PA（尼龙）　迄今为止，选区激光烧结（Selective Laser Sintering, SLS）、多射流熔融（Multi – Jet Fusion, MJF）、高速烧结（High Speed Sintering, HSS）3D 打印技术中使用最广泛的塑料是聚酰胺（PA）——尼龙。尼龙比其他一些塑料（如 ABS）更坚固，更耐用，虽然选区激光烧结设备厂商或其他 3D 打印技术设备制造商都提供某种形式的 PA，但目前最基本的品种是 PA11 和 PA12，当然也有许多类型的 PA 复合材料，包括玻璃纤维增强尼龙、碳纤维增强尼龙，以提供某些附加的性质。

纤维增强尼龙材料与选区激光烧结技术为欧洲逐渐兴起的个性化车辆定制业

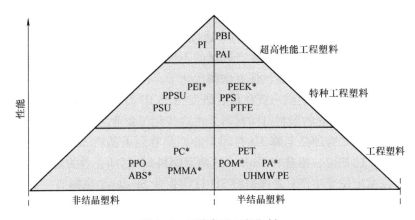

图 5-6　几种常见工程塑料

务提供了解决方案，使车辆设计师在设计时可以打破传统设计思维的限制，创造出兼具美感与性能的设计。意大利 CRP Technology 推出了适合制造车辆外壳、外饰件以及消费品的玻璃纤维复合材料和碳纤维复合材料，这些材料适用于选区激光烧结设备。CRP Technology 使用这些材料定制生产摩托车车身整流罩、大灯盖和机械电气部分的一些零件，汽车大灯支撑结构，以及高尔夫球杆等消费品。它们的共同特点是都属于小批量产品，并且采用了点阵结构或仿生结构等，尤其适合用增材制造来实现。

材料挤出工艺（如：熔融沉积成型——FDM 工艺）也可以打印 PA 材料，但在进行 3D 打印时需要防止翘曲的发生，通常防止翘曲的方式是对 3D 打印设备的腔体和平台加热，但也可以从改良打印材料入手来防止翘曲的发生。例如 Polymaker 开发的防翘曲尼龙线材 PolyMide™ CoPA，使得熔融沉积成形 3D 打印机无须平台加热或腔体加热，只要喷嘴温度能够达到 250℃ 以上便可使用该款尼龙材料。

（2）ULTEM（聚醚酰亚胺，英文简称 PEI）　典型的 ULTEM 3D 打印设备为 Stratasys 的熔融挤出成型设备，可打印 ULTEM 1010 和 ULTEM 9085 材料。UL-TEM 9085 材料具有完善良好的耐热性（达 153℃）、机械强度以及化学抗性，应用包括功能性原型、制造工具以及小批量高价值零件的生产，如：飞机内饰件。

（3）PEEK（聚醚醚酮）　PEEK 是 PAEK（聚芳醚酮）的一种。PAEK 是一类亚苯基环通过醚键和羰基连接而成的聚合物。由于 PEEK 具有优良的综合性能，在许多特殊领域可以替代金属、陶瓷等传统材料，使之成为当今最热门的高性能工程塑料之一，目前主要应用于航空航天、汽车工业、电子电气和医疗机械等领域。

PEEK 3D 打印技术有两类，一类是粉末床选区激光烧结，代表性技术是

EOS 的 P800 激光烧结设备及其 PEEK Hp3 粉末材料。另一种是熔融沉积成型，拥有这类技术的企业较多，如：中国远铸智能（INTAMSYS）、意大利 Roboze 以及德国 Indmatec 等，这些 PEEK 的 FDM 3D 打印设备的特点是配有达到 400℃的高温打印喷嘴，除 PEEK 材料外还可以打印 ULTEM、PC、PA 等其他工程塑料。

PEEK 3D 打印市场的增长将依赖于特殊应用的开发，例如个性化颅骨植入物、直升机中的高级定制内饰件等。随着用于材料挤出和聚合物粉末床熔融技术的先进热塑性材料不断向市场普及开放，这些应用具有替代高性能产品及行业中现有的金属结构与部件的潜力。

（4）**热固性塑料** 目前为市场所熟悉的塑料 3D 打印材料为热塑性塑料，这些塑料可以回收并且再次被熔化。而热固性塑料是一种聚合物或树脂，一旦固化就会保持固态。热固性塑料尺寸稳定性好、耐热性好、刚性大，在工程塑料领域应用十分广泛。热固性塑料在加工过程中，其分子结构能够向三维体形结构发展，并逐渐形成巨型网状的三维体形结构，这种化学变化称为交联反应。热固性塑料经过适当的交联后，聚合物的强度、耐热性、化学稳定性、尺寸稳定性均有所提升。

热固性塑料通常不能进行 3D 打印，至少是不能进行大规模的 3D 打印，但是这项技术在 2018 年有了新进展。2018 年 4 月，美国注塑系统制造商 Magnum Venus Products（MVP）与橡树岭国家实验室（ORNL）合作，在 ORNL 安装了商用中/大型热固性塑料 3D 打印机——Thermobot。

Thermobot 3D 打印机采用先进的龙门系统，设备能够在打印机外部额外打印床上执行预处理和后处理。应用方向是快速原型和制造模具。热塑性塑料在高温下容易发生变形，通常并不适合制造模具，而热固性塑料能够保持稳固。因此 ORNL 和 MVP 的热固性塑料 3D 打印技术意味着开启模具快速制造的新篇章。而最新的发展，SABIC 等化学材料公司正在开发用于 3D 打印的非结晶材料。

3. 材料挤出工艺的"大"趋势

材料挤出工艺可以说是最"亲民"的 3D 打印技术，其中的典型代表是 FDM（熔融沉积成型）3D 打印技术，中小学生 STEAM 教育和创客们制造工具用的桌面 3D 打印机，几乎都是 FDM 3D 打印机。

不过材料挤出工艺正在加速向工业制造领域渗透，其渗透力一方面来自于可用于材料挤出工艺的工程塑料材料种类越来越丰富，另一方面是基于大型材料挤出 3D 打印设备的出现。这为材料挤出 3D 打印制造大型、功能集成的工业产品打开了一扇门。

材料挤出设备的"大"趋势又分为两个发展方向：一个方向是与工业机械臂集成，在不受到打印设备空间限制的情况下，进行材料熔融沉积成型，从而制造出大尺寸的零件。例如 Stratasys 就在研发一款这样的 3D 打印机械臂，他们在

KUKA 机械臂中集成了熔融挤出头。不过，通过机械臂来完成 3D 打印存在着明显的挑战，机械臂本身是"看不到"打印路径的，这就需要通过机械臂能够"听懂"的 G 代码将打印路径传递给机械臂。另外，如何在线纠正偏差，如何精确地控制沉积材料等问题都是有待完善的。

另一个方向是扩大 3D 打印设备的空间，比如说在庞大的龙门式加工设备中配备熔融挤出打印头。Thermwood、辛辛那提（Cincinnati）和英格索尔（Ingersoll）等几家数控加工设备制造商在尝试这项技术。

Thermwood 的大型增材制造（Iarge Scale Additive Manufacturing，LSAM）混合制造系统，集成了熔融沉积 3D 打印和切削加工两种功能。LSAM 系统能够打印尺寸为 3m×3m×1.5m 的零件，在完成 3D 打印之后，系统将切换到切削工作模式，将多余的材料去除。LSAM 系统可以用来加工用于大型塑料件的 PSU 复合材料模具。

美国机床制造商辛辛那提与 ORNL 实验室合作研发了大面积增材制造设备（Big Area Additive Manufacturing，BAAM），颗粒状的塑料在加热到 210℃ 左右后被逐层挤出。BAAM 系统可打印的工件尺寸达 240in×90in×72in（约 6m×2.3m×1.8m），材料沉积速率达 80lb/h（约 36kg/h）。BAAM 技术的典型应用是打印碳纤维复合材料的汽车车身。

4. 塑料 3D 打印"加速跑"

为了与传统塑料生产工艺展开竞争，在塑料产品的生产中占有一席之地，在过去几年中，3D 打印行业诞生了几种高速塑料 3D 打印技术。这些技术不仅扭转了 3D 打印在人们心中效率低下的印象，配合材料技术的快速发展，这些技术还引发了产品制造商的新一轮赛跑。其中最热门的是阿迪达斯、耐克、New Balance、匹克等运动品牌掀起的 3D 打印运动鞋风潮。

（1）树脂 3D 打印速度的突破　美国 Carbon 公司的连续液体界面生产（Continuous Liquid Interface Production，CLIP）技术提升了基于光聚合工艺的光敏树脂 3D 打印技术的打印速度和打印产品的机械性能。传统的树脂 3D 打印是一层一层地创造出实体物品，而 CLIP 技术的原理是在一个充满树脂的池子里，利用光和氧气来"生长"出 3D 物体。据称这种生长式打印的速度要比传统方法快 25~100 倍，并且能兼容多种打印材料。

CLIP 技术并不足以完全颠覆塑料 3D 打印技术，使之替代注塑工艺。基于 CLIP 技术的 3D 打印设备构建室又瘦又高，这限制了可制造产品的尺寸。此外，由于树脂固化速度快，如何解决光敏树脂回流填充真空区的问题是个难题，也给产品设计提出了挑战。此外，CLIP 技术只能使用自由基聚合的光敏树脂，无法利用环氧光敏树脂的优势。这就要求光敏树脂黏度低，有较好的流动性，这样才能快速补充树脂固化后留下的空间，同时这也对该技术所使用的光敏树脂材料有着更高的要求。

不过这些问题并没有影响 CLIP 技术在塑料产品生产中占有一席之地，Carbon 公司联合制造企业，针对 CLIP 技术的特点共同挖掘这一技术的特殊价值，其中典型的应用是为阿迪达斯生产跑鞋的鞋中底，这一应用现在已经进入到了批量生产阶段，阿迪达斯初期目标是生产 10 万双带有 3D 打印鞋中底的跑鞋。

图 5-7 所示的阿迪达斯 Futurecraft 4D 运动鞋，其白色网格状中底所采用的制造技术正是 CLIP 技术。在这一应用中 3D 打印鞋中底技术替代了传统的塑料泡沫制造技术，并通过在设计上的巧思，获得了更加优异的减振性能。同样的技术可以应用在更多需要缓冲减振结构的产品中。以 CLIP 为代表的高速 3D 打印技术是否能在未来替代传统的塑料泡沫工艺，引领缓冲、

图 5-7　阿迪达斯 Futurecraft 4D

减振产品的定制化生产与数字化制造趋势呢？这个问题值得塑料生产企业或减振产品制造商关注与思考。

（2）或将替代选区激光烧结的技术　惠普公司将很大一部分精力放在了增材制造业务领域，惠普在多年材料喷射打印技术的基础上研发了多射流熔融 3D 打印技术，工作原理是：铺粉后喷射助熔剂，同时喷射细化剂，施加热源将粉末熔融。当一层粉末打印完毕后，自动进行下层的打印工作，直到生产出成品。

阵列式打印可以高速地喷射出所需溶剂，细化剂可以抑制周边材料的熔融，从而实现快速成型。当前主流设备的方案都是采用矢量的线扫描工艺，因而成型时间大约和成型零件的面积成正比。而惠普 3D 打印使用喷头对所选择区域的尼龙材料进行了预处理，从而在烧结过程中可以实现面烧结，实现了从线到面的烧结速度提升。在喷射细化剂的时候，还可以决定是否增加颜色、增塑剂、导电材料或其他材料，不仅仅实现产品的机械性能，还可以实现其他物理性能。

惠普的多射流熔融 3D 打印技术的显著特点是速度快。选区激光烧结和多射流熔融都是具有高尺寸精度的工业 3D 打印技术，多射流熔融 3D 打印技术结合了粉末床工艺和喷射工艺，其生产效率更高，特别是在打印完成之后所需的冷却时间要显著少于前者。但是多射流熔融 3D 打印技术的单件打印成本略高于选区激光烧结；打印材料品种少，现阶段可选择的打印材料主要是尼龙粉末 PA12；由于使用了黑色助熔剂，打印出来的产品呈现灰色。

除了多射流熔融和连续液体界面生产技术，还有一个尚未引起社会广泛关注的技术是高速烧结技术。具体说来这项技术是由霍普金森－尼尔研发出来的，他用了超过 10 年的时间一直在寻找新的方法。如今这项技术已在 XAAR 公司和德

国 voxeljet 公司实现了商业转化，VX200 3D 打印设备中就集成了高速烧结技术，目前该设备可加工 PA 12 和 TPU 材料。

当前的选区激光烧结设备通过一个单点激光熔化粉末状塑料聚合物，这使得生产效率受到一定的制约，在高速烧结技术中红外线灯和喷墨打印头代替了激光。打印头快速准确地将材料传送到粉末床上。随后红外线灯将粉末熔化，然后固化成型，接着是下一层，比激光烧结速度快很多。高速烧结可以使用 100% 的回收粉末，而不会导致粗糙的表面，也不需要富含氮气的环境。

高速烧结被认为是降低选区激光烧结 3D 打印零件成本的手段，使 3D 打印在与注塑等大规模塑料制造技术的竞争中具有竞争力。不使用昂贵的激光器，再加上打印速度的提升，高速烧结被认为是一种降低 3D 打印塑料零件成本的技术，这使得高速烧结技术具有了与注塑等大规模塑料制造技术进行竞争的潜力。

高速烧结听起来有点像惠普的多射流熔融技术。的确，这两个过程非常相似：在多射流熔融加工工艺中，喷墨打印头将助熔剂和细化剂沉积在热塑性粉末床上，然后用一组红外灯烧结。发明人霍普金森对这两种技术的解释是，两者之间最大的区别是高速烧结技术不使用细化剂。

不同的 3D 打印技术之间存在着一定的竞争关系，目前这些技术在市场上是并存的。仅就 3D 打印鞋中底制造这一个领域而言，几大运动品牌就尝试了不同的技术，比如说耐克尝试了选区激光烧结技术与多射流熔融技术，New Balance 尝试了高速烧结和选区激光烧结技术。

（3）更快的熔融沉积成型术　麻省理工学院开发出一种激光辅助的熔融沉积 3D 打印机，打印速度比普通台式 3D 打印机快 10 倍。具体来说，新的 3D 打印机采用了不寻常的打印头，并通过激光和新型螺旋机构来调节温度和提高流速。

激光器是许多 3D 打印机的常见组件，光固化技术、选择性激光熔化和选择性激光烧结技术都以激光为核心技术之一。但是在最常见的熔融沉积 3D 打印机中，没有激光器，仅是通过打印头"热端"的加热作用来熔化塑料。

麻省理工学院开发出的激光辅助加热以及带螺杆机构的打印头，起到了加大物料流量的作用。螺旋机构以更大的力量输送塑料长丝，而激光则快速加热并熔化材料。这种新的 3D 打印机的设计初衷就是为了解决与熔融沉积成型 3D 打印有关的三个问题：打印速度慢，挤出力低，传热慢。

这种新的螺旋机构不仅增加了对打印长丝的抓握力，还允许打印头以更高的速度送入长丝。激光器的作用是在 3D 打印塑料长丝通过喷嘴之前对其进行加热和熔化。激光确保了塑料长丝能被比使用标准熔融沉积打印头传导加热时更快速和彻底地熔化。

新型 3D 打印机的另一个提高速度的特点是其新的龙门式设计。一个 H 形框架由两个电动机拖动，并连接到一个夹持了打印头的运动台上。该系统的运动速度足以与打印头流速相匹配。

目前这项技术仍在研发阶段，仍存在需要解决的问题，比如说研究人员在尝试以更高的速度进行 3D 打印时，当要开始新一层的涂布时，上一层打印的材料还未完全硬化。

5. 各有千秋的碳纤维增强材料 3D 打印

塑料 3D 打印技术的一个发展趋势是制造具有更高力学性能的零件，而开发具有更高力学性能的打印材料是驱动这个发展趋势的关键力量，其中常见的做法是将碳纤维、玻璃纤维等填料添加到高分子聚合物材料中，制成适合 3D 打印的纤维增强复合材料。

在纤维复合材料 3D 打印中，最具有商用化潜力的是碳纤维增强复合材料 3D 打印技术。碳纤维具有与金属相当的强度，但又非常轻，因此在航空航天、汽车制造等需要考虑比强度的行业具有广泛的应用前景。传统工艺制造碳纤维的过程十分复杂并需要大量的人力劳动，而通过 3D 打印技术制造碳纤维材料则使工艺简化，这为碳纤维材料制造带来了新的机会。

碳纤维增强复合材料 3D 打印技术受到了国家和企业两方面的共同重视。在国家层面上，从我国工业和信息化部、国家发改委、财政部联合发布的《国家增材制造产业发展推进计划（2015—2016 年）》中可以看到，纤维增强复合材料 3D 打印是一项受到重视的技术，《计划》指出，在非金属增材制造专用材料中，提高包括碳纤维增强尼龙复合材料在内的现有材料在耐高温、高强度等方面的性能，降低材料成本是研究的重点。

在企业层面上，越来越多的碳纤维 3D 打印技术走出了实验室，进入到市场转化阶段，这些技术引起了企业资本的兴趣。比如说美国麻省理工学院就培养了两支从事碳纤维 3D 打印的创业团队，他们创办了 Markforged 和 Impossible Objects 公司。Markforged 公司获得了西门子、微软、保时捷汽车的联合投资。此外，美国硅谷的企业 Arevo Labs 也于 2016 年就完成了 700 万美元的 A 轮融资。

碳纤维增强复合材料分为长纤维增强和短纤维增强，在长纤维增强领域的代表性 3D 打印技术为熔融沉积成型技术，长纤维被填充进常规 3D 打印丝材中起到增强作用，常见材料包括纤维增强 PLA 材料和纤维增强尼龙材料，还有纤维增强 PEEK 材料。短纤维增强领域的代表性 3D 打印技术为选区激光烧结技术，短切碳纤维材料以一定比例与尼龙、TPU 或 PEEK 材料混合，通过激光烧结成型。

（1）长碳纤维增强材料 3D 打印　Markforged 是这个领域具有代表性企业，Markgorged 有自主研发的纤维增强材料，包括长碳纤维、长玻璃纤维或是芳纶纤维增强复合材料。Markgorged 基于熔融沉积工艺研发了可打印纤维增强材料连续

87

纤维丝（CFF）3D 打印技术，并推出了桌面级和工业级两种系列的纤维增强材料 3D 打印机。应用在汽车、机器人、假肢和运动器材等领域。

美国另外一家纤维增强材料 3D 打印企业 Arevo Labs 也非常具有代表性。Arevo Labs 不仅提供碳纤维工业级 3D 打印机，还提供 3D 打印的新型碳纤维和碳纳米管（CNT）增强型高性能材料，而且使用其专有的 3D 打印技术和专用软件算法可以使用市场上现有的长丝熔融 3D 打印机制造产品级的超强聚合物零部件。

Arevo Labs 推出了一个可扩展的机器人增材制造（Robot – Based Additive Manufacturing，RAM）设备，用来打印复合材料。这个设备是由一个 ABB 工业机械臂，复合沉积端执行器和软件包组成的。软件包是 Arevo Labs 机器人增材制造设备的核心技术，该软件包实际上是一个翻译打印沉积指令、验证零部件和优化零部件建造的精密运动学模拟器，控制机械臂通过多轴的沉积路径，在各个方向的三维表面进行热塑性零件制造。软件包可以支持不同型号的机械臂，实现打印零件在尺寸上的扩展。

（2）短切碳纤维增强材料 3D 打印　典型的短切碳纤维增强 3D 打印技术是选区激光烧结，该技术与短切碳纤维与聚合物混合材料，可用于制造一些比聚合物材料更加坚硬、轻量化的产品。

其中一个在欧洲已经商业化的应用是利用这一技术制造高性能高尔夫球杆。高尔夫用品供应商 Krone Golf 联手意大 CRP 公司，采用选择性激光烧结 3D 打印技术和碳纤维增强粉末材料进行制造，球杆的碳纤维部分采用了点阵结构设计，这是一种坚硬的轻量化结构。

（3）材料与技术的创新　当然，碳纤维增强材料与 3D 打印技术正在发展当中，除了以上两种常见的 3D 打印技术能够与碳纤维增强材料相结合，还有一些创新性的碳纤维 3D 打印技术。比如说美国 Impossible Objects 的复合增材制造技术（Composite – Based Additive Manufacturing，CBAM），该技术的原理是将一层层的特定材料堆叠起来，并用内置热源把它们熔合在一起，打印完成后，将不需要的材料移除。据 Impossible Objects 称，其 3D 打印零件比使用传统热塑性材料3D 打印出来的部件强度要高 2～10 倍。

根据 3D 科学谷的市场研究，纤维复合材料巨头企业美国赫氏（Hexcel）也在向碳纤维 3D 打印领域渗透。2016 年，赫氏（Hexcel）完成了对牛津性能材料（OPM）的战略投资，牛津性能材料将赫氏特殊的碳纤维材料复合到 OXFAB 材料中来。OXFAB 具有高度耐化学性和耐热性，既可以耐受高速运转时的高温，同时抵抗火焰和辐射，这对于高性能的航空航天和工业零部件而言十分关键。通过镀镍工艺，牛津性能材料发现新材料可以达到介于钛合金与高性能航空铝的性能。牛津性能材料能够通过这款材料制造飞机导向叶片。此外，Hexcel 与 Arevo

Labs 也在进行碳纤维 3D 打印材料方面的合作。

　　无独有偶，美国劳伦斯·利弗莫尔国家实验室（LLNL）也在研究面向航空航天零部件制造的碳纤维复合材料 3D 打印技术。2017 年，LLNL 有一篇发表在《自然》（Nature）杂志上的研究论文，论文中所描述的研究成果是一种碳纤维复合材料微挤压 3D 打印技术，该技术被称为改进型直接墨水书写（DIW），也被称为"robocasting"技术。LLNL 研究人员开发出一种新的、已获得专利的化学过程，能在几秒钟内固化材料。

　　LLNL 能准确地模拟碳纤维丝流情况。LLNL 的计算模型包括模拟碳纤维复合材料流经 3D 打印机喷头，以数以千计的液滴形成固体的过程。LLNL 开发的算法可以模拟非牛顿液体聚合物树脂环境下的碳纤维分散情况，通过模拟不同情况下的三维纤维取向，研究人员能够确定最佳的纤维长度和最佳性能。通过 3D 打印技术和仿真技术，LLNL 团队能够对控制 3D 打印零件的结构性能。这项技术的应用前景是制造导电材料以及高性能飞机机翼等部件以及那些需要部分绝缘的卫星部件。

第六章
3D 打印领导企业的战略布局

进入到 2017 年之后，增材制造领域最大的变化当属竞争规则的变更。竞争已从单纯的打印设备竞争上升到全方位的竞争。

2017 年，GE 与惠普纷纷推出了面向金属 3D 打印和面向塑料 3D 打印颇具市场杀伤力的设备。而仅仅从公司市值上来看，这些企业远在原来的 3D 打印行业领头羊之上，GE 当时的市值是 1546 多亿美元，大约是 3D 打印企业 Stratasys 的 141 倍，是 3D Systems 的 157 倍。惠普当时的市值是 225 亿美金，大约是 Stratasys 的 20 倍，是 3D Systems 的 23 倍。

虽然市值大并不意味着成功在握，但是这些高市值企业的入局，却意味着增材制造领域竞争的迅速升级。这是由于制造业巨头企业，一般会在某一市场高度成熟的时期出现，然而 3D 打印/增材制造是个新兴的市场，制造巨头企业进入到这个新兴市场，让本来野蛮成长的市场变得无法再继续野蛮，竞争迅速提升到品牌、研发、技术服务、全球化销售网络、自动化数字化平台等全方位的竞争。

这种竞争格局带来了一系列值得思考的问题：3D 打印行业是风口吗？对其他 3D 打印企业来说有哪些风险？GE 等制造业巨头企业会不会推出在打印速度、尺寸方面具有颠覆性的设备？在 3D 打印领域是否只有处于竞争顶层的企业才能够生存？领先的工业制造企业在数字化制造、智能制造链条中所占有的优势，是否会进一步将小型 3D 打印设备制造商进一步边缘化？

虽然这些问题现在都不明确，但有一点是清楚的，那就是这些巨头企业的涌入，并不是争夺当前的市场份额，而是要颠覆当前的市场游戏规则，重新塑造市场格局。这些巨头的布局方面，我们可以整理出 3D 打印的技术发展的维度和趋势。

第一节　向 3D 打印发力的巨无霸们

有这样一类工业制造企业，他们拥有双重身份，既是拥有雄厚工业制造基础的增材制造用户，又是增材制造技术解决方案的提供方。作为制造业巨头，他们清晰地了解传统制造技术存在的痛点，在多年 3D 打印技术的应用过程中，他们不仅看到了 3D 打印技术价值，还积累了增材制造的应用经验，对于如何利用 3D

打印技术创造高附加值的产品，这些工业企业无疑是具有话语权的。

这些企业将曾经合作过的 3D 打印服务企业收于麾下，被收购的企业往往在某一细分制造领域或某种特殊材料的增材制造领域拥有核心竞争力。或许是看好 3D 打印在未来的市场潜力，或许是希望将创造产品附加值的增材制造能力牢牢掌握在自己的手中，进一步加强其工业产品在市场上的竞争力，不论是出于什么样的目的，通过合作、收购以及对 3D 打印技术的进一步投入，这些工业制造企业的增材制造版图已悄然形成。

1. GE

10 余年前，GE 航空航天以及其合资子公司 CFM 接到了设计一种燃油效率高的喷气式发动机的任务，在团队的努力之下，一款燃油消耗量和排气量得到大幅削减的新型发动机诞生了。

发动机中的燃油喷嘴对于新型发动机的出色表现起到决定性作用，然而喷嘴结构之复杂却让制造过程几经周折。起初使用传统工艺制造的燃油喷嘴由 20 多个单独的零件组装而成，制造难度非常大。不过，GE 航空航天的工程师对增材制造技术的大胆尝试让困难得以解决。不仅如此，GE 也由此打开了增材制造技术的应用之路。在接下来的时间中，GE 诠释了更加精彩的增材制造发展路线。

（1）对 3D 打印燃油喷嘴的大胆尝试 20 世纪 90 年代，GE 航空航天部门的工程师开始与 Morris Technology 公司合作，进行新发动机零部件的产品原型制造，快速地验证新的设计方案，但逐渐引起 GE 工程师们兴趣的是 3D 打印技术能否承担起复杂零部件批量生产的任务，双方在这个领域的探索，由燃油喷嘴的 3D 打印开始。

Morris Technology 最终以镍合金为打印材料制造新一代燃油喷嘴，这个 3D 打印的燃油喷嘴是一个整体式的部件，与上一代产品相比，重量还降低了 25%，耐用性超过上一代产品的 5 倍。在喷气式发动机的研发中，复杂部件的研发成本和制造成本是昂贵的，但是增材制造技术的进入使得成本有所下降，解除了多年来研发团队为高昂的研发成本所承受的压力。

（2）寻找全新应用点 2012 年 GE 航空航天将 Morris Technology 收购于麾下，双方的工程师立即开始探索 3D 打印技术的极限，寻找新的应用点。新的尝试项目是为一架旧的直升机 3D 打印发动机零件，GE 航空航天抽调了 6 名工程师来研究发动机中的哪些部分可以利用 3D 打印技术进行优化和重新制造。

经过 18 个月的研究，工程师们发现发动机中几乎一半的结构都可以通过 3D 打印技术进行重新制造，而使用 3D 打印技术制造这些零部件并非是对原有的设计进行复制，而是在设计上将原来的方案推倒重来。项目组所取得的成绩是将发动机原有的 900 个独立零件优化减少至 16 个，然后再通过 3D 打印设备完成制造，3D 打印的部件重量降低 40%，制造成本降低 60%。在这次尝试当中，GE

并没有与外部的供应商进行合作，而在过去完成一项发动机制造的任务需要10～15 个供应商。这意味着 3D 打印技术对 GE 供应链的影响初现端倪。

（3）投入到发动机的生产之中　在取得这些成果之后不久，GE 成立了 3D 打印燃油喷嘴批量生产的团队，并在 Auburn 成立了 3D 打印工厂，专门生产 LEAP 发动机的燃油喷嘴。LEAP 发动机是 GE 非常热销的一款产品，就在 2017 年年初，GE 的子公司 CFM 获得了价值 1700 亿美元的 LEAP 发动机订单。

与此同时，GE 的工程师又踏上了新的征程，迎接增材制造的新挑战。GE 组建了另一团队进行全新涡轮螺旋桨发动机（ATP）的研发。这一次，GE 同样使用了增材制造技术制造经过优化设计的发动机零部件，发动机由原来的 855 个零件减少至 12 个，这样简洁的发动机设计和增材制造技术使发动机重量得以降低，燃油的消耗量降幅达 20%，发动机的动力提升了 10%，研发周期缩短了三分之一。

GE9X 发动机的涡轮叶片也是通过增材制造技术生产的。GE9X 发动机是为波音公司的新一代宽体客机开发的，这款发动机将于 2020 年左右开始服役，目前 GE 已经获得了 700 个订单，价值约 280 亿美元。在过去的 5 年中，GE 为 GE9X 发动机研发投入了大量经费，在美国本土的投入达 43 亿美元，在美国之外的投入达 11 亿美元。

GE 位于意大利卡梅里的卓越制造中心承担了 GE9X 发动机涡轮叶片增材制造任务。该中心是在 GE 收购的航空航天制造服务商意大利 Avio 公司的基础上建立的。GE 于 2013 年 8 月完成了对 Avio 的收购。收购后 Avio 的航空业务更名为 Avio Aero，成为 GE 航空业务体系中的一员。2015 年 12 月 Avio Aero 一次性购买了 10 台 Arcam 的电子熔融 3D 打印设备用于涡轮叶片制造，制造材料是铝钛（TiAl）合金这种轻量化的难加工材料，后又增加了 10 台设备。

（4）3D 打印设备收购与研发　进入到 2016 年，GE 将增材制造版图扩张至金属 3D 打印设备领域，发起了对两大著名金属 3D 打印设备厂商 Arcam AB 和 Concept Laser 的收购，Arcam AB 公司的 3D 打印技术为电子束熔融技术，Concept Laser 的技术为选区激光熔融技术。

此外，GE 还在研发超大型的粉末床 3D 打印设备，该设备能够制造直径为 1m 的零件，适合制造喷气发动机结构部件以及用于单通道飞机的零件，也可用于汽车、电力、石油和天然气行业。

GE 对于金属增材制造技术的掌握是多样化的，除了研发和应用粉末床设备，GE 还在研发黏结剂喷射（Binder Jetting，市场上的名称通常为 3DP）设备。GE 对外公布的黏结剂喷射 3D 打印原型机，其构建体积为：$300mm \times 300mm \times 350mm$，一款构建体积为原型设备 2～3 倍的设备目前正在研发中。原型设备的打印速度为 $40in^3/h$（$655cm^3/h$），设备的打印速度还将可以提高至 600～

700in^3/h （9832～11470cm^3/h）。GE 研发这类设备的主要目标是用黏结剂喷射技术替代部分铸件的生产，特别是替代铝、铁铸件的传统铸造工艺，缩短金属零件的制造周期。

（5）长远布局　以往取得的种种成绩，对于 GE 来说只是增材制造之路的起点，GE 的目标在于通过增材制造方式按需生产产品或零部件，改变一直以来的大规模生产的传统供应链。

GE 不仅在 3D 打印产品研发领域频频发力，人才培养也是 GE 增材制造布局的重要组成部分。GE Additive（GE 增材制造）在美国辛辛那提开始了增材培训中心（ATC），中心拥有 30 台金属 3D 打印机和 40 台塑料 3D 打印机。该中心每年将为 GE 培养数百名工程师，工程师在这里可以尽情地使用 3D 打印设备和打印材料，在"学业"完成之后，将增材制造技术应用在 GE 航空、医疗、能源等部门。

（6）向其他制造领域渗透　GE 与 3D 打印的正面拥抱可以说始于一个小小的喷油嘴，这个喷油嘴给 GE 带来的价值是 LEAP 发动机技术竞争力的提升。在看到了 3D 打印的潜力之后，GE 的增材制造之路从此"一发不可收拾"。

2013 年 GE 石油天然气部门也开设了增材制造实验室，实验室位于意大利佛罗伦萨工厂。实验室中安装了粉末床金属 3D 打印设备，用于制造叶轮机零部件和先进合金零部件。2016 年 5 月，GE 还在其位于意大利塔拉莫纳的石油天然气工厂开设了一条增材制造零部件生产线，该生产线的主要任务是通过以激光为基础的增材制造技术制造燃气轮机燃烧室。

2017 年 12 月 5 日，GE 位于德国慕尼黑的首家国际客户体验中心盛大开幕，该中心投资 1500 万美元，在 2700m^3 的设施中为现有和潜在用户提供从设计到原型再到生产的增材制造各个方面的体验，帮助用户思考工业化流程，帮助改进他们的产品和供应链。目前已经安装了 Concept Laser 和 Arcam 10 台金属 3D 打印设备，还通过 Additive Academy™增材学院来为用户提供增材制造设计、工艺开发、原型设计和工业化增材制造等领域的培训。GE 配备了近 50 名员工维护中心运营，包括增材制造设计和生产专业的技师和设计师。3D 打印设备由基于云的Predix 操作平台所连接，提供实时控制和监测。

德国是世界先进制造技术的中心，GE 选择在德国开设用户体验中心是顺理成章的事情。然而，为什么是慕尼黑，而不是柏林或者是法兰克福？这其中的战略意图或许是值得思考的。德国的五大支柱产业包括汽车和汽车配套产业，电子电气工业，机械装备制造业，化学工业，可再生能源产业。汽车工业排在德国支柱产业的第一位。

慕尼黑是巴伐利亚州州府，德国第三大城市，是德国主要的经济、文化、科技和交通中心之一，也是欧洲最繁荣的城市之一，拥有各大公司的总部和许多跨国公司的欧洲总部。除了宝马、奥迪和曼（MAN）这三大著名品牌生产商以外，分布在巴伐利亚州以慕尼黑、奥格斯堡和丁格芬（Dingolfing）三座主要城市为中心生产大区的汽车及零配件生产制造企业总数达到380多家，其中慕尼黑就集中了80多家。在巴伐利亚州的汽车城，包括慕尼黑、奥格斯堡和丁格芬（Dingolfing）的从业人数达到28万多人。

巴伐利亚州还集中了其他客车、商用车辆的生产企业如：EvoBus、Fendt、Meiller 及 Koegel 等。汽车配件生产企业主要有 Infineon、Bosch 、Valeo 、Knorr – Bremse 、Osram 及 Webasto 等。

汽车产业不仅仅是德国最重要的支柱产业，汽车产业也是全球的一个支柱产业，在产值和销售收入中，汽车工业占较大比重。汽车工业的发展必然会推动许多相关工业部门的发展。汽车工业是综合性的组装工业，一辆汽车由成千上万种零部件组成，每一个汽车主机厂都有大量的相关配件厂，所以汽车工业和许多工业部门具有密切的联系。汽车产业对众多相关的产业都有着巨大的拉动效应，业界公认的保守估计是在1:5以上。汽车工业是高度技术密集型的工业，集中着许多科学领域里的新材料、新设备、新工艺和新技术，是抢滩技术应用的兵家必争之地。

而宝马、奔驰已经在3D打印领域积极布局，并颇有成效。

在用户的家门口开设体验中心，让汽车用户带着他们想要解决的问题敲开GE用户体验中心的大门，在笔者看来，从创新源头展开合作，不仅加深对汽车行业的市场渗透作用，还可以进一步深化GE在材料、设备、工艺、软件等一系列领域的竞争优势，GE的布局可谓用心良苦。

2. 西门子

西门子与GE类似，对3D打印技术抱有积极的态度，不过西门子并没有像GE一样进入到增材制造设备的研发与制造领域，而是从支持3D打印创业者和应用开发入手，将增材制造纳入到目前的技术体系中。此外，西门子还通过PLM（产品生命周期）软件解决方案将增材制造与现有制造体系进行无缝集成。可见，西门子希望打造的是一个3D打印的生态系统。

西门子张开双臂拥抱优秀的3D打印初创公司，并通过其下属的 Siemens Technology to Business（TTB）邀请创业者加入前沿合作伙伴计划（Frontier Partner Program）。

（1）强化产品的竞争力　西门子对3D打印技术最为典型的应用是燃气轮机零部件的研发、制造和维修。西门子位于瑞典芬斯蓬（Finspång）的燃气轮机工厂早在2008年就开始应用3D打印技术。2016年，西门子投资2140万欧元，在芬斯蓬成立了一个工业型燃气轮机3D打印研发基地和工厂，负责燃气轮机零部件的快速原型设计、维修和生产。

生产的具体应用是通过选区激光熔融技术进行燃烧室燃烧器的增材制造和复杂叶片的制造。这些 3D 打印零部件在设计和性能上得到了优化，比如说芬斯蓬工厂制造的框架式结构 3D 打印燃烧器能够显著提高燃料气体的混合比；西门子英国林肯工厂对叶片的再设计，优化了冷却性能。通过 3D 打印技术所实现的关键零部件的设计优化，为西门子燃气轮机带来了更好的性能。

西门子林肯工厂的叶片增材制造技术，主要来自于英国 3D 打印公司 Materials Solutions。这是一家致力于生产高性能高温合金零部件的增材制造服务商，核心竞争力在于对选区激光熔融粉末材料的控制能力，他们最擅长的领域包括通过选区激光熔融 3D 打印技术制造 Inconel 625、Inconel 718、Hasteloy X、C263、C1023、CM247LC 等高温合金零部件。西门子在 2016 年收购了 Materials Solutions 公司。

（2）面向增材制造的无缝集成解决方案　如何利用数字化技术大幅提高生产灵活性和效率、缩短工程时间和产品上市时间，从而巩固和加强工业制造企业在全球市场上的竞争地位，是西门子数字化工厂集团希望为其工业制造用户实现的目标。

西门子 PLM 软件解决方案是实现这一目标的工具，它包括：集成式 CAD/CAM/CAE 解决方案、NX™ 软件、仿真和测试软件解决方案 Simcenter™ 组合、数字化生命周期管理系统 Teamcenter® 软件、面向生产执行的西门子制造运营管理（MOM）产品组合的两个要素 Simatic IT 和 Simatic WinCC，以及基于云的开放式物联网操作系统 MindSphere 等。

增材制造也被纳入到了 PLM 软件解决方案中，比如说西门子最新版本的 NX™ 软件提供了面向增材制造的全新设计功能，包括点阵结构设计功能。NX™ 软件中的 "Convergent Modeling" 技术使得直接处理点阵等适合 3D 打印的多面几何结构成为可能，从而使企业用户避免此前冗长的数据转换过程，在更短的时间内将轻量化产品推向市场。

总之，西门子 PLM 软件解决方案中的一系列软件，可以管理增材制造过程的每一个阶段，工程、仿真、生产制备和 3D 打印的工具都集中于同一系统中，无须进行容易致错的数据转换，同时也可以消除信息遗失所带来的风险。工业制造企业和增材制造企业能够借助这样的数字化系统，将其 3D 打印的应用从原型设计或使用几台独立机器的小规模生产，加速过渡到工业规模的批量生产，并使产品具有可追溯性。

（3）增值服务　西门子还推出了帮助用户加快增材制造工业化步伐的模块化咨询服务套件，里面汇聚了来自西门子不同业务板块的专业知识，整合在西门子整体的增才制造创新框架下。从增材制造设计、业务模式开发到生产的所有环节全部在同一个平台上。

零部件工程和打印服务以及增材制造由西门子收购的 Material Solutions 提供。西门子已经成功实现了燃气轮机叶片的增材制造，这为西门子精通增材制造工艺提供了基础和佐证。这些增材制造专业知识，将以服务的形式提供给其他制造领域。

3. 吉凯恩集团

吉凯恩（GKN）是全球性的工程服务公司，包括航空航天、汽车传动系统、粉末冶金和地面特种车辆四大业务板块。在 3D 打印领域，GKN 有金属粉末打印业务，并在 3D 打印应用方面进行了全球化的布局。

（1）航空航天业务与三个增材制造卓越中心　GKN 对增材制造技术的应用包括三大方面：高价值零部件的维修，中型航空发动机的制造，航空航天结构件的制造。通过增材制造技术的应用可以减少部件数量，减少零部件在精加工过程中的材料去除率，提高买飞比。

GKN 围绕着航空航天业务打造了三个增材制造卓越中心：GKN 美国辛辛那提增材制造卓越中心，GKN 瑞典 Trollhätten 增材制造卓越中心，GKN 英国 Filton 增材制造卓越中心。GKN 通过增材制造中心将集团内部的航空航天零部件制造、增材制造及材料研发的能力进行整合，推进增材制造技术在航空制造业务中的应用。

GKN 每个增材制造卓越中心拥有不同的增材制造技术侧重点。

GKN 美国辛辛那提增材制造卓越中心侧重于以激光束为能量源的定向能量沉积技术，负责对金属丝材进行熔融沉积成型。GKN 航空航天业务部主要用该技术制造尺寸大于 50cm 的零部件，包括航空结构件以及一些随着买飞比的显著提升而降低成本的零部件。该中心还与 ORNL 实验室合作，开发大型零部件的增材制造能力，如法兰的局部制造或整个部件的制造。

GKN 位于瑞典的 Trollhätten 增材制造卓越中心是大型零件制造的主要基地，所采用的增材制造技术也是定向能量沉积技术，制造材料为钛合金和镍基合金。该中心所拥有的电子束金属丝能量沉积技术，主要用于制造大型 GKN 航空发动机零部件以及航天零部件，其中的一个经典的应用是 Ariane 5 火箭中的 Vulcain 2 喷嘴，该部件质量达 50kg。这个大型增材制造部件增强了结构，节约了制造成本。该中心的激光束金属粉末能量沉积技术主要应用于钛合金和镍基合金零部件的修复。

GKN 英国 Filton 增材制造卓越中心则负责推进粉末床技术，GKN 应用的粉末床技术包括选区激光熔融和电子束熔融两种。电子束熔融主要用于制造 Ti - 6Al - 4V 钛合金小到中型零部件。选区激光熔融技术制造的重点领域是钛合金和镍基高温合金零部件，以及复杂零部件和高附加值零部件。粉末床技术可以满足钛合金零件小批量的制造需求，例如制造吸声衬层和嵌入式防冰结构，并通过功能集成化的设计实现高性能结构件的制造。

Filton 增材制造卓越中心拥有 12 台增材制造设备，这里的设备被划分为三个单元，其中两个单元为电子束熔融设备，第三个单元为选区激光熔融设备。第一个单元的设备主要用来研究工艺参数与随之产生的微结构和性能控制。这些信息的分析结果将用于设置第二个单元中设备的工艺参数，继而进行钛合金零部件的小批量生产。除了增材制造设备，Filton 增材制造卓越中心还设有材料实验室，对粉末材料的特征、质量进行测试和控制。

GKN 英国 Filton 增材制造卓越中心还负责推进高分子塑料材料的增材制造技术，该中心使用的 3D 打印设备包括选区激光烧结设备和熔融沉积成型设备两种。选区激光烧结设备打印材料主要为尼龙粉末，熔融沉积成型打印材料则包括多种热塑性塑料丝材。两种工艺均用于模具制造和快速原型制造。

用增材制造技术进行航空零部件批量生产的工作已在 GKN 航空航天部门强势展开，接下来在 GKN 将与 Rolls - Royce 合作制造 XWB - 84 大型航空发动机，该发动机也将引入增材制造技术制造轻量化以及高性能的压气机壳体。

GKN 对增材制造技术的应用逐渐形成了四种不同的层次：零件修复与再制造，设计优化零部件的制造，制造带有定制化微结构的零件，制造具有特定功能的材料。

零部件的可靠性、质量、可重复的工艺，以及合格的材料，是用户能否接受增材制造的零部件重要因素。GKN 对这一系列的质量控制工作高度重视，并通过对样品的测试来进行严格的质量控制。

（2）电动汽车的先进制造技术　2017 年 GKN 在英国牛津郡开设了一个新的创新中心，该中心将致力于为 GKN 的汽车业务开发先进制造技术，并成为各种制造工艺和技术的家园。该中心的重点关注领域之一是电动汽车技术的发展。

GKN 新的英国创新中心将开发一系列新技术，将为电动汽车、赛车运动和非公路应用带来巨大的效益。尤其是电气化系统，GKN 的专业知识将帮助汽车制造商开发更轻、更安静、更高效的车辆。创新中心将重新设计下一代车辆的零件，并通过 3D 打印来生产定制化的车辆部件。

GKN Driveline 汽车传动系统是 GKN 旗下最大的业务部门，是世界上多家汽车、越野车和航空器制造商的全球顶级供应商，产品包括从小型前轮驱动车辆的各种部件和四轮驱动车辆使用的各种传动部件和系统。

伴随这些产品的是专业技术，对影响车辆动态的各种因素的理解，以及如何通过优化这些因素来达到减轻重量、提高性能的目的。从这个角度就很容易理解为什么 GKN 会将 3D 打印技术引入到新一代车辆的定制化生产中，因为与航空等其他制造领域一样，3D 打印技术在构建复杂结构零件，或制造小批量零件方面具备明显的优势。

（3）开发粉末床 3D 打印材料　GKN 根据粉末床金属熔融增材制造的特点，针对更高的设计自由度、更高效、更集成的动力系统开发了特定的钢材料，这种钢材料能够承受高磨损和负载，并结合 3D 打印所实现的功能集成进一步减轻重量。

保时捷工程部门正在研究如何在其电子驱动动力系统中采用新材料。采用结构优化技术，结合 GKN 的材料，保时捷实现了差速器的独特设计（包括齿圈），通过这种齿轮减重和刚性形状的组合，实现了更高效的传动。

第二节　材料巨头加快增材制造步伐

近年来，材料制造商加强了对增材制造及技术的投入，尤其是像 DSM、巴斯夫、沙特基础这样的化工材料企业。

他们的共同特点是早在多年前就推出了 3D 打印材料，初期推出的材料种类少，仅适用于少数 3D 打印技术。但是通过与增材制造应用端的不断合作，以及对外收购 3D 打印企业，这些材料企业对市场和用户的应用要求有着深刻的理解，对于 3D 打印技术前景的信心也不断增强。

2016 年以来，几家大型材料制造商纷纷成立了专门的增材制造部门或子公司，为推出更广泛的 3D 打印材料和更细分的增材制造解决方案奠定了基础，也在材料制造圈掀起一股增材制造热潮。这其中包括欧瑞康、吉凯恩、美铝等金属材料与方案解决商，还包括赢创（EVONIC）、帝斯曼（DSM）、巴斯夫（BASF）、沙特基础工业（SABIC）等塑料材料提供商。

1. 美铝

美铝公司（ALCOA）是轻金属技术、工程与制造提供商，开创了多种材料解决方案，提供由钛、镍和铝制成的增值产品，并生产铝土矿、氧化铝和原铝产品。

正如壳牌、美孚、BP、雪佛龙这些石油公司既有上游的石油天然气勘探开采业务，又有下游的化工与润滑油业务类似，美铝也有自己的下游业务，其中一块下游业务是金属增材制造。2016 年，美铝宣布要将与增材制造相关的下游业务独立拆分出来，通过 Arconic 公司来经营这些业务，包括金属粉末生产、3D 打印、热等静压、锻造、铸造、机加工、质量检测。

在拆分增材制造业务前，美铝围绕增材制造开展了一系列的工作，比如说针对粉末床选区激光熔融做出了多次尝试；通过定向能量沉积增材制造技术——电子束熔化焊接（EBAM）制造大尺寸锻造性能金属零件。

原材料的性质直接影响到金属 3D 打印的产品质量，美铝在这方面投入了大量的人力和物力。美铝针对如何设置最佳加工参数得到想要的产品，如何控制产品几何槽形，如何控制材料熔融进行了大量实践验证。通过这些投入美铝对不同的金属打印设备更适合加工哪些品类的金属粉末已非常了解。

而 Arconic 本身已经参与 3D 打印近 20 年，第一台 3D 打印机是树脂光固化技术 3D 打印设备，这台设备安装在密歇根州怀特霍尔市的研究中心。通过这台设备来 3D 打印精密铸造模具，让 Arconic 体会到了 3D 打印技术与制造的紧密关系。此后，Arconic 在德克萨斯州、加利福尼亚州、佐治亚州、密歇根州和宾夕法尼亚州配备了金属以及塑料 3D 打印设备。

Arconic 公司可以为航空航天业的用户提供从航空技术到金属粉末生产乃至产品认证的专业服务。Arconic 在传统金属制造技术和 3D 打印领域都有很深根基，并拥有航空航天工业中最大的热等静压设备之一，该设备用于加强由钛和镍基超合金制成的 3D 打印和非打印部件的金属结构。此外，在 2015 年 7 月收购 RTI 国际金属公司后，Arconic 加强了在钛和其他特种金属在航空航天等领域的制造能力。

随着 2015 年收购 RTI，Arconic 获得了显著的增材制造领域的专长。RTI 在通过 3D 打印金属和塑料材料来生产零件方面拥有丰富的经验。通过对 RTI 的收购，Arconic 拥有了系统化 3D 打印钛金属的制造能力。随后，在 2016 年，Arconic 技术中心内专门配备了 3D 打印金属粉末生产设备。在那里，Arconic 生产针对航空领域所需要的为了 3D 打印工艺而优化的钛、镍和铝粉末。

值得注意的是，Arconic 拥有世界上最大的热等静压设备。而在 3D 打印零件的后期处理过程中，通常需要热等静压设备来加强 3D 打印的金属部件。

Arconic 还拥有自己的增材制造工艺——Ampliforge™，这是一种是将 Sciaky 的大型电子束增材制造技术（EBAM）与锻造相结合的工艺。传统的锻造过程，从坯料到锻造出零件需要六到八个步骤，而 Ampliforge™ 工艺将锻件制造缩短为两个步骤，首先通过 EBAM 技术进行预制件的增材制造，然后进行一次锻造，使 3D 打印金属零件具有与传统锻造部件相同的微观结构。这一工艺将为零件制造商节省大量的时间和资源，使得零部件的生产更高效、更经济。

可见，拥有增材制造核心技术是美铝单独将下游服务业务以 Arconic 公司的名义拆分出来的底气所在。美铝将 Arconic 拆分出的另一个原因是为了满足各方面的市场需求，不仅是航空航天领域，还包括汽车行业、体育用品领域。

从美铝和 Arconic 的布局中可以看出，3D 打印不是一个独立的制造过程，完成符合工业用户要求的 3D 打印零件需要对相关的后处理技术进行投入和应用整合，远不是投资几台 3D 打印设备那么简单。

2. 帝斯曼（DSM）

帝斯曼旗下的 Somos® 树脂材料业务在光聚合 3D 打印领域拥有强大的竞争力，Somos® 生产的光敏树脂材料是市场上主流的光聚合 3D 打印材料。Somos®

在增材制造领域的多年经营，为帝斯曼深刻理解增材制造领域关键细分市场和终端客户的需求起了重要作用。

生产光敏树脂 3D 打印材料是帝斯曼在增材制造领域的起点，但帝斯曼的野心不止于此。2017 年，在现有竞争力基础上，帝斯曼成立了专门的增材制造业务单元。除了原有的光敏树脂 3D 打印材料，帝斯曼增材制造提供长丝材料，选区激光烧结材料，多射流熔融材料以及用于黏结剂喷射工艺的材料。也就是说帝斯曼增材制造计划为目前所有的塑料增材制造技术提供材料。

目前帝斯曼已经推出了用于材料挤出工艺的熔融长丝材料，包括 Novam® 聚酰胺和 Arnitel® 热塑性弹性体。Novamid®：是一种优质的聚酰胺，适用于材料挤出 3D 打印工艺。Arnitel®：是一种高弹性热塑性聚酯，适用于材料挤出 3D 打印工艺。可广泛应用于电子、体育和其他高端应用。接下来帝斯曼将在技术合作伙伴和行业合作的支持下，扩大热熔塑料 3D 打印方面的创新工作，并开发选区激光烧结、多射流熔融、黏结剂喷射 3D 打印材料。

帝斯曼重视为特定应用领域开发专门材料的业务，这也是帝斯曼一直以来的服务方式。其原有的光敏树脂材料业务部门就已经在为客户提供定制化开发的材料，例如与德国丰田赛车公司联合开发的 Somos Taurus 材料，该材料具有很高的耐热性和力学性能，热变形温度（HDT）为 95°C（203°F），UV 和热后固化后，它的拉伸强度为 51MPa，刚好高于典型的 ABS 塑料的极限拉伸强度（约为 49MPa），更高的热变形温度使 Somos Taurus 能扩展至汽车、航空航天和电子这样的需要高耐热性和耐用性的领域。帝斯曼还将与惠普合作用于多射流熔融工艺的塑料粉末材料。

帝斯曼关注的目标市场是：医疗、车辆、服装、模具和电子产品。

3. 巴斯夫（BASF）

德国巴斯夫是全球化工 50 强企业[⊖]，巴斯夫推出的 3D 打印材料产品组合包括聚酰胺（PA）和热塑性聚氨酯（TPU）粉末，多款塑料与金属丝，以及光敏树脂。巴斯夫走的是材料与技术兼顾的道路，除了提供材料之外，还针对具体的应用为用户提供材料、增材制造的建议，包括优化设计和仿真。

巴斯夫最为典型的 3D 打印材料是用于选区激光烧结工艺的聚酰胺粉末和热塑性聚氨酯粉末，前者在工业零件功能性原型快速制造领域应用广泛，后者已被运动鞋制造商用于鞋中底增材制造。

除了典型的产品，巴斯夫还通过对外收购来丰富自身的产品种类与组合，例如：收购荷兰 3D 打印材料商 Innofil3D。巴斯夫与 3D 打印设备制造商的合作也非常紧密，在 3D 打印材料领域的市场渗透能力正在急剧扩大。除了与华曙高

⊖ 排名来自 2017 年发布的《化学与工程新闻》，巴斯夫排名化工 50 强第一，销售额 607 亿美元。

科、惠普的合作，巴斯夫有代表性的战略合作计划包括与 EOS 在选择性激光烧结材料开发方面的合作，与 XAAR 针对黏结剂喷射 3D 打印光敏树脂材料开发方面的合作，以及与理光针对选择性激光烧结设备材料开发方面的合作。

巴斯夫还善于捕捉工业制造企业的需求，比如说巴斯夫曾与泛亚汽车技术中心进行合作，用聚酰胺 - 6（PA6）粉末材料和选区激光烧结设备一次成型的发动机零部件，使泛亚团队在一周内完成从部件设计、经 3D 打印到对系统关键部位的检测与调试的过程，大幅缩短了开发周期。在此过程中应用的技术是 2015 年巴斯夫与华曙高科联合开发的选择性激光烧结 3D 零部件打印解决方案。

2017 年 9 月，巴斯夫欧洲公司正式将 3D 打印业务独立出来，成立了新公司——巴斯夫 3D 打印解决方案有限公司。新公司主要致力于建立和拓展 3D 打印材料、系统解决方案、组件和服务等业务，并负责与母公司巴斯夫和外部合作伙伴（如高校和潜在客户）的研发合作。

4. 沙特基础工业

沙特基础工业（SABIC）是著名的石油化工企业，这家公司在 3D 打印材料领域最典型的产品是用于材料挤出工艺的熔融长丝材料，在这些产品组合中以工程塑料材料为主，例如：PEI、PC、ABS。

值得一提的是沙特基础工业开发的 3D 打印丝材是面向工业应用的。比如说在 2017 年推出的 8 款用于大尺寸熔融沉积成型 3D 打印的新材料，它们是以现有的 4 种无定形树脂（ABS、PPE、PC 和 PEI）为基础开发的，但通过添加碳纤维和玻璃纤维得到了增强，低温流动性更好，在恒定压力下更不易变形，比结晶树脂收缩率更低，应用目标是模具、航空航天、汽车、国防等行业。

沙特基础工业与工业级熔融沉积成型设备制造商 Stratasys 的合作非常紧密，沙特基础工业有多款工程塑料 3D 打印线材都针对 Stratasys 公司的 Fortus3D 打印机进行了优化，例如 LEXAN EXLPC、PEI 和 ABS，其中 Fortus3D 打印机配套的 PEI（ULTEM）材料可直接制造飞机内饰件。

SABIC 正在推出更多 3D 打印材料，包括用于选区激光烧结的聚碳酸酯粉末材料，具有高度生物兼容性的聚碳酸酯和 PEI 线材，以及 EXTEM 热塑性聚酰亚胺线材。

第三节　航空航天企业的多重布局

从 GE、GKN 拓展增材制造版图的进程中可以看出，这些企业与增材制造的交集是从制造航空航天零部件开始的，早期实现生产的 3D 打印应用也都是飞机或者火箭中的零部件，比如说 GE 实现量产的燃油喷嘴是 LEAP 飞机发动机中的零件，GKN 航空航天公司用定向能量沉积技术 3D 打印的火箭喷嘴是空客与赛峰集团 Ariane 6 号火箭中的部件。

GE 和 GKN 都是航空航天供应链上游的企业，即飞机或火箭零部件供应商。他们早期对增材制造零部件研发的大量投入，根本原因是为了满足下游飞机制造商、火箭制造商对于产品交货期、产品性能的要求。那么，下游航空航天制造企业是如何应用 3D 打印零部件的？他们对增材制造持怎样的态度？除了与外部供应商合作，这些企业自身在增材制造领域做了哪些工作？这些问题我们可以通过波音、空客、NASA、ESA 这四家典型的航空航天制造企业在增材制造领域的布局来体会。

1. 波音

波音公司不仅仅是推动 3D 打印技术与应用端深度结合的践行者，还对增材制造如何在制造价值链中发挥作用具备自己的关键洞察力。

作为美国联邦政府的承包商，波音公司在 2015 年获得了超过 160 亿美元的订单。在这些订单的执行过程中，3D 打印正在扮演越来越重要的角色。2017 年 8 月，波音宣布组建新的波音增材制造（BAM）业务单元，这意味着波音将 3D 打印的重要性提到正式议程。

波音设立专门的增材制造业务单元是波音公司在增材制造研究和实施方面超过 20 年经验的汇总。波音增材制造将帮助波音精简制造过程和优化资源分配，加强波音在三个关键战略领域的制造技术：零件、模具和内饰。

波音公司的增材制造能力不仅在于拥有 3D 打印设备，还在于掌握了一系列增材制造工艺，以及柔性的知识系统，包括材料、流程管理、复杂几何结构增材制造设计、快速成型和最终生产制造。

早在 2003 年，波音就通过美国空军研究实验室来验证一个 3D 打印的金属零件，这个零件是用于 F-15 战斗机上的备品备件。波音通过 3D 打印钛合金零件，替代了原先的铝锻件，钛合金的抗腐蚀疲劳性更高，反而更加满足这个零部件所需要达到的性能。这个零件是通过激光定向能量沉积工艺制造的，这一应用打开了波音的 3D 打印应用之路。14 年后，波音已有超过 50000 件 3D 打印的各种类型的飞机零件。

波音还应用了另外一项基于定向能量沉积工艺的 3D 打印技术——Norsk Titanium 公司的快速等离子沉积技术。波音选择使用快速等离子沉积™3D 打印技术进行钛合金结构件的近净成型制造，该工艺替代了锻造等传统制造工艺。在 2017 年 2 月，波音获得了首个 3D 打印钛合金结构件的 FAA 认证，使用的正是快速等离子沉积技术。

定向能量沉积工艺虽然是波音公司在生产中最早采用的 3D 打印技术，但这并不是波音尝试的唯一一种 3D 打印技术，波音的 3D 打印技术组合还包括塑料 3D 打印、复合材料、金属、陶瓷材料的 3D 打印技术，比如说，Stratasys 的熔融沉积成型 3D 打印技术，ORNL 实验室的大幅面增材制造技术。2016 年波音和 ORNL 实验室合作的 3D 打印飞机机翼的夹具还赢得了吉尼斯世界纪录，这个夹具的用途是在机加工过程中固定 777X 飞机的复合翼面。

虽然波音对尝试 3D 打印这样的新技术持有开放的心态，但是一项新技术要进入到航空生产体系是需要经过严格验证的，因此波音对每个技术和零件都有严格的质量控制规范，以便获得一致的零件生产能力。一旦在多台 3D 打印设备和全球各地的多次安装中证明了质量的稳定性，波音就会开发一个数据库来记录零件的产品生命周期数据，因此波音掌握了使用特定增材制造工艺制造特定零件的完整数据，这对波音来说是一笔宝贵的财富。波音对 3D 打印材料的验证也是类似的。

在供应链方面，波音并不完全依赖内部生产，而是充分利用增材制造供应商的专业知识，并且在内部资源和外部供应商之间取得平衡，大约 65% 的工作是由波音的供应商来完成的。

2. 空客

空客已有多种 3D 打印应用进入到了生产阶段，特别是 2016 年以来，金属 3D 打印结构件也进入了批量生产阶段。

空客为 A320 飞机开发了一个大尺寸的"仿生"机舱隔离结构——Scalmalloy。这是一种使用新型的超强、轻质合金材料制造的轻量化结构件，采用的 3D 打印技术是选区激光熔融。2016 年，空客开始进行 Scalmalloy 的生产，在此之前研发工作已经进行了 5 年。

空客非常重视钛金属的 3D 打印量产，因为钛是最昂贵的材料，3D 打印直接制造钛金属件对减少浪费可以起到重要作用。2017 年，空客宣布将 3D 打印钛金属支架安装在批量生产的 A350 XWB 系列飞机上。这款 3D 打印支架是飞机吊架中装配的一种零件，其平面的部分有效地连接机翼和发动机。

2017 年空客还有一款 3D 打印钛合金零件进入生产阶段，该零件是空客的子公司 Premium AEROTEC 通过 Norsk Titanium 公司的快速等离子沉积™技术开发的，完成生产后将被安装在 A350 XWB 飞机上。

对于空客来说，将 3D 打印金属结构件推向批量化生产应用仅仅是个开始，空客还在制造核心零件的增材制造领域进行着努力，包括始于 2007 年的 3D 打印扰流板液压歧管研发项目，当时德国开姆尼茨工业大学和利勃海尔集团在德国政府基金的支持下展开航空液压元件增材制造项目，2010 年空客加入这个项目组。最终的制造方案是通过选区激光熔融 3D 打印技术制造扰流板液压件，并将 3D 打印部分与其他液压零件装配在一起，3D 打印的材料是 Ti64 合金。

目前，空客还有更多的 3D 打印项目在筹备和测试中，例如金属舱支架和排气管等。空客还曾宣布计划在未来飞机上应用一半的 3D 打印零件。当然，这还有很长的路要走（甚至几十年），不过金属 3D 打印零件的批量生产，标志着空客向其目标迈进了一步。

3. 欧洲航天局

3D 打印在航天器上的制造优势日益获得航天制造机构的认可，但航天制造界还有一个共识就是 3D 打印技术还有更多的潜力有待挖掘，比如，如何完全根据 3D 打印的特点来优化卫星的设计和制造。欧洲航天局（ESA）对 3D 打印技术进行了多重布局，全面拥抱 3D 打印技术。

ESA 联合 ICT 先进制造实验室开发材料，研究外来材料的微观结构或材料的焊接方式。除了 3D 打印工艺，双方还在探索各种制造工艺的结合。实验室的设施也处在快速扩充中，比如说平均每两个月有一台新机器，每六个月一项新技术，新的合金正在开发中……，通过这些工作，研究人员将最大可能地优化航天器性能。

关于 3D 打印用于空间探索，ESA 可谓是长袖善舞，他们充分调动科研机构的资源。2015 年，ESA 就和伯明翰大学合作研发了一整套增材技术解决方案，其中一项技术包括设计一个激光沉积设备的喷嘴及整合增材制造流程中的多个送丝系统，该技术提高了金属丝打印的能力。使用金属丝作为打印材料，金属打印设备将具备制造多种不同合金样件的能力，提高了打印过程中材料的利用率，还可以避免粉末溢出造成的污染、设备维护、安全等问题。

ESA 还研发了与上述技术相关的一种简化的金属合金丝材制造工艺，其基本原理是当金属丝通过熔池时将其表面进行涂层。该工艺与以往方式相比成本可降低 20%～50%，制造过程消耗的能源和需要的基础设施更少、质量更高。

在整套增材技术解决方案中，还包括一种新的金属打印过程的新热源。目前的金属增材制造系统多以激光或电子束为热源，而该方案中的热源则是由一组反射镜聚焦的非相干光束，光束来源是 200～1000W 的灯泡。聚焦后的光束将会加热目标零部件中的局部区域。这技术可以替代目前的激光和电子束热源，并且成本更低。

还包括一个通过热等静压方法制造金属件的系统，该系统以特定几何形状的小型（以毫米、厘米计）金属单元的使用为基础。金属单元可以批量生产和自动处理。该技术的优点包括：制造的产品几乎不产生变形，与锻造、铸造、机加工相比，能够制造更加复杂的零部件；可以制造复合材料和功能梯度材料零部件；更节约材料和成本。

除了对材料和工艺的基础研究，ESA 还在推进具体的 3D 打印应用，如与英国喷气发动机公司合作设计 Skylon 有翼飞行器，飞行器发动机的一大亮点是 3D 打印的喷油器，该喷油器使得发动机在不到 0.01s 就可以得到急速降温，使飞行器可以像普通飞机一样起飞、飞行和着陆。

2017 年，ESA 推出了一项新的 3D 打印 CubeSat 立体小卫星项目，材质为 PEEK 塑料。在第一次测试运行之后，ESA 努力想使这些 3D 打印的微型卫星投入商业应用。

ESA 还很重视硬件设施的建设。2016 年，ESA 在英国基地牛津郡的哈威尔建立了一个新的先进制造实验室，在那里研究 3D 打印等先进制造技术用于空间探索的可能性。哈威尔的实验室配备了先进的金属 3D 打印机、强大的显微镜套件、无损检测是设备 X 射线 CT，以及一系列的热处理加热炉。这里研究人员很方便地进行先进的力学试验，包括拉伸、显微硬度测试。研究人员可以使用实验室和哈威尔校园的设施，如半导体洁净室、低温实验室、英国中央激光设施、I-SIS 中子源和钻石光源等资源。

2017 年，ESA 与英国制造技术中心（MTC）合作，建立了一个"一站式"空间相关应用增材制造中心——ESA 增材制造中心（AMBC），该新中心由 MTC 管理，使得 ESA 和其他空间探索公司能够探索某些项目的 3D 打印潜力。

从共性基础研究到产品开发，再到前沿技术探索，ESA 通过与大学、科研机构的联合，掌握了一系列增材制造技术，迅速积累在 3D 打印方面的专业知识，并获取下一代航天器的制造实力。

4. NASA

NASA 于 2012 年启动了增材制造验证机（Additive Manufacturing Demonstrator Engine，AMDE）计划，NASA 认为 3D 打印在制造液态氢火箭发动机方面颇具潜力。在 3 年内，参与 AMDE 计划的团队取得了一系列成果，包括通过增材制造出 100 多个零件，并设计了一个可以通过 3D 打印来完成的发动机原型。

从 2010 年以来，NASA 喷气推进实验室的科学家一直试图解决在一个部件上混合打印多种金属或合金的问题。通常如果想要一个零件的一侧要具备耐高温特性，而另一侧要具备低密度特性，或只能在一侧具有磁性。制造这样的零部件此前只能采用焊接的方法，先分别制造出不同的部件，然后再将它们焊接起来。但焊缝天然具有缺陷，容易脆化，在高压下极易导致零件崩溃。借助 NASA 开发的新型 3D 打印技术，可以顺滑地从一种合金过渡到另外一种合金，此外，用它还可以研究各种潜在的合金。

2015 年，NASA 取得了金属 3D 打印的新突破——3D 打印的全尺寸铜合金火箭发动燃烧室内衬。打印技术为选区激光熔融，打印材料 GRCo-84 是由 NASA 俄亥俄州的 Glenn 研究中心研发的。这款功能部件能够承受极高和极低的温度。

2015 年，NASA 还成功完成了 3D 打印涡轮泵的测试。这也是一款由选区激光熔融技术制造的零部件，NASA 看重的是该技术制造功能集成化零部件的能力，NASA 曾指出 3D 打印涡轮泵与传统的焊接和装配技术相比，原材料消耗可以减少 45%。

镍基高温合金零部件制造也是 NASA 的增材制造发力点，比如说 NASA 通过美国俄勒冈州的 Metal Technology 公司为 NASA 旗下的 Johnson 太空中心生产镍铬铁合金（Inconel 718）火箭发动机部件。

NASA 与 ESA 在火箭零部件增材制造领域展开了竞争。比如说 ESA 通过选区激光熔融技术制造一体式火箭发动机喷嘴，而 NASA 在这方面也不示弱，在 Space Launch System 巨型运载火箭项目中，NASA 的团队就是采用选区激光熔融技术制造喷嘴的，制造周期仅需 10 天左右。NASA 认为 3D 打印在制造液态氢火箭发动机方面颇具潜力，并通过 ADME 计划研发了一系列功能集成化的发动机零件，使新一代发动机中需要装配的零件数量减少 80%。而 ESA 新一代火箭发动机的研发工作也在紧锣密鼓地进行，2017 年 ESA 对 Ariane 集团投入了超过 8 千万欧元的预算，研发 Ariane 新一代液氧－甲烷火箭发动机——Prometheus。Prometheus 是新一代火箭发动机，设计特点是低成本，目标是将火箭发动机的制造成本至少降低到目前的 1/10，并且可重复使用。

NASA 和 ESA 研发 3D 打印零部件的目标很多时候是涉及将原本通过多个构件组合的零件进行一体化 3D 打印，这样不仅实现了零件的整体化结构，避免了原始多个零件组合时存在的连接结构（法兰、焊缝等），也可以帮助设计者突破束缚实现功能最优化设计。一体化结构的实现除了带来轻量化的优势，减少组装的需求也为企业提升生产效益打开了可行性空间。

还有一点就是重视增材制造在实现零部件功能性方面的能力。金属 3D 打印可以让打印部件达到传统方式无法达到的薄壁、尖角、悬垂、圆柱等形状的极限尺寸，让产品设计师有了更大的发挥空间。在进行飞行器中的复杂零部件设计时，设计师由过去以考虑零部件的可制造性为主，转变为增材设计思维下的实现零部件功能性为主。

从这些角度上看来，3D 打印开启了下一代经济性的火箭发动机制造之路，或许这将成为 NASA 与 ESA 抢滩低成本、可重复利用的下一代火箭发动机的触发因素。

第七章
3D 打印与数字化制造趋势

  增材制造正在从根本上改变制造产品的方式，从飞机零部件和医疗器械等关键应用到更常见的高度工程化产品，如跑鞋。3D 打印技术将三维数字模型转化为实际三维物体的能力可以比传统制造技术（如机械加工、注塑和热成型）具有多方面的优势，包括实现大规模定制、复杂零件几何形状的形成，尤其是对于那些不容易被注塑或者铸造出来的零件几何形状。

  按需生产，零库存，减少模具成本，缩短交货时间。为了实现这些优势，数字化制造所需的材料不仅要达到必要的力学性能和经济指标，而且还要设计成容易通过软件控制的，以数据为中心的制造技术。3D 打印所实现的数字化制造过程，尤其是塑料领域正在面临这个挑战。

  当前通过熔融沉积成型技术和粉末床选区烧结技术加工出来的高性能热塑性材料（如 Ultem 聚酰亚胺和聚醚醚酮 PEEK）等塑料产品已经获得商业化应用。这些小批量的零件被应用在航空航天领域和医疗设备中。例如，空客 A350 飞机包含 1000 多个通过 Stratasys 的 FDM 技术开发的塑料 3D 打印零部件，满足了美国联邦航空管理局关于火焰和烟雾毒性的法规。与传统方法相比，生产零件的能源和原材料用量减少了 90%，零件的重量减轻，从而节约了运输成本。

  当前走向数字化生产的另外一种塑料是光敏材料。在助听器制造领域，美国的助听器制造商在短期内几乎全部切换成 3D 打印生产线，用于助听器外壳的批量定制化生产。而这样的应用正在向更多领域渗透，其中令人最为印象深刻的是 Carbon 公司的连续液体界面生产技术在鞋中底生产中的应用，连续液体界面生产是一种快速的 3D 打印技术，由于数字光合成（DLS）技术带来的无层特点，所以 3D 打印的零件可以获得各向同性的特征，阿迪达斯已通过 Carbon 的 DLS 技术来批量生产跑鞋用的中底，通过将高性能聚氨酯弹性体快速 3D 打印成具有复杂网格结构的制造技术，使得阿迪达斯能够生产之前没有的鞋中底几何形状。阿迪达斯最终的目标是"定制运动鞋"——针对个人的尺寸、形状和步态量身定制的鞋子。

  不仅仅是塑料，金属 3D 打印也在悄然进入到数字化生产线领域。除了著名的 GE 燃油喷嘴已经实现量产外，骨科医疗器械制造巨头 Stryker 等公司纷纷投产金属增材制造生产线用来制造金属植入物，中国的爱康医疗更是通过金属 3D 打印受益，并于 2017 年成功登陆香港股票交易所上市。在汽车制造领域，获得李嘉诚投资的 Divergent 公司，通过 3D 打印铝制的"节点"结构与碳纤维管材相连接的方式制造汽车底盘，有望通过金属 3D 打印为汽车制造注入一股数字化增材制造的新力量。

对于工业制造企业来说，实现数字化生产转型也并非意味着需要完全放弃传统制造工艺转而采用 3D 打印直接制造最终产品，将 3D 打印引入制造流程与传统工艺相结合，也是实现数字化生产的一条道路。其中最为典型的是 3D 打印与铸造工艺的结合，例如在义齿、首饰制造中采用 3D 打印蜡模与铸造相结合的方式实现数字化生产，在汽车发动机制造中，通过 3D 打印砂模与铸造相结合的方式实现数字化生产等。

数字化制造的范畴并非仅是通过 3D 打印等数字化制造设备来制造产品，数字化贯穿于制造始终的，从设计到加工，再到打印质量的监测与控制，每一步都是数字化的。当前 3D 打印还没有成为一种主流制造技术的一大限制因素是，能否制造出合格的零件主要是由人的经验决定的，这样的经验探索令人感受到折磨，而经验是难以复制的，这极大地限制了 3D 打印技术的广泛使用。而数字化的好处是能够读取和利用大量的数据，从而智能化地控制 3D 打印质量，用科学的方法代替经验对 3D 打印质量的影响。而只有 3D 打印可以达到更高的产品质量稳定性和一致性，才能使这一技术进入到真正的上升曲线中。

第一节　3D 打印 + 数字化生产模式

1. 数字化泡沫塑料的制造

消费级的泡沫塑料用途广泛，硬质泡沫塑料可做热绝缘材料和隔声材料，管道和容器等的保温材料，漂浮材料及减振包装材料等；软质泡沫塑料主要用作衬垫材料，泡沫人造革等。高性能化是泡沫塑料研究的新方向和热点，高性能泡沫塑料可以作为承载的结构材料在航空航天、交通运输等领域使用，如卫星太阳能电池的骨架、火箭前端的整流罩、无人飞机的垂直尾翼和巡航导弹的弹体弹翼、舰艇的大型雷达罩等。

在工业生产中，用反应注射成型工艺制得的玻璃纤维增强聚氨酯泡沫塑料，被用作飞机、汽车、计算机等的结构部件。用空心玻璃微珠填充聚苯并咪唑制得的泡沫塑料，因质轻而耐高温，被应用于航天器中。

3D 打印技术也逐渐成为制造泡沫塑料的一种方式，但 3D 打印泡沫塑料结构的优势不在于与传统工艺比拼制造速度和成本，而是在于能够结合终端用户对产品力学性能的要求和数字化设计，制造出拥有特定力学性能的泡沫塑料结构。无疑，这是一种极具颠覆性的数字化生产技术。

在泡沫塑料 3D 打印制造领域，Carbon 公司与其连续液面生产 3D 打印技术走在了前沿。Carbon 公司认为通过其 3D 打印技术制造的泡沫塑料结构，可以部分取代现有的泡沫塑料，例如：跑鞋的鞋中底泡沫和头盔中的缓冲材料。

Carbon 的自信来自他们将数字化设计与 3D 打印相结合的解决方案。Carbon 的软件能够根据用户的需求自动生成点阵结构，用户可以简单地输入零件的设计约束（例如质量和尺寸）及其所需的力学性能。这种解决方案能够消除设计过程中的不确定性，将点阵参数的每个独特组合与基础材料结合在一起，接下来通过 3D 打印来制造这些满足特定性能要求的泡沫塑料结构。

点阵软件能够生成具有不同点阵结构的产品，这意味着可以在单个产品的不同位置上设置不同的密度以实现所需的力学性能。在传统制造工艺中，一些安全产品由多个泡沫部件组装而成，而 3D 打印可以在单一产品中形成不同的功能性区域。通过 Carbon 的解决方案，产品设计人员可以使用同一种材料制造出整体式部件，部件中有多个具有不同力学性能表现的功能性区域。

这种可控的力学性能实现能力或将为以下几种产品的制造商带来新的技术竞争力。

软垫椅子或头枕等需要依靠泡沫材料提供舒适感的应用。由于传统闭孔弹性体泡沫材料透气性不好，这在这类应用场景下会给使用者带来不适感。3D 打印的点阵结构在透气性方面更好，因为它们是开放的结构，而且在进行产品设计时，可以通过调节点阵结构的密度分布来改善舒适性。

头盔等需要利用泡沫吸收冲击力，进行安全保护的应用。3D 打印在这类应用中的优势，同样是通过调节点阵结构优化冲击力吸收效果。

运动鞋缓冲鞋底以及运动器械中的缓冲结构。3D 打印点阵结构将运动鞋中底的功能性推向了新的高度，鞋中底在脚后跟和前脚有着不同的点阵结构，以满足跑步时脚部的不同区域的不同缓冲需要。在 Carbon 与阿迪达斯的合作中，3D 打印的弹性结构被用于取代通常用于生产运动鞋中底的 EVA 泡沫。

2. 运动鞋的数字化制造趋势

在阿迪达斯位于东南亚的工厂里，每年生产大约 7.2 亿双鞋，但这些生产过程缓慢而不具备灵活性。而在阿迪达斯位于德国的 Speedfactory 工厂里，则可以将从制造模型到生产的时间缩短到一天。

Speedfactory 位于德国南部的安斯安斯巴赫，主要由德国自动化公司 Oechsler MotionGmbH 负责运营，核心是一套工业机器人设备，也雇佣了 160 多名员工复杂监督和维修。

在像医院一样清洁的生产大厅里，在短短的几秒钟内，机器加热塑料并将热塑料注入到模具中，从而制成阿迪达斯跑鞋的鞋底。每一个步骤都紧凑而高效，从而使这个仅有半个足球场大的工厂每天生产大约 1500 双鞋，每年生产大约

500000 双鞋。阿迪达斯于 2018 年在美国建立第二家这样的工厂，日本作为阿迪达斯第四大市场，也可能于 2020 年开设这种工厂，英国和法国也在计划之中。

早在 2015 年 8 月的时候，阿迪达斯就喊出了"2016 年在德国生产出第一双私人定制运动鞋样品"的口号。从那时开始 Speedfactory 走入了人们的视野。Speedfactory 工厂的自动化加工工序取代了手工拼接和胶合工序。在制鞋行业发展史中，这或许是从制鞋行业搬到亚洲以来最大的革命。

对于 Speedfactory 的发展前景，阿迪达斯十分乐观，信息技术与生产工艺和创新产品三者的结合，是非常具有前瞻性的行业发展思路和方向。未来三年内，Speedfactory 将是促进企业发展的重要推动力，它将成为阿迪达斯未来产品的主要生产方式。

那么 Speedfactory 与 3D 打印的关系是什么呢？虽然目前并没有关于 Speedfactory 使用 3D 打印设备的报道。但 Speedfactory 生产的正是阿迪达斯的 Futurecraft 系列，而 2017 年 4 月，阿迪达斯对外推出的 Futurecraft 4D 跑鞋正是带有 3D 打印高性能鞋中底的产品，当时阿迪达斯宣布将在 2018 年底生产超过 10 万双 Futurecraft 4D 跑鞋。如果不出意外的话，这一系列的鞋会首先由 Speedfactory 来生产。

通过开拓数字化鞋类的生产过程，消除了传统成型的模具制造过程，并创造人体力学的现实功能。随着新技术的引入，阿迪达斯通过 3D 打印技术实现完全不同的生产规模和运动品质，从而将增材制造在体育产业化的应用推向深化。

Speedfactory 使得阿迪达斯的产品交货时间从 6 周缩短至 24 小时。这样的智能化工厂使得鞋的制造从设计、生产、销售的环节之间运转极快，通过实现"当地生产，当地销售"，还能灵活应对消费需求，迅速迎合流行趋势，同时减少物流费用和库存费用，这就是正在发生的鞋业制造革命。

利用数字化技术打造鞋的快速定制化生产能力，成为制鞋企业新一轮竞争的焦点。特别是对于鞋子的舒适度和力学性能要求较高的运动鞋制造领域，市场上知名的运动鞋品牌在这方面的竞争尤为激烈，耐克、阿迪达斯等国际品牌以及匹克、李宁、安踏等国内品牌无一不在对消费者或某项特定体育运动群体的个性化需求做出响应，并通过推出小批量定制化运动鞋产品来逐渐完善自身对于个性化需求快速响应的制造能力。

2017 年以来，陆续登陆市场的几款带有 3D 打印鞋中底的运动鞋，例如阿迪达斯 Futurecraft 4D、安德玛的 Architech、匹克的 Future I，都是运动鞋制造商在小批量定制化生产方面所进行的尝试。

3D 打印技术作为鞋类快速定制化生产链条中的一种重要工艺，受到了制鞋商的重视。3D 打印为制鞋商带来的不仅是无模具化和小批量定制化生产的能力，还有商业模式上的改变，包括 3D 打印、数字化设计、三维扫描在内的数字化技术催生了制鞋商与消费者紧密结合的小规模、去中心化的制造模式，这种新兴模式将与设计、制造与消费者相互独立的传统大规模生产模式有着显著的区别。

3. 连接数字化的汽车设计与制造平台

2018 年美国 Techniplas 公司推出了在线汽车设计与制造服务平台——Techniplas Prime。在过去几十年的发展中，Techniplas 为汽车行业设计和制造一些最复杂和最具挑战性的组件。Techniplas Prime 平台将数十年积累的全球制造服务能力与最新的增材制造、创成式设计及轻量化、机器学习技术相结合，为汽车客户创造新的价值。

Techniplas Prime 是一站式的汽车设计制造服务平台，能够将工程师和设计师连接到一起，并协同提供全球各地的制造解决方案。Techniplas Prime 涵盖整个汽车生命周期的 OEM 零件生产、质量控制、模具制造、最终检验和产品交付的全部过程。

Techniplas 公司整合了自主拓扑优化和轻量化设计软件中 ParaMatters 中的最新拓扑优化功能，汽车开发商可以通过这些功能实现轻量化设计。汽车开发商可以在 Techniplas Prime 平台中上传零件 3D 模型，请求并接收自动生成的轻量化设计服务，在数分钟内即可获得报价。也可以通过 Techniplas Prime 平台进行全面的项目设计和增材制造服务，在整个产品生命周期中获得专家资源、制造、物流和能力优化。

Techniplas 还建立了自己的 3D 打印中心，中心已安装超过 10 台 3D 打印机。3D 打印中心的焦点将在金属 3D 打印上，主要应用是快速开发模具。Techniplas 还使用光固化 3D 打印系统研发复杂、轻量化的汽车零部件。

第二节　与大数据"手牵手"

在以 3D 打印为制造技术的数字化生产过程中，从模型的建立，到生产工艺、加工参数、仿真、材料性能、产品质量监测、供应链可以说产生了海量的数据。仅仅是金属 3D 打印过程中就有 50 多个变量相互发生作用。这些剪不断理还乱的大数据，为增材制造带来挑战的同时也带来了机遇。

那么如何理性看待这些大数据为制造企业所带来的机遇呢？大数在 3D 打印数字化生产领域中的大数据可以衍生出新的商业模式吗？

1. 数据实现定制生产

3D 打印的效率和灵活性使得生产订单的产生方式发生方向性的改变。以前是公司需要预测生产什么，生产多少量，然后进行生产，经常会出现产能过剩或者不足的现象。而 3D 打印可以实现按需生产，拿到定制化订单，快速生产，零库存，快速发货。

数据流在这其中发挥了什么作用呢？就拿医用鞋垫的生产来说，医生使用三维扫描获取用户脚部数据，然后将扫描数据提供给设计师。设计师根据扫描数据进行建模以及设计优化，让用户脚部数据与鞋垫足够贴合。设计数据提交给 3D 打印机将鞋垫打印出来。3D 打印机的地点则非常灵活，既可以是制造商的 3D 打印机，也可以是医院的 3D 打印机，甚至可以是用户附近的 3D 打印机。

可以说，3D 打印的技术特点带来了供应链的变化，供应链的变化带来了数据流的变化，而数据流的变化进一步增强了 3D 打印在应用端的渗透能力。

另外，三维数字化建模与产品是对应的，这些文件是巨大而复杂的，这必然意味着他们需要更多的服务器存储空间，严格的安全性和敏锐的归档方法。围绕着这些需求还将诞生出大数据 + 3D 打印更多的商业模式，事实上，以 America Makes 引领的美国增材制造行业已经在进行积极的布局。

America Makes 的大数据布局包括为其成员提供了一个新的资源，将每个成员单位的能力通过数据关键词记录形成"能力数据库"，该数据库只有注册会员才能够查询和使用。通过这个数据库，Amercia Makes 的会员能够更便利地找到自己的合作伙伴，最大限度地利用资源和知识，全面提升增材制造技术的应用和发展。

America Makes 的数据库还与半开放型的 Senvol 数据库对接，以增强其用户从上游供应商搜索到加工过程决策的无缝衔接需求。Senvol 数据库，就像是一个增材制造行业的谷歌，包含了工业增材制造设备和材料的数据。用户可以在上面根据自己的需求搜索与之相关的信息。其专有算法可以帮助生产者确定哪些部分使用增材制造（AM）会比传统工艺更加有效。这个算法分析了整个供应链，并考虑了诸如库存、停机时间和运输等各项因素。

2. 数据源质量保证

GE 航空已实现发动机 3D 打印燃油喷嘴的批量生产，3D 打印在制造燃油喷嘴方面速度更快、效率更高，但也需要更先进的质量控制，因为众多因素会影响最终产品的结果，包括温度、取向、变形、收缩、膨胀、结构完整性等。

为了增强对增材制造过程中各个变量之间发生的相互影响，美国国防部先进研究项目局（DARPA）发起了"开放制造"（Open Manufacturing）计划，旨在通过数据来了解制造。DARPA 指出，为了使 3D 打印成为复杂航空航天部件制造的主流技术，就需要对"基于不同属性和性能材料的各种制造方法所产生的细微差别"有深入的了解。由于无法对 3D 打印出来的每一个部件都进行测试，目前能做的是对某一个特定的生产批次中的极少数产品进行测试，然后由抽样测试的产品质量代表整个生产批次的质量。在此过程中将产生大量数据，而对这些数据进行采集与分析有助于对增材制造技术的理解。

不过在这个过程中监控手段是必不可少的，拿增材制造技术中的粉末床金属熔融工艺来说，特别是金属熔融的过程中有超过 50 种不同的因素在发挥着作用，如果对粉末的尺寸和形状公差、熔融层中的空隙、最终部件的高残余应力，以及材料性能（包括硬度和强度等）的研究不足将导致金属增材制造过程难以量化控制。

金属粉末熔化不当会导致零件的内部缺陷，虽然现有的技术在控制金属熔化的过程遇到各种挑战，利用数据分析来实现过程中质量控制的软件正是基于这种需要而诞生的。比如说 Sigma Labs 软件，其主要工作原理是将模型切片数据与加工过程做匹配，从模型切片创建与质量的相关性，从金属性能的变化角度来标准化金属 3D 打印的质量控制，这一过程控制被称为过程质量保证。

当然仅是实现过程中监测与控制是不够的，仿真软件正在为过程前的建模优化与加工参数设置而发力。通过仿真对材料属性在增材制造过程中发挥的作用，减少昂贵材料的浪费，以及避免试验不通过的材料情况发生，在这方面，仿真软件的设计是个大数据的活。仿真软件需要与机器制造商合作，以获得设备的物理参数权利；需要与材料供应商合作，以保证材料科学指标是正确的；需要与测试专家合作，以确保正在测试的零件是正确的；需要和与用户合作，以确保得到更多的预测结果与实际效果之间匹配的权利。根据所有的材料、设备和产品的关键信息，预测如何改变材料、机器和建模。

这些数据的获得与反馈将形成一套对增材制造的闭环控制体系，而无疑大数据在其中发挥了重要的作用。

3. 数据加密的逻辑

3D 打印是一种数字化技术，在数字化制造中，产品信息、生产需求都是以数据的形式进行传输的，这种方式在为产品的设计、生产带来便利性的同时，也带来了数据安全性的隐患。因为一切数字化的信息都能够在没有边际成本的情况下被复制，一旦制造环节中的数据被泄漏，企业或设计师的知识产权将难以得到保护。

在增材制造过程中，设计师的建模作品会经过 Rendering 渲染、Parameter Control 参数控制、Model Manipulation 模型操纵、Slicing 切片等过程。在这个流程中，设计师的建模作品经过每一个过程，都面临被盗窃、流失和出卖的风险。即使是法律、法规也无法完全消除这些风险，不过互联网和区块链技术给规避这些风险找到了新出路。

波音公司在基于互联网的数据加密技术方面进行了布局，波音在全球 20 多个地点拥有增材制造的能力，通过与供应商合作为其航空航天业务提供 3D 打印零件。虽然供应商本身是可靠的，但在零件数据在传输的过程中，存在被黑客窃取或篡改的风险。为规避这一潜在风险，波音与提供数据保护服务的以色列 Assembrix 公司进行了合作。Assembrix 的云平台将负责监控波音整个 3D 打印过程，使用安全分配方法传送 3D 打印设计信息，以保护数据在分销和制造过程中不被拦截、破坏或解密。

增材制造的数字属性决定了这种制造方式容易被分享和转移，这些属性使得增材制造过程与当下备受关注的区块链技术有着某种契合度。区块链（Blockchain）是分布式数据存储、点对点传输、共识机制、加密算法等计算机技术的新型应用模式。所谓共识机制是区块链系统中实现不同节点之间建立信任、获取权益的数学算法。市场研究机构德勤在"3D opportunity for blockchain（3D 打印为区块链带来的机遇）"报告中指出，区块链与增材制造结合的几大契合点包括：

① 分布式自动化组织特点，帮助增材制造管理分销供应链；

② 接近实时（near real time），设计的任何改变都将立即更新，使增材制造流程更高效；

③ 防数字侵权，区块链技术通过加密算法，有效保护供应链各企业的数据信息；

④ 不可磨灭和可追溯性，增材制造流程中任何修改都是可追溯的，这是对知识产权的一种保障。

目前，区块链技术正在与增材制造的数字供应链相结合，美国制造穆格正在开发一个基于区块链的分布式交易系统 VeriPart，旨在建立安全且可追溯的智能数字供应链，可以在分布式网络上提供每个零件的出处，利用该系统，增材制造零部件的所有信息都能够通过区块链技术同步到产品全寿命周期各个阶段，零部件的每笔交易都记录在共享的分布式账簿上，授权方可以进行授权交易查询和信息追溯。Autodesk Within 软件前产品负责人创立了一家基于区块链技术的自动化 3D 打印工作流程的平台——Link3D，该平台的作用是通过连接硬件和软件在整个过程中引入自动化，随时让用户查看零件、设计零件、制造零件，增材制造过程中的一切信息都是可追溯的，包括：材料冶金学变化，零件的制造，后期处理、质量检查、最终用户的权利。

或许区块链技术是全面解决增材制造数据安全的技术手段，即使没有法律、法规的约束，潜在的风险也可以通过技术进行规避。

第八章
各国政府的支持及科研机构

中国、美国、德国、英国、新加坡等多个国家或区域的政府对于增材制造研发给予了支持和重视。根据麦肯锡统计的 2016 年数据，加拿大政府的支持资金为 1900 万加元，英国政府约 1470 万英镑，中国政府约 4500 万美元，新加坡 5 年内投入 4 亿美元，德国政府约 2460 万美元，美国政府约 3.9 亿美元。

那么，3D 打印技术备受关注的原因究竟是什么呢？在笔者看来绝不是 3D 打印设备、材料、技术销售所带来那些收入，而是 3D 打印技术为制造企业所创造的产品附加价值。

第一节　各国政府的支持

1. 中国，力度空前的支持

增材制造技术受到了我国多部门的政策支持，使增材制造行业进入快速发展期，这为我国企业带来前所未有的机遇。在企业得以快速发展的同时，也由于在商业模式和战略能力等方面存在的问题而面临着风险。

（1）十二部门的支持　2017 年工业和信息化部等十二部门印发《增材制造产业发展行动计划（2017—2020 年）》，明确提出到 2020 年，我国增材制造产业年销售收入超过 200 亿元，年均增速在 30% 以上。关键核心技术达到国际同步发展水平，工艺装备基本满足行业应用需求，生态体系建设显著完善，在部分领域实现规模化应用，国际发展能力明显提升。

工业和信息化部指出《增材制造产业发展行动计划（2017—2020 年）》是对《国家增材制造产业发展推进计划（2015—2016 年）》的衔接，应对增材制造产业发展新形势、新机遇、新需求，推进我国增材制造产业快速健康持续发展。

（2）"十三五"规划中的支持　科技部组织制定了《"十三五"先进制造技术领域科技创新专项规划》，目标是贯彻落实《国家创新驱动发展战略纲要》《国家中长期科学和技术发展规划纲要（2006—2020 年）》《"十三五"国家科技创新规划》和《中国制造 2025》，明确"十三五"先进制造技术领域科技创新的总体思路、发展目标、重点任务和实施保障，推动先进制造技术领域创新能力提升。

在增材制造的发展目标中，大规模产业化应用是被提及次数最多的关键词。这与 3D 打印以往给人以打印一些原型的印象大不相同。另外，以前提到智能制造，基本上会以提到机器人和高端机床为主，增材制造为辅，而此次将增材制造放在了重点任务的第一位，这更加体现了国家对增材制造的高度重视。

（3）增材制造与激光制造重点专项　为落实《国家中长期科学和技术发展规划纲要（2006—2020 年）》和《中国制造 2025》等提出的任务，国家重点研发计划启动实施"增材制造与激光制造"重点专项。

在 2017 年 6 月公示的"国家重点研发计划专项 2017 年度项目公示清单"中可以看到，获得计划支持的单位共有 23 家，支持的总经费 4.5 亿元。其中支持的项目内容涵盖了设计算法、喷射打印头装置、智能增材制造平台、大型电子束熔丝制造技术、电子束粉末床熔化制造技术、连续纤维增强复合材料制造工艺、陶瓷增强复合材料制造装备、激光修复与再制造装备、超声增材制造技术、大型增材/减材制造装备、金属增材制造过程中的监测系统、增材制造在航空航天领域的产业化研究、增材制造在个性化医疗器械领域的应用等。

目前科技部已经发布了对 2018 年度项目申报指南的建议，新的总体目标是：突破增材制造与激光制造的基础理论，取得原创性技术成果，超前部署研发下一代技术；攻克增材制造的核心元器件和关键工艺技术，研制相关重点工艺装备；突破激光制造中的关键技术，研发高可靠长寿命激光器核心功能部件、国产先进激光器，研制高端激光制造工艺装备；并实现产业化应用示范；到 2020 年，基本形成我国增材制造与激光制造的技术创新体系与产业体系互动发展的良好局面，促进传统制造业转型升级，支撑我国高端制造业发展。

2. 美国，America Makes

2012 年，美国时任总统奥巴马呼吁要建立一个新兴制造技术研究院。当年，美国国家增材制造创新研究院（National Additive Manufacturing Innovation Institute，NAMII）成立。

美国国家增材制造创新研究院是由美国国防部、能源部、美国国家航空航天局、美国国家科学基金会、商务部 5 家政府部门，以及俄亥俄州、宾夕法尼亚州和西弗吉尼亚州的企业、学校和非营利性组织组成的联合团体共同出资建立的公私合营的机构。这家公私合营的研究机构成立之初便获得了 3000 万美元的联邦资金拨款。

2013 年 10 月 9 日，由国家国防制造和加工中心（National Center for Defense Manufacturing and Machining，NCDMM）领导的美国国家增材制造创新研究院宣布更名为 America Makes。

尽管机构名称发生了变化，但是其任务与使命并没有改变。而且在 NAMII

原来工作的基础上，America Makes 还通过全新的在线服务提供功能强大的网络平台，使其成员机构能够通过网络与其他成员实现协同工作，发布和共享信息以及解答增材制造难题。

America Makes 政府合作伙伴阵容强大，包括美国商务部、美国国防部、美国教育部、美国能源部、美国宇航局及国家科学基金。同时这些机构的联盟——先进制造国家项目办公室（The Advanced Manufacturing National Program Office，AMNPO）也是 America Makes 的监督管理机构。

America Makes 成员的另一大特点是涵盖了美国主流的行业组织，包括美国铸造学会（AFS）、美国机械制造技术协会（AMT）、美国机械工程师协会（ASME）、中小企业协会（SME）、美国金属学会（ASM）、制造科学国家中心（NCMS）。值得一提的是 America Makes 会员中的国家实验室包括：劳伦斯·利弗莫尔国家实验室、美国洛斯阿拉莫斯国家实验室、橡树岭国家实验室、Sandia 国家实验室，还包括麻省理工学院林肯实验室、宾夕法尼亚州立大学等近 40 所高等学府的国家实验室。

总之，America Makes 是一个超越了传统的组织。该组织进一步整合了各方资源，确保成员共同的成功，在促进和加速增材制造过程中，提高了美国的全球经济竞争力。

America Makes 的目的是缩小商业化需求与大学和国家实验室的基础研究之间的差距。为了加速通过 3D 打印提高美国制造业的发展，America Makes 主要通过四大途径来努力，这四大途径包括：资金支持、人脉支持、人才培养以及技术转化支持。

America Makes 相信增材制造之所以重要是因为这项技术从 30 年前诞生发展到现在已经发生了质的飞跃，增材制造对提升美国制造业的创新力和竞争力起着关键作用。增材制造具有如下特点：

快速制造：无需模具，可缩短生产周期。

小批量生产：当前增材制造在小批量生产的情况下单件生产成本具有优势。

大规模定制：对于像医疗植入物、假肢、助听器、个性化手术导板等对尺寸有严格要求的产品，增材制造具有竞争优势。

轻量化：轻量化带来性能的提升，可减少能源消耗，并减轻运输负担。

复杂设计：过于复杂的槽形和几何结构只能通过增材制造来实现。

组合结构：过去需要多个零部件组装或焊接才能完成的零件，通过增材制造一次完成。

为了更好地推进增材制造技术在应用领域的推广范围，America Makes 制定了增材制造技术路线图，通过确定增材制造可衡量的和有意义的挑战性的发展目标，来促进创新、知识共享，以及跨行业的技术进步。

America Makes 的董事会成员，根据这些技术目标的难度和有限顺序整理成路线图矩阵。路线图矩阵也将用于指导政府支持的企业合作项目，并可以为企业的发展作为引导性的参考。技术路线图由 5 大技术领域组成，包括增材制造设计、材料、工艺、价值链、基因组。

除了 America Makes，还有其他的机构与团体在推动增材制造在美国的发展。其中，由于材料是制约增材制造发展的一大困扰因素，虽然这方面有材料生产厂商的不断努力，然而美国政府认为这是不够的，他们需要一个明确的路线图来指引和加速材料的发展。

针对下一个 10 年如何加速增材制造材料的开发与发展，宾夕法尼亚州立大学发布了增材制造材料战略路线图，路线图的目的是推动材料创新，并推动增材制造材料协会的成立。

该项目是由国家标准与技术研究所（National Institute of Standards and Technology，NIST）资助的，项目聚集了高端的研究人员，涉及 120 名来自企业、政府和学校的核心人员，其中包括来自应用研究实验室（Applied Research Lab，ARL）、宾夕法尼亚州创新材料中心、哈罗德和 Inge 马库斯工业和制造工程学院的专业研究人员，这些专业研究人员一起为下一代的增材制造材料准备了"战略路线图"。

根据研究人员的研究，今天的增材制造依赖于一个有限的原料选择系统来生产零件、功能原型、铸造模型和维修解决方案。大多数的材料是昂贵的，而且不是现成的。并且，有限的理解和与目前的处理技术不充分的兼容性给使用者带来很大的困扰。这个路线图希望通过新材料的发展来推动美国创新和塑造未来的竞争力。

通过发布这份增材制造材料战略路线图，可以对生产材料的厂商有很好的启示，这样他们就可以发挥自己的能力，配合增材制造推出更合适的材料。

路线图的组织研究和活动分为五个战略推动力：材料、工艺及零件的集成设计方法；发展过程、结构、性能的关系；建立零件和原料测试科学研究报告；开发增材制造过程分析能力；探索下一代增材制造材料和工艺。路线图中明确了加快设计新的材料，并鼓励增材制造业在未来 10 年内广泛使用这些新材料。

研究人员希望通过路线图将学术界、研究机构、政府实验室和工业合作伙伴联合起来，共同成立一个增材制造材料联盟（Consortium for Additive Manufacturing Materials，CAMM）。目标是将材料的生产、研究机构、设备供应商、零件生产厂家和最终用户联合起来，共同推动新材料工艺的基础研究和发展。

3. 欧盟的增材制造路线图

欧盟在增材制造标准化方面提供了积极的支持，SASAM（欧盟支持的增材制造标准化项目）的合作是联合了 ISO TC261、ASTM F42 及 CEN/TC 43 多方力量，并且将增材制造的主要厂家的专家联合起来。基于共同标准草案，ISO 和

CEN 之间的维也纳协议使得欧洲标准和国际标准向一个方向发展。

欧盟委员会于 2011 年 11 月 30 日公布了"地平线 2020"科研规划提案,规划为期 7 年,预计耗资约 800 亿欧元。

为了突出科技创新的重要地位,这一新的规划并不叫"第八个科研框架计划",而叫"地平线 2020",其原因:一是规划囊括了包括框架计划在内的所有欧盟层次重大科研项目,二是时间上它到 2020 年结束。

而之前完成的计划中,关于对增材制造材料的开发支持就占到了整个增材制造支持的 29.5%,其中 11.3% 是对金属材料的开发支持,7% 是对高分子化学塑料材料的支持,5.6% 是对生物材料的支持,2.8% 是对陶瓷材料的支持,其他种类材料的开发支持占 2.8%。

欧盟关于增材制造技术路线图中,对于增材制造材料的研发支持包括对加工过程中材料熔化过程的理解与控制、石墨烯材料的开发、耐极高温陶瓷材料的开发、纳米颗粒与纳米纤维材料开发、生物打印材料以及再生医学材料的开发、自愈合材料的开发给予了极高的重视。

欧盟关于增材制造技术路线图中,还对功能梯度结构材料设计与制造工艺、组织工程领域的材料与工艺开发给予了特别的重视。

欧盟发现当前需要解决的问题主要包含两个方面:技术领域和一般领域。技术领域包括:生产率、过程稳定性、材料、过程和产品质量、产品数据和成本,对于材料的支持包括:

1)提高材料的性能:静态性能和抗疲劳性能,使增材制造优于铸造和锻造材料。

2)提高不同机器间的工艺参数交换能力。

3)适用于不同加工技术的半结晶和非晶态聚合物的识别。

4)专用的增材制造材料。

5)开发材料的一致性和可重复性以及与加工参数配合。

6)分析不同材料的特性和增材制造技术的复合材料验证。

7)分析和开发包括生物材料、超导材料、新磁性材料、高性能金属合金、非晶态金属、复合高温陶瓷材料、金属有机骨架、纳米颗粒和纳米纤维材料。

同时欧盟对材料数据也十分重视,欧盟支持:

1)开发特定应用、材料及过程的材料性能信息数据库。

2)开发材料性能比较及分享的在线平台。

在环境方面,欧盟也提出了要求:

1)批量回收材料的批量验证和标准化,尤其是高分子材料。

2)对于老化的达到自然使用寿命的零件,开发熔融材料的回收策略、监控和材料化学控制策略,以及雾化材料创造策略,从而系统化原料使用生命周期。

欧洲的一大特点是科研院所与企业的交互十分紧密,例如德国弗劳恩霍夫应用研究促进协会(Fraunhofer)、DMRC 研究中心以及英国的谢菲尔大学。

Fraunhofer 是欧洲增材制造技术研发与应用研究的中流砥柱,世界上很多著名的增材制造领域的专利都是来自于这个研究所。Fraunhofer 研究所拥有 80 多家机构,其中在德国有 66 家研究所,是欧洲最大的从事应用研究方向科研的机构。年度研究总经费达 20 亿欧元。其中 17 亿欧元来自于科研合同。超过 70% 的研究经费来自于工业合同和由政府资助的研究项目。近 30% 经费是由德国联邦和各州政府以机构资金的形式赞助。Fraunhofer 研究所在欧洲、美国、亚洲和中东都有自己的研究中心和代表,在北京也设有中国的办事机构。

此外,欧盟的一些前沿的研究还包括纳米材料的开发、中空结构的纳米材料开发以及生物打印领域的细胞组织支架的开发。

4. 英国,地平线计划

英国地平线增材制造计划专注于飞机金属轻质部件生产所需的增材制造技术。英国地平线增材制造计划的目标是通过建立 3D 打印飞行零部件的可行方法,利用 3D 打印技术所实现的高度几何复杂性和多种材料的能力,为下一代飞机制造先进的零部件,从而使英国处在航空航天设计和制造的前沿。

英国地平线增材制造计划是由一群有兴趣为航空航天零部件创造新型增材制造技术的合作伙伴组成的联盟来实施的。联盟于 2014 年成立,由吉凯恩航空领导,其他成员包括雷尼绍、Autodesk、谢菲尔德大学、华威大学、达尔康(Del-cam)等。

目前该联盟的项目包括 11 个工作包,其中包括:增材制造材料、设计要求、增材制造设计与优化、塑料增材制造、增材制造流程的理解、增材制造的后期处理、增材制造零件的无损检测等。

英国地平线增材制造计划的重点是通过吉凯恩的技术准备评估(TRA)流程推进三项关键的增材制造技术,以便将其发展为可行的生产流程。迄今为止,根据联盟设计的各项评估指标,塑料增材制造已经达到 TRL3 阶段,而 LPB – 激光粉末床熔化技术则达到了 TRL4 阶段。

其他的 ATI 地平线增材制造项目还和吉凯恩测试站点合作,为在 WIST 和 ALFET 开发的下一代防冰系统的飞行试验生产飞行测试硬件。达到 TRL4 阶段的技术重点是从过程转向产品开发,这个阶段也包括一些塑料的 3D 打印应用开发。

目前 ATI 地平线增材制造项目人员由 8 名工程师增加到了 20 名,拥有 10 台 3D 打印机。他们在材料分析实验室使用多种材料,专注于不需要后处理的生产,并且与增材制造客户加强合作。

第二节　硕果累累的两大科研机构

1. 美国劳伦斯·利弗莫尔国家实验室（LLNL）

LLNL 隶属于美国加利福尼亚大学，位于利弗莫尔。LLNL 成立于 1952 年，最初是以一个核创新实验室的目的而建立的，随着逐年的发展才延伸到其他领域。但它仍然很大程度上是在美国能源部的资助下运营的，他们还负责许多国防项目的研究（如机场安全的创新和网络间谍的预防），所以 LLNL 能够公开的数据并不多。

（1）金属　LLNL 配有三个 3D 打印实验室，这些实验室所从事的是具有前沿探索以及商业化转化价值的研究。研究主要集中在金属 3D 打印领域，其中的一个有代表性的工作成果是在短短的八天内 3D 打印的火箭发动机缩小样件，这个发动机是个一体式的部件，无须组装。当然这个发动机的内部结构十分复杂，即便是从外观来看，钟形的开口和弯曲的整个身体就很难通过传统的方法加工出来。

LLNL 通过他们的建模能力、数据挖掘技术和不确定性分析来优化 3D 打印金属零件，加速认证过程，推动金属 3D 打印走向大规模生产。LLNL 配备的 3D 打印设备具有"前馈"系统，作用是定位缺陷和认证零件。LLNL 发现了导致金属打印零件产生微小缺陷的原因和控制内部孔隙的方法，这项发现将 3D 打印金属结构提升到新的高度，那就是打印产品的质量可追溯，可重复。

LLNL 还研发了一些独特的金属 3D 打印技术，其中一种是将功能塑料、金属陶瓷和油墨组合打印，还有一种是与伍斯特理工学院合作研发的金属直写技术（Direct Metal Writing）。与粉末床 3D 打印技术不同的是，金属直写技术所使用的打印材料不是金属粉末，而是由金属铸块加热而成的半固体状材料，材料中的固体金属颗粒被液体金属所包围，呈现出膏体一样的状态。像膏体一样的金属材料在压力的作用下，通过打印喷嘴挤出。

除了研发金属 3D 打印技术，LLNL 还挖掘其他新金属 3D 打印技术的商业价值，例如，对 NIF 发明的大面积光刻技术进行应用研究。使用多路复用器，激光二极管和 Q 开关激光脉冲来选择性地熔化每层金属粉末。近红外光的图案化是通过将光成像到光寻址光阀（OALV）上实现的。

除了金属打印和特殊材料的打印，LLNL 还研究树脂的打印。在 2015 年，LNLL 光学工程师 Bryan Moran 开创了一个新的光固化（Stereolightgraphy Apparatus，SLA）3D 打印技术，称为大面积投影微立体光刻（LAPμSL），并申请了专利。该方法可用紫外光创建出比以前常见的微立体光刻技术更大、更精细的 3D 对象。这项技术解决了大与精致的矛盾，有望将光敏树脂 3D 打印的应用在间接模具领域推向一个新的高度，包括那些中空、极轻、高精、极复杂的大型部件的制造技术突破。

（2）树脂　2017 年底，LLNL 国家实验室推出了一种新的瞬时光刻技术，可以通过使用全息光场在几秒钟内完成整个 3D 形状的制作。LLNL 的研究人员开发的这项技术使用了特殊的树脂，当它们暴露在光下时会凝固。通过在充满树脂的槽中照射三束激光束以创建 3D 图案，从而能够在短短 10s 内一次性制造 3D 结构的产品。这项技术能够一次性构建整个结构，消除了逐层 3D 打印方法的局限性，并显著提高了系统的制造速度。

2018 年初，LLNL 的研究人员还找到了一种改进双光子聚合（TPL）的方法。双光子聚合是一种纳米级 3D 打印技术。LLNL 将双光子聚合 3D 打印技术开发到可以兼顾微观精度同时又满足较大的外形尺寸的水平。

（3）材料　当前 3D 打印的一大阻碍因素是材料，可供选择的材料种类十分有限。LLNL 材料研究方面取得了一系列成果，如早在 2015 年 4 月，LLNL 就取得石墨烯材料应用的突破，实验室的科研人员以石墨烯气凝胶作为 3D 打印的材料，并按照设计好的架构进行 3D 打印。打印出的石墨烯微格具有优异的导电性和表面积，可以作为存储能量的新载体，并可用于传感器、纳米电子学、催化、分离等应用。

2016 年 LLNL 研发出轻质弹性材料的蜂窝结构。LLNL 科学家使用冲击载荷方法研究了工程晶格结构的动态属性中材料的协同行为。研究的范围中有两种动态属性，其中一种是压缩属性，另一种是晶格结构的弹性属性。通过微米级的 3D 打印技术，LLNL 科学家可以进一步操控晶格结构，从而为这些材料带来介观尺度上的秩序性和周期性，超越传统方法去设计晶格结构无序分布的材料。

（4）其他　2017 年，LLNL 国家实验室科学家研发出一种新的 3D 打印透明玻璃技术。无须曲面设计，就可以控制不同位置的光线折射率。科学家说这项研究可以改变激光和其他光学设备的制造方式。

LLNL 的研究工作并不局限于制造领域，还包括对生命科学的研究。他们通过 3D 打印干细胞技术进行血管的培养，这些血管可以用来给器官和组织供给营养，为制造人工组织、人工器官奠定基础。

2. 德国弗劳恩霍夫研究所

对于科研界而言，德国弗劳恩霍夫研究所（Fraunhofer）的存在神秘却又触手可及，一边是 Fraunhofer 不显山露水的低调，另一边是其专利技术渗透到我们生活的方方面面，比如说一度非常流行的 MP3，就是 Fraunhofer 的研发成果。

Fraunhofer 是欧洲最大的应用科研机构，成立于 1949 年，以德国历史上著名的科学家、发明家和企业家 Joseph von Fraunhofer 命名。目前拥有 69 家研究所及其他独立研究机构和 24500 多名优秀的科研人员和工程师，分布于德国各地。年度研究总经费达 21 亿欧元（合 140 亿人民币），其中大约 19 亿欧元来自于科研合同。超过 70% 的研究经费来自于工业合同、由政府资助的研究项目及国际合作项目。在 Fraunhofer，平均每天就会有两个专利诞生。

在 3D 打印领域，目前最主流的粉末床选区激光熔融技术就来自于 Fraunhofer，市场上为人熟知的几家主流金属 3D 打印设备企业都获得了 Fraunhofer 的专利授权。

Fraunhofer 在粉末床激光熔融的加工工艺以及材料方面正在进行一系列的创新，目前不少经过粉末床激光熔融技术加工出来的产品的致密度高于铸造，有些情况下产品的金相组织优于铸造。针对多激光束加工技术，Fraunhofer 目前还在探索在不使用振镜的情况下，将激光束集成到一列中，通过快速的轴向移动来实现粉末熔化路径的激光扫描工作。

3D 打印业界很多人对于 Fraunhofer 推出了的入门级粉末床激光熔融设备感到印象深刻。之前，Fraunhofer 和亚琛应用技术大学的 Goethelab 联手推出了一个新的入门级金属 3D 打印机，仅售 3 万欧元。这款设备并不是用于生产领域的，不带振镜，速度不如工业级的粉末床激光熔融设备快，主要用来满足教学、实验和一些普通的需求。Fraunhofer 研究机构和亚琛大学提供一个全面的服务包，包括在 3D 打印过程中各个阶段的支持和培训。

入门级的设备其实是 Fraunhofer 为普及金属 3D 打印而进行的一个尝试，而 Fraunhofer 的主要精力用在前沿技术的研发上。例如：Fraunhofer ILT 的研究人员开发了用于涂层和修复金属部件的增材制造方法——EHLA 超高速激光材料沉积技术。EHLA 工艺在效率和速度方面均优于现有的耐腐蚀和耐磨损涂层保护方法。Fraunhofer 可以在短时间内使用 EHLA 技术在大面积的零部件上沉积 0.1mm 的薄层，并且节约资源，加工过程具有经济性。

Fraunhofer 还在软件领域有着自己专门的业务部门。针对当前缺乏足够的对 3D 打印产品的质量检测与测试手段，Fraunhofer IGD 计算机图形学研究所开发了新的仿真模拟软件，将有助于预测和捕捉缺陷，并引导用户走向有潜力的个性化大规模生产解决方案。核心是基于数学算法。通过基于物理的仿真模型推导加工过程，根据那些限定条件，通过 Fraunhofer 软件计算内部应力的分布和绝对值，可以判断零件的质量是否稳定。Fraunhofer 仿真软件将使得生产的质量更加可预测、可控，从而降低设计师反复试错的成本，节约设计时间并减少制造浪费。

Fraunhofer 在 3D 打印领域从打印设备的研究到材料以及打印工艺的研究，可以说是涉猎广泛，不仅仅在金属 3D 打印领域多有建树，Fraunhofer 在塑料、陶瓷等领域也进行着积极的研究。在塑料领域，当前的 3D 打印技术多集中在工程塑料的 3D 打印，而对于用于注塑工艺最常用的通用塑料，如 ABS，并没有最合适的解决方法，这极大地限制了塑料 3D 打印真正意义上与注塑竞争。此外，由于 3D 打印是一层一层来实现的，如何实现层与层之间的分子之间的融合程度与每层内部的分子之间的融合程度相同，这也是这一技术所面临的挑战。

Fraunhofer 研发了一种可打印的材料是陶瓷或金属粉末悬浮液。陶瓷或金属粉末被混合在一种低熔点的热塑性黏结剂中，热塑性黏结剂在80℃时就会熔化成为液体。在打印过程中，打印机的电性温度熔化了黏结剂，并混合着陶瓷或金属粉末材料以液滴的形式沉积下来。沉积后液滴迅速冷却变硬，三维对象就这样被点对点逐渐打印出来。这种工艺不仅可以打印骨科植入物、假牙、手术工具等医疗产品，还可以打印微反应器这样非常复杂、微小的部件。

Fraunhofer 已经能够成功地使用黏结剂喷射3D打印技术生产硬质合金刀具，这些刀具具有良好的力学性能，并能生产完全致密的部件，甚至可以选择性地调整抗弯强度、韧性和硬度。Fraunhofer 认为这一工艺有着更广泛的拓展空间，包括将钨粉均匀地分布到硬质合金中，这样可以用来生产高性能的刀具。

Fraunhofer 与企业合作的一个典型的案例是协助西门子将3D打印导向叶片推进到产业化领域。经 Fraunhofer 改进后的工艺链完成了带复杂冷却结构的叶片制造任务，并且提高了表面质量。西门子公司在导向叶片完成3D打印之后进行了精密测量、精加工以及高温焊接工作。在双方合作下制造的功能性叶片经过了大量的测试，设计工程师在测试中获得了大量数据用来获得设计迭代的分析依据。为了在3D打印时尽量减少支撑结构，Fraunhofer 采用了模块化的叶片设计思路，将叶片的两个部分分别进行3D打印，完成之后再进行焊接。

2017年，亚琛应用技术大学还与 Fraunhofer ILT 联合建立亚琛3D打印中心，这项由亚琛应用科技大学和 Fraunhofer 合作的项目有着宏伟的目标。该项目旨在加速和优化大型金属部件的整个制造过程。

专注、开放、团队合作构成了 Fraunhofer 的文化，这就不难理解为什么金属3D打印的粉末床熔化技术会诞生于 Fraunhofer，为什么如此庞大的机构却可以保持新鲜的活力，将昨日的成就放在一边，在科研成果上"更上一层楼"。

强大的欧洲制造背后有着像 Fraunhofer 这样完整运营的商业化研发系统不断地为创新注入活力。中国在制造业转型升级的道路上不仅仅可以借鉴欧洲工业企业的经营之路，还可以思考如何通过让知识产权像商品一样通过交易使得科研人员获得经济上的独立自主，并形成完善的研发外包的商业模式。这样完善的知识产权保护的法律体系和实现独立商业化运作的能力或许会成为实现中华民族伟大复兴的重要基石。

第九章
教　　育

3D 打印是一种制造技术，在不需要使用模具，不需要对于繁复的铸造、锻造工艺进行投入的情况下，直接进行材料成型，制造出复杂的零件或产品，为工业制造企业创造产品附加值。3D 打印是一种具有实用性的专业技术，并且涉及了材料、数学、工业设计、工程等多个学科的交叉，因此不难想象为什么 3D 打印/增材制造会作为一门学科出现在高等教育体系中。

3D 打印使得任何人都可以成为制造者，不论教育背景，不论肤色，不论年龄与性别。即使是一个孩子，也可以成为制造者。而 3D 打印教育当前还很落后，GE 在其举办的 Industry in 3D 系列访谈节目中的专家也谈到，不仅仅需要重视大学的教育，还要重视工人的教育，不仅仅需要重视成年人的教育，还要需要重视更早期的教育。

在这方面，GE 的确身先士卒，正在把大量的资金投入到增材制造教育中。2016 年 GE 增材制造部门就宣布五年内在教育领域投资 1000 万美元。投资旨在促进与 3D 打印相关的教育，并帮助选定的教育机构在先进技术方面获得更好的配套设施。这个 1000 万美元投资的最终目标是在全球范围内推动并加速增材制造技术的应用。在 1000 万美元的投资中，800 万美元用来资助全世界的大学和教育机构至少 50 台金属 3D 打印机，资助对象为已经开展增材制造相关研究的机构。另外的 200 万美元用来资助选定的中小学 2000 台桌面 3D 打印机。与第一个方案相似的是，这部分投资将主要用在那些重视 STEM⊖领域的学校。

学校的教育也在快速发展中，如今 3D 打印教育的确已经走进了中小学的校园，成为 K12 教育中的新兴课程。K12 教育是指从幼儿园到高中三年级的教育系统，用户群体年龄范围一般为 5 ~ 18 岁。中国教育体制下，K12 指小学 6 年，初中 3 年和高中 3 年共 12 年的中小学基础教育阶段。那么，为什么基础教育会引进 3D 打印课程，3D 打印对于中小学学龄的孩子们有哪些帮助呢？

思考这个问题之前我们可以先想一下，中小学课堂进行 3D 打印教育的目的是教会孩子们如何操作一些简单的塑料 3D 打印机吗？显然不是。3D 打印机只是将孩子们的设计创意转化为实物的一种便利的工具，而创意当然来自于孩子们

⊖　STEM 代表科学（Science），技术（Technology），工程（Engineering），数学（Mathematics）。

125

对于生活的观察，来自于他们对物理、数学、艺术等知识的理解，来自于他们强烈的创新意愿，来自于他们对外表达自己强大内心世界的愿望……

图 9-1 所示为学生设计师胥序为六一儿童节设计的三维作品，该作品来自 geekcad.com 上设计师胥序充满奇思妙想的个人空间。通过这个作品，设计师将心中一个色彩缤纷的六一儿童节呈现了出来。

如果没有 3D 打印课程，孩子们脑中一切令人惊叹的创意可能就那么一闪而过了，但是在学习 3D 打印的过程中，孩子们可以将脑中所想

图 9-1　胥序为六一儿童节设计的三维作品
（图片来源：geekcad.com）

进行优化，通过设计软件将这些创意设计成为三维模型，最后再通过 3D 打印机制造出这些作品。相信没有什么方式比这一过程更能够激励孩子们去主动探索、主动思考了吧？试想一下，面对这些爱动脑，又善于去探索优化思路，又能够动手将创意转化为现实的孩子，我们何须担心他们将来不能够成为对社会又用的人才呢。

在美国、欧洲和中国，越来越多的学校认可了 3D 打印在基础教育中的重要性，也因此有很多学校开设了 3D 打印课程，安装了 3D 打印机。不过安装 3D 打印机只是教育的开始，如何融入现有的课程体系，如何用生动有趣的课程与模型套件来激发学生的能动性和想象力尤为重要。

在高等教育中，高等院校与 3D 打印的正面拥抱，不仅仅涉及研发 3D 打印设备、材料、软件、工业应用等相关技术，还可以将 3D 打印作为一种辅助教学工具。

第一节　为 K12 教育服务的生态圈

在目前的 K12 3D 打印教育中，社会资源承担了非常重要的角色，3D 打印设备厂商、软件厂商、创客教育先行者，为中小学 3D 打印教育提供了一些资源，包括：针对性的建模软件、创客夏令营、为学校开发的创客教室等。

针对 K12 教育的 3D 打印教育课程需要具备的基本条件并非只限于购买 3D 打印设备，而是围绕着教育开发的一系列教材、套件、分层进阶培训、在线社区、分享、大赛建成 3D 打印"教育生态系统"。除了学校之外，生态系统中的参与者主要包括 3D 打印设备企业、3D 设计软件企业、3D 培训服务机构，通过这些资源的整合才能推动 K12 3D 打印教育前行。

　　国际上著名的软件公司也针对中小学教育推出了一些列产品，比如说软件巨头 Autodesk 不仅推出了适合学生用的 TinkerCAD 等软件，还发起了 Ignite 教育项目，整合 3D 软件、3D 打印设备、电路设计软硬件等多种资源为中小学教育提供支持。Ignite 项目集中面向美国所有正处于 K12 基础教育阶段的学生，并采用 Autodesk 提供的定制设计软件和大量循序渐进的项目为学生们提供多样化的培训。Ignite 项目的网络平台上，教师可以进行班级管理，而学生可以参与课程学习，家长也可以参与进来。学生可以选购硬件，如 MakerBot 3D 打印机和 Circuit Scribe 电路笔/模块。另外，Pearson、Arduino、微软和 Electoninks Writables 等企业都将通过以打包的形式提供自己的硬件产品来支持该项目。

　　国际上一些 3D 打印机制造商针对中小学教育推出的解决方案，对于探索 3D 打印与中小学教育市场的衔接也有一定参考价值。接下来以 3D 打印设备企业 Dremel 的教育方案为例，进行简单说明。

1. STEM 主题

　　在国家实力的比较中，获得 STEM 学位的人数成为一个重要的指标。美国政府 STEM 计划是一项鼓励学生主修科学、技术、工程和数学领域的计划，并不断加大科学、技术、工程和数学教育的投入，培养学生的科技理工素养。

　　Dremel 通过在线技术交流会来培训老师学会使用打印机，并且会与学生沟通打印课题。同时，还提供现场手把手培训、在线问题与解答、skype 在线服务和电话咨询服务。

　　仅仅教会学生使用 3D 打印机是远远不够的，还需要配合 STEM 的教学理念将 3D 打印理念融入现有的课程中。Dremel 现成配套的有十套教程并且有与教程配套的教具。不仅如此，Dremel 将学生打印出来的齿轮、机械零件的知识穿插到打印课程中来，使学生通过 3D 打印课程开启探索 STEM 知识的旅程。

2. 打造合作伙伴圈

　　Dremel 的建模合作伙伴是 Autodesk 的 ThinkerPlay 和 123Dapp，轻松的建模方式和生动的建模结果使得 Dremel 打造的 "教育生态系统" 更加贴合学校的需求。Dremel 的在线教程合作伙伴是 mystemkits，mystemkits 是一个专门为 K12 学校教育提供在线课程的平台，其合作伙伴还包括来自杜克大学的在线 3D 打印平台 3DprinterOS。

　　硬件方面，Dremel 将惠普的 Sprout 扫描解决方案也添加到工作站中来，使得学生学习到的技能不仅仅局限于使用软件建模，还可以通过扫描、修改扫描结果来实现建模需要。

3. 安全与环保

　　进入学校课堂中使用的 3D 打印机不仅要考虑设备的性能和采购成本，还需要考虑到使用安全性问题，比如说 3D 打印材料是否环保、无味，可回收。中小学课堂中一般会选用基于熔融挤出工艺的 FDM 桌面 3D 打印设备，特别是采用那些带有外罩的 FDM 3D 打印机。打印材料一般选择用可降解的 PLA 线材，而 ABS 等工程塑料线材则需慎重使用。

国内的 3D 打印设备企业、三维建模软件企业以及培训机构也针对 K12 教育推出了 3D 打印教育方案。例如：3D 打印机制造商太尔时代的创酷营，铭展网络科技的 TEACH 创新学园，云三维建模平台 geekcad. com 推出的学校版建模功能以及为学校 PBL 教学方式提供的团队项目协作管理功能，3Done 打造的软件、培训、在线社区以及大赛这样的围绕着软件的教育学习生态圈。国内 K12 3D 打印教育产品对国内中小学教师和学生对三维设计、3D 打印的掌握情况更为了解，推出的课程套件也比较具有针对性。与此同时，学校越来越多地认识到安装了 3D 打印机仅仅是个开始，并与社会资源一道探索如何融入现有的课程，通过生动有趣的课程与模型套件，激发学生的能动性和想象力。

第二节　多学科交叉的高等教育

入门级的中小学 3D 打印教育与高等学历教育的方向是不一样的。入门级教育在于对学生创造力的培养，并不涉及高深的 CAD 建模、激光学、材料学、仿真优化等领域的知识。而高等教育则偏重于如何应用工业级的 3D 打印技术，开发 3D 打印技术在航空航天、汽车、生命科学等领域的潜能，如何运用软件实现对 3D 打印的过程和结果的控制并达到想要的质量水平，如何运用 3D 打印过程中参数的变化这一系列的大数据来提升打印过程的流程化水平等。

高等教育将不局限于如何操作和研发工业级的 3D 打印设备本身，而是成为关注整个 3D 打印生态圈的交叉学科，包括以下方面。

（1）材料　材料是 3D 打印领域永远的主话题，不管是塑料还是金属以及复合材料，3D 打印技术不仅能够将材料成型，还可以将预期的功能嵌入到 3D 打印对象中。金属、陶瓷、塑料等材料本身都具有其独特的属性，3D 打印技术可以将这些属性激发出来，我们将迎来"智能材料的革命"，而"智能"的载体之一就是 3D 打印技术。

（2）激光　很多 3D 打印设备都会用到激光器，如粉末床选区激光熔融和选区激光烧结设备，激光定向能量沉积等设备，在这些设备中激光是粉末材料或丝材的能量源。如何了解激光能量的特点，如何运用激光的长处，如何发挥激光与材料结合的优势，是掌握 3D 打印技术必不可少的知识。

（3）仿真优化　仿真可以帮助制造商实现他们对打印结果的控制。在像粉末床激光熔融 3D 打印技术中，很多制造商不清楚如何考虑材料的特性，也难以把握这些材料的特征如何影响加工结果，而通过仿真则可以预测和模拟激光与材料相互作用的模型，从而避免了反复上机操作对设备和材料带来的浪费。

（4）软件　编程控制软件也是与 3D 打印相关的交叉学科，比如说通过 Del-cam 软件对工业机器人进行编程控制，就能够使机械臂具有 3D 打印的功能。

（5）数学　数学是在 3D 打印领域应用广泛的基础学科。产品设计、仿真、打印设备机器视觉识别、过程中质量控制软件中使用的大量算法，其基本功都是数学。比如说，在空客为民用飞机生产的仿生学舱体结构件的设计中，发挥作用的是创成式设计，创成式设计并非通过人手工建模来完成建模，而是通过数学算法来实现建模，再通过仿真优化成最终的建模结果。

3D 打印生态圈还延伸至云计算、大数据、铸造学、力学等学科领域。

面对 3D 打印这种能够应用于多个工业制造领域的新兴制造技术，高等院校中选择 3D 打印相关专业的青年学生朋友，不仅应该在各学科的学习中打好专业知识基本功，还应关注 3D 打印是如何在实际生产应用中发挥作用的，3D 打印技术发展的趋势是什么，市场上哪些与 3D 打印相关的商业模式，这些商业模式中有哪些具有长远立足于市场的竞争力，哪些是在 3D 打印技术与行业应用大趋势的飞速发展中很快被淘汰的……。用一句话概括对青年学生朋友的建议：不仅仅埋头做学问，还要抬头往前看，对行业发展方向做到心中有数，为未来选择一条适合自己的职业发展道路奠定基础。

第三部分
应　用　篇

第十章
航 空 航 天

航空制造业是对于零件的安全性要求十分严格的行业。你或许会感到奇怪，3D 打印效率那么低怎么能竞争得过传统机加工和注塑工艺？3D 打印的产品那么昂贵怎么能替代得了传统批量生产出来的零件？为什么 3D 打印在航空领域可以得到应用？或许你还会问 3D 打印生产的零件靠谱么？如何能够满足航空领域对于产品性能的要求？

我们总是陷入将 3D 打印与传统制造方法一对一比较的误区，原因在于我们很容易忽略 3D 打印不是在生产和原来一样的零件，而是生产完全不一样的零件，不一样的形状，不一样的材料，不一样的性能。

这就带来了极大的升级空间，以传统锻造业为例，锻造出航空飞机上的钛合金结构件本身就是一项复杂的工艺，而这些结构件还要在机床上经过高达 70% 的大余量去除才能获得极佳的精度。而通过定向能量沉积 3D 打印技术，可以以近净成型的方式来获得零件毛坯，在机床上进行小余量的切除就可以获得想要的零件。对航空制造业来说，这无疑是一种材料的节约以及供应链的缩短，在通过 3D 打印来获得更高的生产效益的同时，还减少了对钛合金这样昂贵材料的浪费，是一件一举两得的事情。

更何况，通过 3D 打印这种工艺对产品形状创造的自由度，可以将以往需要多个零件组装在一起的零件以一体化结构的方式来完成，并且通过拓扑优化、创成式设计、仿真等软件实现以最少的材料达到最佳的性能。

如果说工业 4.0 将工厂的效率以倍数的方式提升，那么 3D 打印则在航空制造领域以创造新的零件的方式打开下一代飞机的设计与制造模式。

2017 年 10 月，GE 成功完成了 T901 - GE - 900 涡轮轴发动机原型的测试。这款发动机属于美国陆军改进型涡轮发动机项目的一部分。

这款发动机中使用了在 GE 成熟的喷气式发动机中使用过的先进制造技术和高温材料，例如：在非常畅销的 LEAP 和 GE 9X 发动机制造中所使用的增材制造/3D 打印技术。之前这类零件是由多个经过加工的铸件或锻件通过焊接或螺栓连接组装而成的。通过 3D 打印，GE 采用功能集成的一体式结构，使得发动机中子部件的数量显著减少。T901 中的一个 3D 打印零件，原来的设计方式是由50 多个子部件组装而成的，而通过 3D 打印，只需要一个零件。

我们可以想象，从 50 到 1，这其中减少了多少零件的供应商，减少了多少组装工序，减少了多少对于每一道工序的检测要求，减少了多少可能出现的精度缺失或者是废品率。所以说将 3D 打印与传统制造方法一对一去比较是一个"陷阱"，我们衡量 3D 打印的价值需要跳出单件加工效率、单件成本这些思维局限，应该站在产品生命周期的角度来评估。

一方面从产业链的角度看，3D 打印贯穿了航空行业的研发、制造与后市场。另一方面，从产品生命周期的角度看，3D 打印正在改变航空行业的产品，更轻、更紧凑、性能更好的零件提升了航空行业的绩效，让人们拥有了更美好的出行体验。

第一节　3D 打印成为核心制造技术

其实航空工业在 20 世纪 80 年代就已经开始使用增材制造技术，之前增材制造在航空制造业只扮演了做快速原型的小角色，但现在的发展趋势是，这一技术将在整个航空航天产业链占据战略性的地位。包括 GE、波音、空客、Lockheed Martin、GKN、Honeywell 等在内的著名航空航天制造企业都做出了行动。

由于增材制造所具有的极大灵活性，未来的飞机设计可以实现极大的优化，在设计中充分采用仿生力学结构。

最典型的应用要属 GE 用增材制造的方法来生产燃油喷嘴。燃油喷嘴的设计可以避免"开锅"，或者是油嘴部位积炭。GE 声明该结构的燃油喷嘴几何形状只能通过增材制造的方法来生产。2010 年空客将 GE 生产的 LEAP-1A 发动机作为 A320neo 飞机的选配，LEAP 发动机中带有 3D 打印的燃油喷嘴。2015 年 5 月 19 日，A320neo 飞机首飞成功。装有 LEAP 发动机的 A320neo 获得欧洲航空安全局（EASA）的认证和美国联航空管理局（FAA）的认证。

2017 年 10 月初，GE 航空宣布成功完成了 T901-GE-900 涡轮轴发动机原型的测试。这款发动机属于美国陆军改进型涡轮发动机项目（Improved Turbine Engine Program，ITEP）的一部分。

应用在航空制造领域中的金属增材制造技术，除了像 GE 的燃油喷嘴所采用的粉末床熔融 3D 打印技术还有其他的 3D 打印技术，以激光、电子束、等离子束或电弧为聚焦热能的定向能量沉积（Directed Energy Deposition，DED）3D 打印工艺在一定程度上替代了锻造技术。

早在 2003 年，波音就通过美国空军研究实验室来验证一个 3D 打印的金属零件，这个零件是用于 F-15 战斗机上的备品备件。当需要更换部件时，3D 打印的作用显现出来，因为通过传统加工的时间太长了，并且通过 3D 打印加工钛合金，替代了原先的铝锻件，而钛合金的耐蚀耐疲劳性更高，反而更加满足这个零部件所需要达到的性能。当时这个零件是通过激光能量沉积的工艺加工金属粉末来获得的，这种 DED 工艺被首次应用到军事飞机上。同时也打开了波音公司的 3D 打印应用之路。14 年后，波音公司已有超过 50000 件 3D 打印的各种类型的飞机零件。

波音公司已经通过定向能量沉积 3D 打印工艺为其 787 梦幻客机生产结构部件。通过挪威钛（Norsk Titanium）公司的快速等离子沉积技术，在结构件研发的过程中，双方共同改进工艺，并进行了一系列严格的测试，最终在 2017 年 2 月获得了首个 3D 打印钛合金结构件的 FAA 认证。

热塑性塑料以及基于材料挤出工艺的熔融沉积成型 3D 打印技术，也被应用于飞机零件或备品备件的制造中，这方面的典型 3D 打印技术是 Stratasys 公司的 ULTEM 材料及其 FDM 3D 打印设备，这款材料以及用该材料 3D 打印飞机通风道的工艺在 2015 年通过了 FAA 认证。

无论是定向能量沉积等金属 3D 打印工艺还是 FDM 这样的塑料 3D 打印工艺，在航空制造中的应用都涉及了备品备件的生产。商用飞机的使用寿命在 30 年，而维护和保养飞机的原制造设备是非常昂贵的。根据空客资料，通过增材制造技术，测试和替换零部件可以在 2 周内完成，这些零件可以被快速运到需要维修的飞机所在地，省时省力地帮助飞机重新起飞。将来增材制造方式可以显著改变目前航空零部件的库存状态。把设计图样输入到 3D 打印机就可以快速制造出零部件，将大大降低航空零部件的库存。

此外，不再需要保有大量的零部件以防飞机有维修需求，这些大量的零部件的生产也是十分昂贵和浪费资源的。当然，对于旧的机型，尤其是数据丢失的型号，保有原来的零部件还是需要的。

总体来说，对于金属 3D 打印技术，很多 OEM 航空厂商都公开发布了他们的新型航空零件；热塑性塑料 3D 打印零件已经被多家航空制造商采用，行业的普遍看法是增材制造技术将在未来的 5~10 年被航空制造业广泛采用。

美国联邦航空管理局（FAA）于 2017 年 9 月底提交审查文件，制定了"增材制造战略路线图"草案，路线图包含重要的监管信息，涵盖认证、机器和维护、研究和开发的考虑，以及对增材制造方面教育和培训的需求。

第二节　催生下一代航空制造

1. 性能更好的零件

仿生结构带来材料使用率和力学性能的良好结合，这正是增材制造的价值所在，也是 3D 打印技术会走进航空制造业的重要原因。

在空客机舱设计师的设想中，未来飞机的仿生结构将创造力量与材料分布的完美结合，光线充满整个空间，旅客可以全景观看舱外景色。设计师在最近几年打造的一款概念飞机中将这些仿生设计理念体现了出来，并且提出在未来，这款飞机的机舱将完全由一台有飞机库那样大的巨型3D打印机来打造。

虽然空客仿生机舱3D打印距离现实还比较遥远，但在现实中，有着类似设计理念和制造方式的机舱隔离结构已经进入到了生产阶段。空客的子公司AP-works为空客A320飞机开发的大尺寸的"仿生"机舱隔离结构，就是由选区激光熔融金属3D打印设备和新型超强、轻质合金材料制造而成。这些3D打印隔离结构已在2016年进行测试，计划安装在每一架新的空客A320上，用于分隔客舱后部的食品准备区域。

如图10-1所示为空客3D打印隔离仓，该结构采用模块化设计，由122个3D打印零件像"拼图"一样连接在一起。这样的设计不仅最大限度地减少材料的使用，而且具有高韧性的特点，其中一个或多个节点断裂的时候，并不影响整个网格的稳固性。

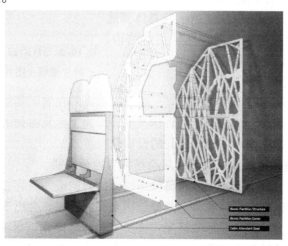

图10-1 空客3D打印隔离仓（图片来源：Airbus）

3D打印的仿生隔离结构比原来的结构轻55lb，这一看似微不足道的数字，如果从每架飞机的整个服役周期来计算的话，累计减少的二氧化碳排放量将高达9.6万t。可见，3D打印仿生结构的价值不仅仅在于自身对材料的节约，更在于对飞机能源的节约和环境的保护。

2. 轻量化

飞机上的零件每减轻一点重量就会使飞机节省大量的燃油消耗。以一架起飞重量达65t的波音737飞机为例，如果机身减轻一磅，每年将节省数十万美元燃油成本。实现飞机减重的常见方式有两种，一种是使用密度更小、性能更强的先进材料来替代现有材料。另一种减重方式是对现有飞机零部件进行轻量化设计，

3D 打印通过结构设计层面实现轻量化的主要途径有四种：中空夹层/薄壁加筋结构、镂空点阵结构、一体化结构实现、异形拓扑优化结构。

无论是 3D 打印的发动机零部件，还是飞机机舱中的大型零部件，在航空制造业所进行的大量 3D 打印探索当中，相比上一代设计更加轻量化，几乎是这些零部件的共同特点。3D 打印技术通过实现零部件结构设计层面上的突破而实现轻量化，以最少的材料满足零部件的性能要求。

图 10-2 所示为 3D 打印的航空发动机中空叶片原型，叶片总高度为 933mm，横截面最大弦长为 183mm，内部中空，以 21 排成 45°的薄肋进行加固处理，该零件由铂力特采用选区激光熔融技术一次成型制造，内部致密，整个叶片中空设计，使得叶片重量减轻 75%。

3D 打印同时也是航空制造业实现轻量化的重要途径。中国航天科技集团五院总体部通过选区激光熔融技术制造微小卫星主体结构，在设计时采用了点阵轻量化结构。在点阵结构胞元性能研究方面，中国航天科技集团五院总

图 10-2　3D 打印的航空发动机中空叶片原型（图片来源：铂力特）

体部根据三维点阵的胞元形式的特点，结合三维点阵在航天器结构中应用的实际情况，提出了三维点阵结构胞元的表达规范，即通过胞元占据的空间并结合胞元杆件的直径来表达三维点阵结构胞元的设计信息。

3. 实现铸造和锻造难以实现的复杂结构和冶金性能

在传统铸造工艺中，大尺寸和薄壁结构铸件的制造一直存在难以突破的技术壁垒。由于冷却速度不同，在铸造薄壁结构金属零件时，会出现难以完成铸造或者铸造后应力过大，零件变形的情况。这类零件可以使用选区激光熔融 3D 打印技术进行制造，通过激光光斑对金属粉末逐点熔化，在局部结构得到良好控制的情况下保证零件整体性能。

图 10-3 所示为 3D 打印多层薄壁圆柱体，该零件由铂力特通过选区激光熔融设备制造，材料为镍基高温合金粉末，零件尺寸为 $\phi576mm \times 200mm$，壁厚最薄处仅为 2.5mm，质量为 15kg。该零件体现了选区激光熔融技术在制备大幅面薄壁零件方面的能力。与铸造工艺相比，采用金属 3D 打印技术直接制造零件，不需要提前制备砂铸造型，这使得制造周期大大缩短。铂力特制造多层薄壁圆柱体时所花费的打印时

图 10-3　3D 打印多层薄壁圆柱体（图片来源：铂力特）

间约为72h。

锻造生产是机械制造工业中提供机械零件毛坯的主要加工方法之一。通过锻造，不仅可以得到机械零件的形状，而且能改善金属内部组织，提高金属的物理性能。一般对受力大、要求高的重要机械零件，大多采用锻造生产方法制造，如汽轮发电机轴、转子、叶轮、叶片、护环、大型水压机立柱、高压缸、轧钢机轧辊、内燃机曲轴、连杆、齿轮、轴承以及国防工业方面的火炮等。

锻造技术在航空制造领域已应用多年，主要用于制造飞机、发动机承受交变载荷和集中载荷的关键和重要零件。飞机上锻造的零件重量约占飞机机体结构重量的20%～35%和发动机结构重量的30%～45%，是决定飞机和发动机的性能、可靠性、寿命和经济性的重要因素之一，锻造技术的发展对航空制造业有着举足轻重的作用。

随着航空产业不断的发展，对航空装备极端轻量化与可靠化的追求越来越急迫，锻造技术的瓶颈已逐渐显现，尤其在大型复杂整体结构件、精密复杂构件的制造以及制造材料的节省方面。定向能量沉积3D打印工艺在航空航天制造业中的应用恰好弥补了传统锻造技术的不足，在飞机结构件一体化制造（翼身一体）、重大装备大型锻件制造（核电锻件）、难加工材料及零件的成形、高端零部件的修复（叶片、机匣的修复）等传统锻造技术无法做到的领域发挥出独特的作用。甚至有人认为3D打印技术可以替代锻造技术用于航空制造领域。

以电子束和等离子束为热能的定向能量沉积技术在近年来受到了航空航天制造企业的重视，这些技术被用于制造大型复杂整体零件的毛坯。波音通过Norsk Titanium公司的快速等离子沉积™设备3D打印的钛合金结构件已经进入了生产阶段。美国航空制造企业洛克希德·马丁空间系统公司（Lockheed Martin Space Systems Company）曾投资400万美元从Sciaky公司购买了一台基于电子束熔化焊接（EBAM）技术的3D打印机，并用这台设备制造出直径近150cm的燃料箱，削减了燃料箱的制造成本。

通过电子束熔化焊接技术的特点，可以了解到定向能量沉积3D打印工艺与锻造工艺的区别。电子束熔化焊接技术的3D打印材料为金属丝，并使用一种功率强大的电子束在真空环境中通过高达1000℃的高温来熔化打印金属零部件。这种电子束枪的金属沉积速率达20lb/h。电子束定向能量沉积、逐层增加的方法创建出来的任何金属部件都近乎纯净。该技术也可以用于修复受损的部件或者增加模块化部件，并且不会产生传统焊接或金属连接技术中常见的焊缝或者其他缺陷。

在模锻工艺中，需要用到模具，金属坯料在具有一定形状的锻模膛内受压变形而获得锻件。加上制造模具的时间，锻造的交货期与电子束熔化焊接技术的交货期的差距就十分明显。这使得电子束熔化焊接技术在航空航天行业关于小批量生产需求的零件制造方面具有交货周期短的优势。

锻造和电子束熔化焊接都是近净成形工艺，但电子束熔化焊接更接近净形，加工过程中需要去除的材料更少，电子束熔化焊接技术比锻造技术约减少 50% 的材料去除需求。而在后期的机械加工中，需要去除的材料少意味着节省材料成本、切削刀具和切削液等加工成本，以及获得更短的加工时间。增材制造技术为材料节省所创造的价值，在制造钛金属等昂贵飞机零件制造材料时显得尤为突出。

电子束熔化焊接技术在制造大型复杂零件毛坯时，从零件的 CAD 文件开始，将金属材料进行连续的层沉积，直到部分达到近净成形，这使制造流程得到简化。制造企业既可以将制造大型复杂零件的工作外包给专业的 3D 打印服务商，也可以采购这类设备，并与热处理、粗加工和精加工、无损检测集成在一起。

电子束熔化焊接技术设备还有一项具有潜力的配置——双丝。具有双丝配置的设备，从两个独立控制的送丝装置上料，实现同时加工两种不同的金属丝材。该配置使电子束熔化焊接技术在制造梯度合金材料方面具有应用潜力。

也许，不仅仅航空航天行业可以引入定向能量沉积 3D 打印技术，提供锻造服务的公司也可以考虑引入这类 3D 打印技术，将其与传统锻造工艺放在同一屋檐下，提供更优化的制造组合。

4. 零件修复

基于定向能量沉积工艺的激光熔覆技术对飞机的修复产生了直接的影响，涡轮发动机叶片、叶轮和转动空气密封垫等零部件，可以通过表面激光熔覆强化得到修复。

激光熔覆技术本身也在不断地发展，2017 年，德国 Fraunhofer 研究机构还开发出超高速激光材料沉积——EHLA 技术。这项技术使得定向能量沉积技术所实现的表面质量更高，甚至达到涂层的效果。EHLA 技术已经迅速地被德国通快商业化。

除了激光熔覆技术，冷喷增材制造技术正在引起再制造领域的关注。其中，GE 就通过向飞机发动机叶片表面以超声速从喷嘴中喷射微小的金属颗粒，为叶片受损部位添加新材料而不改变其性能。除了不需要焊接或机加工就能制造全新零件以外，冷喷技术令人兴奋之处在于，它能够将修复材料与零件融为一体，恢复零件原有的功能和属性。

第三节　重新定义航空关键零件

1. 快速增长的航空发动机市场

对于一架飞机来说，核心部件就是发动机，那么发动机这个市场有多大呢？

3D 打印要在这个领域发挥作用，可以撬起多大的市场蛋糕呢？

波音预测，到 2034 年，全球民用飞机的总需求量为 38050 架，市场价值高达 5.6 万亿美元，从 2014 年到 2034 年，这期间需要交付的这 38050 架飞机中的 58% 是为了满足增长需求。38050 架民用飞机包括大型宽体客机 540 架、中型宽体客机 3520 架、小型宽体客机 4770 架、单通道客机 26730 架、区域喷气客机 2490 架。图 10-4 为波音公司预测的各类型飞机所占总需求量的比例。

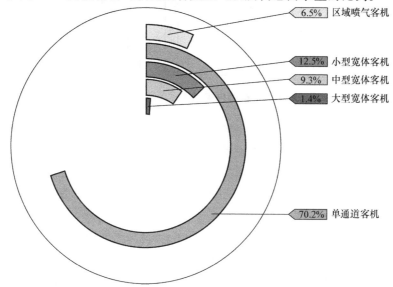

图 10-4　波音公司预测的各类型飞机所占总需求量的比例

根据著名航空发动机制造商罗尔斯 – 罗伊斯（Rolls – Royce，R&R）公司 2014 年对军用航空市场的预测，未来 20 年（2015—2035 年），全球军用航空发动机的市场需求有望达到 1500 亿美元，美国、欧洲和远东地区是三大主要市场；民用航空发动机市场空间为 1.60 万亿美元。

根据中信建设研究发展部预测，未来 20 年，中国军用飞机发动机市场需求为 452.1 亿美元，民用飞机发动机市场整体需求为 2572 亿美元。

航空发动机市场是一个集中和垄断的市场，图 10-5 中列出了航空发动机的种类，无论是其中所列的哪一种发动机，其市场均由全球少数几家制造商所垄断。根据 Forecast International 的统计，航空涡扇发动机市场主要由 GE、普惠（Pratt & Whitney，P&W）和 R&R 三大发动机巨头及其参与的合资公司所占据，斯奈克玛（属于赛峰集团）与 GE 合资 CFM 国际分享大型民用发动机市场，俄罗斯"土星"在军用航空发动机领域具备一定的竞争力。

涡桨发动机市场主要由 PWC（加拿大普惠）、GE、Honeywell 和 R&R 四家公司占据。当前，加拿大普惠凭借 PT6A 和 PW100 在涡桨发动机市场占据主导

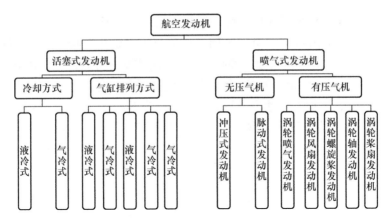

图 10-5　航空发动机的种类（参考资料：《航空发动机》）

地位。不过 GE 的 ATP（涡轮螺旋桨）发动机的设计师将金属 3D 打印技术引入到了发动机的制造中，使得这款发动机的设计获得了强大的市场竞争潜力。据了解该发动机中的部件将由 855 个减少到 12 个，超过三分之一的部件是由 3D 打印完成的，这款发动机计划在 2018 年进行商业化。3D 打印 ATP 发动机的出现，是否改变目前的涡桨发动机市场格局，是个值得关注的问题。

涡轴发动机市场主要由 GE、R&R、Turbomeca（透博梅卡，属于赛峰集团）、PWC、Klimov（克里莫夫）五家公司占据。

战斗机的发动机市场主要由 P&W、GE、土星、斯奈克玛以及欧洲喷气动力公司所占据。其中欧洲喷气动力公司由英国 R&R、德国 MTU 公司、意大利 Avio 和西班牙 ITP 合资组建。GE 的 F110 系列和 P&W 的 eF100 系列发动机基本平分了 F-15 和 F-16 的发动机市场。不过市场竞争的焦点已经开始向第四代战斗机 F-35 转移，P&W 将作为 F-35 的唯一动力供应商独享市场。

2. 涡轮轴发动机

（1）3D 打印燃烧室零件和导向叶片　赛峰直升机发动机业务部门推出了新的 Aneto 涡轮轴发动机，这是大功率发动机系列，Aneto-1K 在航空航天公司 Leonardo 的 AW189K 直升机中使用。Aneto 发动机包含四级压缩机，发动机安装了由 3D 打印零件组成的新燃烧室和 3D 打印的进口导向叶片。

3D 打印技术为发动机性能的提升和制造成本的降低贡献了力量，新发动机的功率将比现有的相同发动机的功率提高 25%，将为直升机提供更强的动力，特别适合执行海上搜索和救援、消防或军事运输等任务。

（2）单轴核心 T901 发动机　2017 年 10 月初，GE 航空宣布成功完成了 T901-GE-900 涡轮轴发动机原型机的测试。这款发动机属于美国陆军改进型涡轮发动机项目（Improved Turbine Engine Program，ITEP）的一部分。ITEP 项目的目标是为黑鹰、阿帕奇等美国军队使用的直升机生产出新型涡轮轴发动机，具体的目标是使发动机的动力提升50%，燃油效率提升25%，并能够降低成本。经过测试，GE T901发动机的性能达到甚至超过 ITEP 项目的要求，已为发动机的制造做好准备。

单轴核心架构是 T901 发动机设计的关键，该设计实现了成本效益和战斗所需的灵活模块化结构。单轴核心意味着压缩机和气体发生器中的所有旋转部件在一个轴上并以相同的速度旋转。

在进行 3D 打印零件设计时，GE 还尝试了更先进的空气动力学形状的设计思路，这对发动机性能、可靠性和耐用性的提升具有积极意义。

3. 宽体客机发动机

GE 和 R&R 这两大飞机发动机制造商均为宽体客机零部件 3D 打印进行了技术储备。

R&R 在 XWB - 97 发动机研发过程中使用了电子束熔融 3D 打印技术，XWB - 97 发动机是为空客 A350 - 1000 宽体飞机提供的。R&R 用电子束熔融技术制造了一个直径为 1.5m 的前轴承座。该技术的优势是使零部件研发周期缩短，并带来更高的设计自由度，这两点 R&R 在 XWB - 97 发动机研发中进行了验证。不过 R&R 没有将该技术用于第一批 XWB - 97 发动机零部件的最终生产。但通过 2015 年末进行的 XWB - 97 发动机测试，R&R 获得了对金属 3D 打印技术的更多研究数据，这是 R&R 验证该技术用于生产的可行性的基础。

GE 为波音 777 宽体飞机生产的 GE90 - 94B 发动机中装配了 T25 传感器。T25 传感器壳体是 3D 打印的，该壳体得到了 FAA 认证，这是 GE 航空首个 3D 打印的金属零件。2015 年 4 月，T25 传感器壳体首次用在飞机发动机中，目前已被安装在超过 400 台 GE90 - 94B 发动机中。T25 传感器处于飞机发动机高压压缩机的入口处，负责为发动机控制系统提供压力和温度的测量数据。

3D 打印传感器壳体经过了几何形状设计优化，能够更好地保护传感器上的电子装置不受具有潜在破坏性的气流和结冰的影响。通常使用铸造等传统制造方式研发这样一个零部件需要几年的时间，而 3D 打印技术的使用让产品开发周期缩短了一年的时间。

4. 单通道客机发动机

2010 年空客将 GE 生产的 LEAP - 1A 发动机作为 A320neo 飞机的选配，LEAP 发动机中带有 3D 打印燃油喷嘴。

3D 打印燃油喷嘴采用了一体化设计方式，与上一代产品相比，重量降低了 25%，耐用性超过上一代产品的 5 倍。燃油喷嘴的新设计可以避免油嘴部位积炭，GE 声明这种结构的燃油喷嘴只能通过 3D 打印技术来生产。增材制造技术的应用还使 GE 研发燃油喷嘴的成本得到下降，缓解了多年来研发团队为高昂的研发成本所承受的压力。

3D 打印燃油喷嘴有助于 LEAP 燃料燃烧和排放减少 15%，LEAP 发动机为 GE 带来了 310 亿美元的订单。目前，LEAP 发动机被安装在空客和波音新型的单通道商用客机上。

5. 涡桨发动机

涡轮螺旋桨飞机通常为小型商业飞行器和个人飞机提供动力。2016 年，GE 公司对一台含有 3D 打印零件的先进涡桨（ATP）发动机进行了适用性验证，这是一款用于演示验证的发动机，拥有 35% 3D 打印零件，该发动机的成品将为德事隆最新研制的 Cessna Denali 单发涡桨飞机提供动力。

ATP 飞机发动机在 2017 年 12 月底首次完成地面试车，2018 年末将进行首飞试验，预计在 2020 年投入生产。这款发动机的特点是，设计师将 855 个独立部件减少到 12 个，发动机中超过三分之一的零件是由金属 3D 打印技术制造的。图 10-6 所示为 GE ATP 发动机中的燃料加热器，该零件就是 GE 针对 3D 打印技术而设计的，带有蜂窝状的微小通道。此外，GE 位于意大利卡梅里的工厂通过电子束熔融 3D 打印设备制造的叶片也将被安装到 ATP 发动机中。卡梅里工

图 10-6　GE ATP 发动机中的燃料加热器
（图片来源：Tomas Kellner/GE Reports）

厂使用的加工材料为比镍基合金轻 50% 的铝钛（TiAl）合金。

从 2015 年宣布启动计划，ATP 发动机在很短时间内就成为了现实。通常这样的发动机从试制到投入使用的正常周期是现在的两倍，而且可能需要 10 年才能研发出来。而增材制造技术的应用，使发动机从研发到投入使用的周期大大缩短。

总体而言，3D 打印将通过降低 ATP 发动机的重量来降低其使用成本。发动机重量减轻意味着它将使飞机减少燃油消耗。新的设计思路更将使 ATP 的发动机提高燃油燃烧效率，从而能够减少 20% 的燃油消耗，还比传统加工方式制造的发动机提升 10% 的功率。3D 打印一体式零件的出现还将改变原有的发动机维护保养方式，ATP 发动机中所包含的组装部件数量大为减少，所以可以减少磨损的发生。

6. 齿轮传动涡扇发动机

德国航空发动机制造商 MTU 公司在研发涡轮箔、燃料喷射器等零件时应用了 3D 打印技术。3D 打印技术在减少零件数量，实现轻量化和提高强度方面发

挥了很大作用。

MTU 为 P&W 的齿轮传动涡扇发动机 PurePower pw1100g–jm 生产内窥镜，用于检查风扇的磨损和损坏情况。在制造内窥镜时，MTU 用选区激光熔融金属 3D 打印技术替代了铸造工艺。齿轮传动涡扇发动机目前的主要供给机型是空客 A320neo 飞机。

7. 涡扇发动机

INTECH DMLS 公司为印度斯坦航空公司（HAL）25KN 涡扇发动机制造了一款 3D 打印的燃烧室机匣，如图 10-7 所示。这是一种复杂的薄壁零部件，打印材料为镍基高温合金。此类零部件不仅具有大型复杂结构，而且对结构完整性要求高。在使用传统制造技术加工此类零件时存在众多难点，例如：零件壁较薄，加工时容易变形及产生让刀现象，难以保证加工精度；在加工时需要将毛

图 10-7　3D 打印的燃烧室机匣
（图片来源：INTECH DMLS）

坯中的大部分材料作为切削余量加以去除，切削加工量大；由于材料导热性较差，在切削加工中切削温度高，加工硬化现象严重，刀具磨损严重等。

这些难点使发动机燃烧室机匣的制造周期长，制造成本高。传统工艺制造该零部件的周期为 18～24 个月，而 Intech DMLS 研发和制造燃烧室机匣的周期为 3～4 个月，使用的制造工艺包括镍基高温合金机匣的 3D 打印、热处理、机加工、表面处理，以及对 5 个独立 3D 打印部件的激光焊接。

8. 其他正在发生的改变

（1）3D 打印燃料喷射器和冷却系统　为了克服流场中燃烧气体的高动量，必须通过燃料喷射器引导大量压缩空气以将燃料充分推入燃烧气流中。燃料必须在相对较高的压力下供给，以充分推动燃料进入燃烧气体流场。

解决这些问题的当前解决方案包括将燃料喷射器的一少部分通过衬里向内径延伸到燃烧气体流场中。然而，这种方法将燃料喷射器暴露在高温燃烧气体中，可能会影响组件的寿命和导致燃料焦炭积累。

根据 3D 科学谷的市场研究，GE 公司通过 3D 打印技术改进了将燃料喷射器延伸到燃烧气体流场中的冷却系统的设计，以及将冷却延伸到燃烧气体流场的燃料喷射器系统。燃料喷射器系统包括通过燃烧室限定燃烧气流路径的衬里、通过衬里延伸的燃料喷射器开口和燃料喷射器。GE 在探索这些应用时，使用了选区激光熔融技术，采用的金属粉末成分中含有钴和铬，例如（但不限于）HS1888 和 INCO625。

（2）在涡轮叶片上 3D 打印传感器　GE 公司还探索了气溶胶喷射 3D 打印技

术在涡轮叶片上直接制造传感器的应用。打印过程开始于用雾发生器雾化纳米银导电墨水，首先通过流空气动力学诱导打印沉积头，产生鞘气环状流，然后由喷嘴对准基板并以同轴流量进行集中喷射。材料的喷射路径由数控命令控制完成，而在基板保持固定的同时，沉积头和基板之间的距离保持不变，以确保材料准确地沉积。油墨沉积后，再经过热处理，使得传感器具有正确的导电性和力学性能。

第四节　机身与内饰走向经济性与个性化

1. 大型零件制造

（1）机身铸造零件　舱门是飞机上的运动功能部件，它的功能、使用寿命、安全性、维修性和可靠性，直接关系到飞机的出勤率。若舱门设计不当，飞机在高空中飞行的时候，可能发生舱门的意外打开，会造成压力舱泄压，并严重影响飞机飞行姿态。飞机舱门结构设计复杂，连杆、铰链数量众多，机构运动关系复杂多变，这些都给舱门的设计、加工带来了挑战，如何在满足力学性能要求的同时，又满足加工的可操作性，并且尽可能少地浪费材料，有效地实现轻量化，这都是飞机舱门制造中所遇到的挑战。

法国航空供应商 Sogeclair 公司曾采用 3D 打印与铸造工艺相结合的方式来解决传统加工方式所面临的加工复杂性挑战。具体来说是，通过 3D 打印技术制造出舱门精密铸造所需要的铸造熔模，然后再通过铸造工艺完成舱门的铸造。飞机舱门的设计团队在对零件所要达到的力学性能进行分析之后，决定采用仿生学结构设计理念，在满足舱门所需要达到的力学性能的情况下，实现减重30%。

图 10-8 所示为 3D 打印的舱门铸造熔模，Sogeclair 采用的熔模 3D 打印技术为德国 voxeljet 公司的大型黏结剂喷射 3D 打印设备和 PMMA 颗粒材料。这种 3D 打印技术的特点是无须为打印件添加支撑结构，后处理工艺比较简单，大型黏结剂喷射 3D 打印设备能够一次性成型舱门铸造熔模。PMMA 颗粒材料的特点是其负膨胀系数，在烧毁薄壁模型的过程中不会导致胀壳，

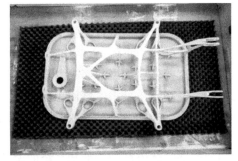

图 10-8　3D 打印的舱门铸造熔模
（图片来源：voxeljet）

从而避免铸造模具发生破损，降低制造风险，实现铸造件的近净成形。

（2）金属结构件　2017 年 4 月，Norsk Titanium 公司宣布获得了波音 3D 打印钛合金结构件的生产订单。在获得波音的正式生产订单之前，双方已通过

Norsk Titanium 的快速等离子沉积™技术完成了钛合金结构件的研发工作，零件已在 2017 年 2 月获得了 FAA 认证。

这些结构件将被安装在波音 787 Dreamliner 飞机中，它们将承受飞行中机身承受的压力。相比其他型号的客机，波音 787Dreamliner 飞机使用的钛合金材料更多，一架 Dreamliner 飞机中所用使用的钛合金成本约为 1700 万美元。因此，波音希望能够通过 3D 打印技术有效地控制钛合金材料成本。

快速等离子沉积™技术属于一种定向能量沉积工艺，波音选择使用该技术替代传统的锻造工艺，直接进行钛合金结构件的近净成形制造，在后续的机械加工中减少材料的去除量。Norsk Titanium 公司表示快速等离子沉积™技术将最终为每架 Dreamliner 飞机节省 200 万~300 万美元的成本。

2. 飞机内饰件

制造飞机内饰件的 3D 打印材料主要为工程塑料，制造这类材料的工艺为材料挤出工艺，其中常见的技术为熔融沉积成型技术（Fused Deposition Modeling, FDM）和电熔制丝（Fused Filament Fabrication, FFF）技术。

高端定制化直升机内饰件制造商 Mecaer Aviation Group（MAG）公司就采用电熔制丝 3D 打印技术和 PEEK、PEI 工程塑料制造直升机内饰产品。起初，MAG 仅使用 3D 打印技术制造新产品的原型。在积累了成功经验之后，MAG 已将 3D 打印的 PEEK 和 PEI 塑料件作为最终产品安装在直升机内部。

我国东方航空技术有限公司成立了增材制造实验室，利用 3D 打印技术开发了很多客舱内部件，包括座椅扶手、门把手盖板、行李架锁扣、电子飞行包支架和报架。图 10-9 所示为东方航空技术有限公司 3D 打印的电子飞行包支撑装置。材料方面采用的是满足 FAA 和 CAAC25 相关要求的 ULTEM

图 10-9　3D 打印电子飞行包支撑装置
（图片来源：Stratasys）

9085 材料，该材料是一种高强度的热塑材料，打印设备为 Stratasys 公司基于熔融沉积成型技术的 Fortus 450mc 工业级 3D 打印机。

第五节　航天制造新赛道

航天又称空间飞行或宇宙航行。"航天"泛指航天器在地球大气层以外（包括太阳系内）的航行活动，粗分为载人航天和不载人航天两大类。而航空是在地球的大气层内飞行。图 10-10 所示航天与航空工业体系图，对航天和航空两大工业体系进行了归纳分类。

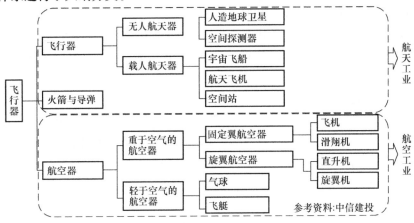

图 10-10 航天与航空工业体系

卫星与火箭发动机零部件制造是 3D 打印技术在航天制造业中应用的主要领域，尤其是在火箭发动机的制造中，3D 打印成为 NASA、ESA 等航天制造机构抢滩下一代经济性、可重复利用火箭发动机的重要"筹码"。

1. 催生经济性、可回收的新一代火箭发动机

美国当地时间 2018 年 2 月 6 日 13 点 30 分，SpaceX 的猎鹰重型运载火箭，在美国肯尼迪航天中心首次成功发射，并成功完成两枚一级助推火箭的完整回收。

值得重视的是，伊隆·马斯克（Elon Musk）的 SpaceX 正在扰乱全球太空行业。包括中国和印度在内的所有发射提供商都不得不重新考虑降低成本的方法。将卫星、货物和人类放入太空的太空发射公司正试图将价格降低 50% 以上，而在这些努力的背后，通过 3D 打印制造的低成本可回收的火箭发挥了关键作用。

猎鹰重型火箭配有 27 个梅林发动机，其运载能力惊人，超过目前国际上所有现役的火箭水平，是人类目前最强大的太空运载火箭。公开资料显示，猎鹰重型火箭向国际空间站、神舟飞船等飞行器所在的近地轨道的发射能力飙升到了 63.8t，约是猎鹰 9 号火箭全推力版的 3 倍、航天飞机的 2 倍。同时，其向通信卫星使用的地球同步转移轨道发射载荷的能力提高到 26.7t，向火星发射载荷的能力为 16.8t，向太阳系边缘的冥王星发射载荷的能力也有 3.5t。

猎鹰重型火箭是从猎鹰 9 号的基础上改造而来的，高 229.6ft（69.2m），其运载能力达对手联合发射联盟公司 Delta IV 重型火箭的两倍之多，推力相当于 18 架波音 747 飞机。另外重要的一点是，这还是可回收使用的"超重型"运载火箭。

作为三个猎鹰 9 号并联的重型猎鹰也将和猎鹰 9 一样进行重复利用，然而就猎鹰 9 的情况来看重复利用导致其 22t 的运力只能发射 13t 的货物（因为在回收时需要保留燃料，极大地影响了运力发挥）。2017 年 3 月 30 日，一枚复用的猎鹰 9 号将 SES10 通信卫星送入地球转移轨道，并再次成功回收。SpaceX 的 CTO 表示这次复用使成本降低了一半多。

早在 2013 年，SpaceX 就成功进行了带有 3D 打印推力室的 SuperDraco 发动机的点火试验。图 10-11 所示为 SpaceX 3D 打印的推力室，它由选区激光熔融设备制造，使用了镍铬高温合金材料。在 2014 年 1 月，SpaceX 发射的猎鹰 9 火箭中带有一个 3D 打印的氧气阀主体。与传统铸造技术相比，使用增材制造不仅能够显著地缩短火箭发动机的交货期并降低制造成本，而且可以实现"材料的高强度、延展性、抗断裂性和低可变性等"优良属性。在非常复杂的火箭发动机中，所有的冷却通道、喷油头和节流系统都很难通过传统技术制造。

图 10-11　SpaceX 3D 打印的推力室
（图片来源：SpaceX）

SpaceX 引爆了可重复利用、低成本的下一代火箭开发竞赛，这背后是 3D 打印技术的大量运用。NASA 于 2012 年就启动了 Additive Manufacturing Demonstrator Engine（AMDE）增材制造验证机的计划，NASA 认为 3D 打印在制造液态氢火箭发动机方面颇具潜力。在 3 年内，团队通过增材制造技术生产出 100 多个零件，并设计了一个可以通过 3D 打印来完成的发动机原型。而通过 3D 打印，零件的数量可以减少 80%，并且仅仅需要 30 处焊接。

而在下一代火箭开发中，NASA 与 SpaceX 的合作关系越来越紧密。美国在火箭发射领域的突飞猛进，或许让欧洲的空间发射行业颇感压力。

就在 2017 年，Ariane 集团还获得了 ESA 的支持，提供总预算超 8 千万欧元用于开发 Ariane 新一代液氧 - 甲烷火箭发动机——Prometheus。Prometheus 是 Ariane 集团与 CNES 于 2015 年发起的一项用于继 Ariane 6 之后的新一代火箭发动机，该发动机的设计特点是低成本，目标是将火箭发动机的制造成本至少降低 90%，并且可重复使用。

Ariane 集团计划将 Prometheus 先用于小型的火箭发射装置，然后进行火箭发动机回收利用的演练工作。在此基础上，将 Prometheus 用于 A6 下一代以及 A6 重复利用型甚至是 Ariane 下一代火箭发射装置。

根据计划，Prometheus 将以所向披靡的成本优势成为下一代火箭发动机的典范。不过，低成本与可重复使用在技术实现方面具有一定的矛盾性，而融合这一矛盾的利器正是 3D 打印技术。Prometheus LOx - 甲烷发动机项目还将利用前所未有的数字化水平进行发动机控制和诊断,并且将 3D 打印技术的应用贯穿到原型开发和最终生产中。

根据法国航天局发射主任 Jean - Marc Astorg,3D 打印和其他先进技术的应用将火箭开发的时间缩短一半。3D 打印技术的大量采用,简化了循环结构,低成本的机械组装要求,简化了子系统设计。

根据 3D 科学谷的市场观察,在可回收方面,欧洲有自己的基础,其中可借鉴的经验就是来自于航天飞机。一个典型的例子 Skylon 有翼飞行器就是英国喷气引擎公司与欧洲空间局(ESA)合作设计的,是对经典太空飞机梦想的回归。使用自己的动力起飞,无人驾驶的 Skylon 飞入轨道,完成一系列探索宇宙的任务。

而这其中 3D 打印发挥了重要的作用,新型"军刀"发动机的一大亮点是 3D 打印的燃油喷射器,该燃油喷射器使得发动机在不到 0.01s 的时间内就可以得到急速降温。正是燃油喷射器的作用使得 Skylon 有翼飞行器的速度可达到五倍声速,直接飞到地球的轨道。这意味着航天飞机可以像普通飞机一样起飞、飞行和着陆。

在人类探索太空的发展历程中,一边是引爆行业竞争的可回收、低成本火箭,一边是起到四两拨千斤效果的 3D 打印技术。这其中的竞争规则,值得深思。

2. 多样化的火箭发动机 3D 打印应用

在本书第 2 部分对 NASA、ESA 围绕 3D 打印技术进行的多重布局的介绍中,我们已初步了解到航天制造商拥抱 3D 打印技术的意义在于为零部件功能优化获得更大的设计自由度,制造轻量化、经济性的航天零部件。在此,主要通过一些典型的应用案例来了解 3D 打印技术对于火箭制造的意义。

(1)一体化设计的喷嘴头 火箭的推进模块会在极端条件下产生巨大推力,这要求在较小空间内实现最高级别的可靠性和精确度。喷嘴头是火箭推进模块中的核心组件之一,负责将燃料混合物输送入燃烧室。

在传统设计中,喷嘴头由 248 个零部件构成,而这些零部件通过铸造、焊接与钻孔等多种制造步骤生产、装配而成,带有 8000 余十字钻孔的铜套管被螺钉固定到喷嘴头中的 122 个燃油喷射器组件上,以便将其中流动的氢气与氧气混合。但传统工艺存在的不足,一方面是不同的工艺步骤可能会导致组件在极端负荷下产生风险;另一方面,生产如此多的零部件也是一个耗时的复杂过程。

金属 3D 打印技术在制造一体化零部件方面的优势,为喷嘴头这样的复杂组件生产带来了设计优化和制造工艺简化的可行性。ArianeGroup(空客与赛峰的合资公司)就曾采用选区激光熔融 3D 打印技术,制造了 Ariane 6 号火箭 VINCI

上面级助推器中的一体式喷嘴头，122 个燃油喷射器组件、基板和前面板、带有相应进料管的圆顶氢气氧气燃料输送头，被设计为 1 个集成的组件。图 10-12 所示为 3D 打印集成式火箭发动机喷嘴头，该零件由采用镍合金 IN718 粉末材料和选区激光熔融技术制造。

图 10-12　3D 打印集成式火箭发动机喷嘴头（图片来源：EOS GmbH）

可以说，Ariane 6 火箭中的喷嘴头已经被简化为真正的一体化设计，增材制造的喷嘴头，壁厚得到大幅减小，但不会对强度造成损失，其重量减轻了 25%。

（2）大型结构件——火箭喷嘴　Ariane 6 号火箭推进模块还有一个 3D 打印零件——直径为 2.5m 的喷嘴，如图 10-13 所示。喷嘴的制造技术为用于大型复杂结构件的激光定向能像沉积技术。2017 年，Ariane 6 号火箭的承包商 GKN 已经向 Ariane-Group 公司交付了这款 3D 打印喷嘴。

图 10-13　3D 打印火箭喷嘴
（图片来源：GKN）

相比上一代设计，喷嘴的零部件数量减少了 90%，从约 1000 个零部件减少到约 100 个零部件。GKN 称其制造成本降低了 40%，交货期缩短了 30%。该喷嘴已经在发动机喷嘴测试中取得成功，Ariane 6 号火箭计划在 2020 年投入服务使用。

（3）突破铜合金 3D 打印难点　美国航空航天与国防制造商 Aerojet Rocketdyne 为液氢燃料火箭发动机 RL10 研发了一款全尺寸的 3D 打印铜合金的火箭推力室部件。2017 年 4 月，该部件通过了美国 Defense Production Act Title Ⅲ 项目管理办公室进行的点火测试。

铜是一种导热性和反射性极佳的材料，这一属性也使选区激光熔融技术在进行铜合金零件增材制造时充满挑战。铜金属在激光熔化的过程吸收率低，激光难以持续熔化铜金属粉末，从而导致成型效率低，冶金质量难以控制。Aerojet Rocketdyne 在铜合金推力室 3D 打印领域取得的突破，为制造新一代 RL10 发动机带来了可能性。

3D 打印铜合金推力室部件将替代以前的 RL10C – 1 推力室部件。被替代的推力室部件是由传统工艺制造的，由液压成形的不锈钢管等多个零件焊接而成。而 3D 打印的铜合金推力室部件则由两个铜合金零件构成。相比传统的制造工艺，选区激光熔融 3D 打印技术为推力室的设计带来了更高的自由度，使设计师可以尝试具有更高热传导能力的先进结构。而增强的热传导能力使得火箭发动机的设计更加紧凑和轻量化，这正是火箭发射技术所需要的。

NASA 在 2015 年也取得了铜合金部件 3D 打印方面取得了突破，打印技术也是选区激光熔融，打印材料为 GRCo – 84 铜合金。图 10-14 所示的铜合金火箭发动机部件为 NASA 用这项技术制造的 3D 打印零件为火箭燃烧室衬里，该部件总共被分为 8255 层进行逐层打印，打印时间为 10 天零 18 个小时。

图 10-14　铜合金火箭发动机部件
（图片来源：NASA/MSFC）

这个铜合金燃烧室零部件内外壁之间具有 200 多个复杂的通道，制造这些微小的、具有复杂几何形状的内部通道，即使对增材制造技术来说也是一大挑战。部件打印完成后，NASA 的研究人员使用电子束自由制造设备为其涂覆一层含镍的超合金。NASA 的最终目标是要是要使火箭发动机零部件的制造速度大幅提升，同时至少降低 50% 的制造成本。

（4）火箭发动机涡轮泵　涡轮泵是液体火箭发动机的心脏部分，它们是一种由涡轮带动泵，对氧化剂和燃料进行增压的联动装置。涡轮泵是一种在运行中高速旋转的部件，结构非常复杂，制造难度高，3D 打印技术在涡轮泵设计优化和降成本方面体现了应用价值。

由亚马逊的 CEO 杰夫 – 贝索斯创办的航天科技公司 Blue Origin，在研发 BE – 4 火箭发动机涡轮泵时采用 3D 打印技术制造壳体、涡轮、喷嘴、转子。BE – 4 是以液化天然气为燃料的新一代火箭发动机，除了主泵提供的推力，还通过几个"升压"涡轮泵混合液态氧和天然气，从而提供 50 万 lbf 的推力。

Blue Origin 的 Ox Boost Pump 增压泵（OBP）包括多个 3D 打印部件，其中既有单一的铝金属部件，也有镍合金液压涡轮。增材制造的增压泵零件中，集成了复杂的内部流道，这样的设计方案是难以通过传统技术制造出来的。Blue Origin 公司透露，涡轮喷嘴和转子也是 3D 打印的，仅需要少量的后期加工就可以满足精度要求。

NASA 制造的最为复杂的 3D 打印零部件之一是火箭发动机涡轮泵。2015 年

NASA 在亚拉巴马州的航天中心对 3D 打印涡轮泵进行了类似飞行试验的测试。涡轮泵自身转速高达 9 万 r/min，功能是为火箭发动机抽取液氢推进剂。涡轮泵在全功率下进行测试，每分钟能够泵送 1200 加仑液态氢，足以为火箭提供 3.5 万 lbf 的推力。

图 10-15 所示为 3D 打印火箭发动机涡轮泵，为 NASA 通过选区激光熔融技术制造的，NASA 针对增材制造而进行的设计，相比传统技术制造的涡轮泵减少了 45% 的零件。

图 10-15　3D 打印火箭发动机涡轮泵（图片来源：NASA/MSFC）

3. 功能集成的小卫星

随着卫星技术与应用的不断发展，人们在要求降低卫星成本、减小风险的同时，迫切需要缩短卫星研发周期。特别是单一任务的专用卫星，更需要投资小、见效快的卫星制造技术，小卫星技术便应运而生。广义上的小卫星是指质量小于 1000kg 的卫星，其中也有一些细分，例如将 500～1000kg 的卫星称为小卫星，100～500kg 的卫星称为微小卫星，10～100kg 的称为显微卫星，小于 10kg 的称为纳米卫星，而小于 1kg 的为芯片卫星。

用 3D 打印技术以及塑料材料制造小卫星外壳结构受到了卫星制造机构的重视。就在 2017 年 5 月，ESA 推出了一项新的 3D 打印 CubeSat⊖ 立体小卫星项目，打印材料为工程塑料 PEEK，通过向材料中加入特定的纳米填料而具有导电性。小卫星内部电气线路，仪器、电路板和太阳能电池板只需要插入即可。ESA 旨在将这些 3D 打印的小卫星投入商业应用。

⊖　CubeSat 是一种由 10cm×10cm×10cm 的立方单元组成的小型化空间研究卫星。CubeSats 的质量不超过 1.33 千克每单元，主要作用是进行学术性的科学实验，但在 2013 年之后开始出现了商用的 CubeSat 小卫星。https：//en. wikipedia. org/wiki/CubeSat。

2017 年 8 月 17 日，俄罗斯宇航员在国际空间站手动释放了五颗小卫星，其中一颗卫星 Tomsk TPU－120 几乎全部是采用 3D 打印技术制造的。Tomsk TPU－120 是一个非常轻巧的小卫星，外形方方正正，尺寸为 300mm × 100mm × 100mm。该卫星的外壳是使用经俄罗斯宇航局批准的材料经 3D 打印而成的，大部分是塑料部件。为卫星提供动力的电池组外壳，是用氧化锆陶瓷材料经 3D 打印而成的。使用陶瓷材料能够承受太空温度剧烈的变化，从而延长电池组的寿命。

在 TUP－120 卫星的 3D 打印"外衣"之内，是各种传感器，用来记录电路板、外壳、电池的温度以及电子数据。这些数据将会被实时传送到地球，俄罗斯科学家将据此分析材料的状况，并决定是否会在未来的航天器制造中使用这些材料。俄罗斯制造和释放 TPU－120 卫星的部分意图是为了测试 3D 打印技术和材料制造小卫星的可行性。

根据 3D 科学谷的市场研究，中国空间技术研究院（北京空间飞行器总体设计部/501 部）也在积极地进行 3D 打印立体小卫星的布局，总体设计部设计的其中一款 3D 打印微小卫星主题结构，尺寸包络为 400mm × 400mm × 400mm，承载能力：104kg，结构质量小于 9kg。

4. 卫星轻量化的全面到来

（1）点阵轻量化结构　点阵结构的特点是重量轻、比强度高和特定刚性高，并且带来各种热力学特征，点阵结构适合用在抗冲击/爆炸系统或者充当散热介质、声振、微波吸收结构和驱动系统中。

得益于点阵结构的独特性能以及低体积容量，将点阵结构与零部件的功能相结合已被证明是 3D 打印技术发挥潜力的优势领域。卫星制造是 3D 打印点阵结构的一大应用空间，这些应用要求零部件具有很高的强度、刚度和耐蚀性。

欧洲卫星制造商 Thales Alenia Space 制造的某颗卫星上应用了据说是迄今为止最大的 3D 打印金属点阵结构。如图 10-16 所示，该结构质量为 1.7kg，体积为 134mm × 28mm × 500mm。

设计与制造点阵结构存在着很高的技术壁垒，这是由于设计文件非常庞大、复杂，巨大的文件为建模和文件准备带来了困难，

图 10-16　卫星中的点阵结构
（图片来源：Adimant）

也给制造带来了很大挑战，尤其是像 Thales Alenia Space 公司使用的钛合金材料，将表现出显著的残余应力，点阵的微小结构将因残余应力而产生热变形，如果粉末床打印设备中的铺粉刷的材质过硬，则易将刚刚构建好的结构进一步破坏掉。

卫星轻量化和点阵结构的应用领域，我国毫不逊色。尤其是，中国空间技术研究院（北京空间飞行器总体设计部/501部），在3D打印方面已经积累了多年的经验，形成了面向增材制造技术的设计方法，结合设计及增材制造技术的特点，进行全新的卫星设计。

在点阵结构胞元性能研究方面，中国空间技术研究院根据三维点阵的胞元形式的特点，结合三维点阵在航天器结构中应用的实际情况，提出了三维点阵结构胞元的表达规范，即通过胞元占据的空间并结合胞元杆件的直径来表达三维点阵结构胞元的设计信息。图10-17所示的轻量化卫星支架，是中国空间技术研究院设计的其中一个带有点阵轻量化结构的3D打印卫星支架，由铂力特公司进行3D打印。

图10-17 轻量化卫星支架
（图片来源：铂力特）

大量的实验数据，系统化的研究方法，使得中国空间技术研究院在3D打印方面拥有了与西方航天技术赛跑的竞争力。

（2）功能集成一体化天线　3D打印技术为卫星天线设计带来了继续优化的空间，主要优化方向是进行天线零部件的一体化设计，然后通过选区激光熔融3D打印技术制造这些一体化结构的天线。

美国的创业型企业Optisys公司，通过仿真技术和金属3D打印设备对天线进行了设计优化与制造，在实现天线轻量化方面取得了进展。

制造天线系统的传统方式包括多种工艺，例如钎焊和浸入式电火花加工，天线的平均开发周期为8个月。而在设计3D打印天线时，Optisys将曾经由上百个组件组成的天线设计优化为单一的功能集成的天线。这种功能集成的一体化3D打印天线，相比传统工艺制造的天线重量降低了95%以上，交货期减少为2个月，生产成本降低了20%～25%。

3D打印一体化卫星天线支架也是卫星制造商的探索方向，其中一个典型的应用是瑞典的卫星设备生产商RUAG Space开发的一体化天线支架。

天线支架采用仿真驱动设计的方式，借助仿真软件中拓扑优化工具，设计师在给定的卫星所承受的负载的情况下（包括发射过程中和在太空中使用时所承受的负载），得到接近优化结果的设计方案，该方案使天线支架减重50%。

优化后的设计方案通过选区激光熔融设备实现一体化制造。图10-18所示的3D打印卫星天线支架，就是由RUAG Space，Oerlikon AM（欧瑞康增材制造）EOS、Altair合作开发的，这是一款航天应用的认证产品，比最低要求的强度提升了30%，具有高度统一的应力分布，实现减重40%，该支架将为卫星发射带来更低的系统成本和燃料消耗。

5. 在太空中制造

目前人类太空探索所需要的航天器、卫星等设备是在地球表面进行制造，然后由火箭送入太空中的，所以航天设备的体积也一定程度上受到了火箭内部空间和运载能力的限制。那么，是否可以换一种思路，将原材料和生产设备送入太空中，在太空中进行按需生产呢？

美国 Made In Space 公司正致力于将这一切变为现实，Made In Space 和 NASA 合作做了一个有意思的科学实验，通过一台特殊的零重力 3D 打印机在国际空间站中制造了一个扳手。进行类似太空 3D 打印技术实验的还有俄罗斯的航天制造团队，他们开发了一

图 10-18　3D 打印卫星天线支架

种可用在国际空间站（ISS）上的碳纤维增强塑料 3D 打印设备。设备的样机在 2016 年夏天完成了振动、失重等太空模拟测试。下一步是进入到国际空间站中进行测试，并为空间站上的 CubeSat 小卫星制造复合材料的零部件，如：反射器、天线等。

Made In Space 还启动了一个更大的太空制造计划——研发一台形似蜘蛛的太空制造设备 Archinaut，该设备集成了 3D 打印机和机械臂，其应用方向是在太空轨道上直接进行航天器零部件的制造和装配。Archinaut 的优势是直接在太空中进行制造，无须折叠。在打印材料充足的情况下，可以制造出非常大的航天器。这种太空直接制造的方式，也减少了对航空器进行"空间优化"的需求，实现全新的航天器设计，同时减少太空发射的成本。未来，Archinaut 也可以用于制造和装配卫星中需要升级的零部件。

Archinaut 制造计划是 NASA 空间机器人制造和装配（IRMA）计划下三个项目中的一个。NASA 还支持 Tethers Unlimited 公司研发"蜘蛛制造（SpiderFab）"太空制造系统，Spiderfab 也是一种将机器人装配与适用于空间的增材制造/3D 打印技术相结合的技术。

中国航天科技集团公司五院在 2018 年 5 月举行的第二届世界智能大会上透露，中国的在轨空间 3D 打印试验（太空制造）将在 2019 年开展。

第十一章
汽　　车

　　汽车制造业是一个十分注重速度与成本的行业，当前的工业级 3D 打印似乎看起来与汽车行业完全不搭界，论速度，粉末床金属熔融等 3D 打印技术看起来"慢得惊人"；论成本，很多时候 3D 打印出来的产品像黄金一样昂贵，那么 3D 打印在汽车领域的应用是如何落脚的？又将走向何方呢？

　　其实 3D 打印最早应用于汽车行业是因为这种技术免除了传统的开模过程，模具制造过程本身是成本昂贵并花费时间的。无模化的制造过程使得 3D 打印技术在小批量生产方面更具有灵活性。而在汽车工业中，小批量生产用到的环节包括研发过程中的原型与试制、展示过程中的概念车、制造过程中的工装夹具、再制造过程中的零件修复、个性化改装与定制过程中的零部件以及售后市场中的小批量备品备件。

　　那么除了适合原型制造及小批量生产，3D 打印有没有其他优势？其实，3D 打印除了无模化，最大的优势是制造成本并不随着产品设计的复杂性明显上升，这与传统制造技术有着明显的不同。传统加工工艺在制造形状非常复杂的产品时甚至会因为加工中的干涉等因素导致无法实现，使得设计者不得不改变设计或者牺牲掉一部分想要实现的功能。3D 打印不仅适用于复杂形状与结构的制造，还提供了更大的可能性来实现以产品功能为导向的设计自由度。仿生结构、点阵结构、一体化功能集成这些领域都是 3D 打印施展拳脚的空间。尤其是针对那些不可能通过传统工艺来加工的仿生结构零件，3D 打印有着明显的优势，这些优势正逐渐地与汽车研发及制造结合起来。

　　根据市场研究机构 SmarTech 的分析，3D 打印技术应用到汽车行业大致需要经过 4 个阶段：基础快速原型、分布式制造思想的产生、先进的成型与探索、快速制造和工具制造。这四个阶段描述出一张 3D 打印技术与汽车工业逐渐走向深度结合的路线图。

　　但 3D 打印技术与汽车工业深入结合的道路上，充满着挑战。3D 打印技术在汽车制造业中的应用，最终会被未来的汽车设计方向所驱动。下一代的汽车技术正朝着轻量化、智能化、个性化方向发展，汽车的设计迭代周期将继续缩短。3D 打印技术设备商必须研发自身的设备以满足多个或其中一项发展需求，使得自身的技术可以满足汽车行业的需求。

3D 打印技术与汽车制造业深度结合的挑战不仅限于技术的发展，还包括沟通和教育。3D 打印技术能够为汽车制造业创造价值是显而易见的，比如说它们能够制造复杂的轻量化结构，使汽车设计师获得更大的自由度来实现设计的思路，实现一些传统制造工艺无法制造出的结构和功能；由于金属 3D 打印技术能够实现金属零件的无模制造，这项技术具有替代铸造工艺的潜力，为汽车制造商节省零件开发时间，降低开发成本……。然而，与航空航天制造业不同的是，航空航天制造业已深刻认识到 3D 打印技术对高价值的航空航天应用带来的影响，并有足够的动力去探索这一技术的应用，目前，汽车领域的设计工程师还未对3D 打印技术产生足够的重视，要突破传统观念的限制还需要花费大量的沟通成本。

无疑，3D 打印将催生电动汽车设计方面的快速迭代，并带来全新的电动汽车设计与生产模式。此外，拿电动汽车的核心部件来说，电力驱动及控制系统是电动汽车的核心，也是区别于内燃机汽车的最大不同点。3D 打印在核心部件方面也具有颠覆性的潜力，减轻重量、创建更高效的动力传动系统、降低噪声，3D 打印将带来永无止境的创新过程。

第一节　快速原型制造

快速原型制造是 3D 打印技术在汽车制造领域最早开展的应用。从汽车的内饰件到轮胎、前格栅、发动机缸体、缸盖、空气管道，3D 打印技术几乎可以制造出所有汽车零部件的原型。常用技术包括：材料喷射（例如：PolyJet）、立体光固化（Stereolightgraphy Apparatus，SLA）、熔融沉积成型、选区激光烧结等。在全球范围内通用、大众、宾利、宝马等知名汽车集团都在使用 3D 打印技术，福特汽车在设计阶段大量采用 3D 打印技术制造零部件原型，仅是福特密歇根工厂每年就打印大约 2 万件原型。在中国的汽车制造商中，一汽、上汽、长安汽车、江淮等企业也在设计阶段积极地应用 3D 打印技术。

由于通过 3D 打印设备可以在不开发模具的情况下，快速地将原型制造出来，这项技术为汽车制造企业的设计工作节省了大量时间，同时节省研发过程中的模具制造成本，为加速汽车的设计迭代创造了条件。汽车研发部门通过实车安装 3D 打印零部件原型，能够及时发现问题，及时调整优化结构设计方案，这进一步提升了新设计的可靠性。此外，汽车外壳中有不少曲面结构、栅格结构，这些零部件的原型如通过机械加工技术制造难度很大，而 3D 打印技术在驾驭复杂结构方面则显得游刃有余。

3D 打印原型的用途有两类，一类是用于汽车造型阶段，这类原型件对力学性能要求不高，仅是为了验证设计外观，但它们为汽车造型设计师提供了生动立体的三维实体模型，为设计师进行设计迭代创造了便利条件。

立体光固化 3D 打印设备被广泛地应用于汽车造型评审用的零部件原型。例如，中国联泰科技的 SLA 3D 打印设备，早在 2003 年就被安徽江淮汽车所应用，江淮的在第一款轿车宾悦的研发过程中就使用了 3D 打印技术，在做外形评审时，他们将 3D 打印的内饰旋钮、按键原型镶嵌在模型车中，相比以前使用的零部件平面贴图，3D 打印的原型件非常直观。另外，汽车的车灯设计原型制造常采用立体光固化 3D 打印设备，与设备配套的特殊透明树脂材料在打印完成后再经过抛光处理，即可以呈现出逼真的透明车灯效果。

立体光固化技术制造的零部件原型是单一颜色的，多材料 3D 打印技术也在汽车零部件原型制造领域占有一席之地。宾利汽车的设计工作室就在使用 Stratasys 公司的多材料 3D 打印设备 Objet500 Connex、Objet 1000 Plus 制造量产前评估和测试用的零部件原型。该设备基于 Polyjet 材料喷射工艺，可在单次打印中实现彩色和多材料特结合，制作接近真实产品的原型。宾利汽车设计团队用该设备制造汽车内饰件、外饰件、轮毂以及全尺寸的汽车尾部饰板。由于可以在一个部件中同时使用多种刚性不同、透明度不同、颜色不同的材料，宾利在制造过程中省去了将零件单独制造再进行装配的工作，比如说，设计团队曾用这台多材料 3D 打印设备，制造出一个包含轮毂在内的橡胶轮胎。

3D 打印原型的另一类用途是功能性原型或高性能原型，这些原型往往具有良好的耐热性、耐蚀性或者是能够承受机械应力。汽车制造商通过这类 3D 打印零部件原型可以进行功能测试。实现这类应用可用的 3D 打印技术和材料包括：工业级熔融沉积成型 3D 打印设备和工程塑料丝材或者是纤维增强复合材料，选区激光熔融 3D 打印设备和工程塑料粉末、纤维增强复合粉末材料。

有的 3D 打印材料企业还推出了适合制造功能原型的光敏树脂材料，它们具有耐冲击、高强度、耐高温或者是高弹性，这些材料适用于立体光固化 3D 打印设备。比如说 Formlabs 就推出了两款具有特殊性能的光敏树脂 3D 打印材料——Tough Resin 和 Durable Resin。其中 Tough Resin 材料性能类似于 ABS 塑料，如果汽车零部件制造商最终投入生产的产品是 ABS 注塑件，那么在进行这类零部件的快速原型制造时，就可以选择 Tough Resin 3D 打印树脂材料。如果零部件制造商需要制造柔性锁扣铰链或汽车保险杠这样的零部件原型，则可以使用柔性 Durable Resin 材料。

第二节　概　念　车

概念车是一种介于设想和现实之间的汽车，我们可以把概念车理解为未来汽车。汽车设计师利用概念车向人们展示新颖、独特、超前的构思，概念车承载着人类对先进汽车的梦想与追求。有的概念车只是处在创意、试验阶段，也许不会投产，主要作用是探索汽车的造型、新的结构、验证新的原理等。而有的概念车则已经配备了动力总成，这类概念车比较接近于批量生产阶段。

无论是属于哪种类型，从制造的角度上来讲，概念车都属于一种定制化的、小批量制造的车辆。概念车设计与制造过程中，面临着交货期短和制造成本昂贵的挑战。面对这些挑战，概念车设计公司开始寻求更加高效、经济的制造技术，其中就包括 3D 打印技术。除了满足概念车开发与制造中，对小批量快速制造成本和交期控制的需求，概念车设计师还要在汽车设计方案上做出创新，例如在车身设计中引入仿生结构，使得概念车变得轻量化，并充满时尚感。借助 3D 打印技术，设计师可以实现一些前所未有的汽车设计方案。

欧洲的概念车设计与制造团队在设计与制造中已经引入了 3D 打印技术。比如说英国 Envisage 工程公司，引入了包括 3D 打印、3D 扫描、先进设计分析软件以及 VR（虚拟现实）等技术在内的数字化技术。Envisage 使用先进的分析软件进行汽车结构的优化设计。软件产生的分析数据可作为证据提交给认证机构，证明车辆的设计是符合相关设计标准的，而在过去这些证据往往需要通过物理检测的方式来获取，有时物理检测会导致车辆结构的损坏。

Envisage 通过 3D 打印技术直接制造部分经过设计优化的零部件。3D 打印技术的应用有助于减少定制汽车制造的周期和成本，在省去昂贵模具制造成本的情况下，3D 打印技术可以直接制造出定制车辆所需的零部件。此外，3D 打印技术能够制造出比较复杂的功能集成式零部件，减少了零件的数量，并减少装配过程中对焊接的需求。

德国博世与其合作伙伴 EDAG 公司在共同打造了智能化的概念车 Soulmate 时也采用了 3D 打印技术直接制造零部件，这些零部件是构成轻量化车身的关键结构。EDAG 的设计师从叶子中汲取灵感，获取轻量级车身的设计思路。Soulmate 汽车的车身结构由类似于叶脉的 3D 打印"骨架结构"和一层轻薄的覆盖外层所构成。3D 打印"骨架结构"经过了拓扑优化设计，设计师在其承载力要求低的地方减少材料的使用，在其承载力要求高的地方提高材料的密度，从而成为一种轻量化的汽车车身结构，在制造过程中材料的浪费少。

Soulmate 车身中的"骨架结构"是由 EDAG 工程、Zentrum Nord 激光、Concept Laser 和 BLM 这四家公司合作制造完成的，在制造中使用了金属 3D 打印、激光焊接、激光弯曲成形技术。图 11-1 所示 3D 打印"骨架结构"，其实是车身结构件的节

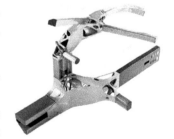

图 11-1　3D 打印"骨架结构"

点，点的形状有效地满足每级荷载加强元件的力学性能需要，所采用的金属 3D

打印技术为 GE 公司的 Concept Laser 的选区激光熔融技术。

这种仿生的 3D 打印"骨架结构"理念带来了柔性化生产的便利性，只要设计师完成建模，就可以进行定制化生产。尤其是当设计师需要为汽车装配不同动力系统时，可以根据所使用的动力系统的特点来灵活地调整车身结构的负载力，从而调整 3D 打印"骨架结构"的设计。3D 打印车身结构的各个部分都采用刚性材料连接，可以很便利地按需提供不同的厚度和不同几何形状的连接件。

汽车制造业与 3D 打印行业共同促进了 3D 打印技术与概念车制造的融合。一方面，宾利、奥迪、标致、特斯拉等汽车制造商在概念车的车身结构制造、内饰件制造、轮胎制造等领域积极拥抱 3D 打印技术。与 Soulmate 概念车有着类似车身设计理念的 3D 打印汽车还进入到了商业化生产阶段，美国 Divergent 3D 公司是这个领域的佼佼者。另一方面，日益丰富的 3D 打印材料为概念车制造提供了更多的选择。可应用于汽车零部件制造的 3D 打印材料除了铝合金、不锈钢、钛合金等金属材料之外，还包括一些能够替代金属的塑料 3D 打印材料，比如与金属强度相当、更加轻量化的碳纤维复合材料，以及具有优良的综合性能，在许多特殊情况下可以替代金属、陶瓷等传统材料的高性能工程塑料 PEEK 等。

第三节　汽车零部件创新

1. 发动机零件直接制造

汽车发动机是为汽车提供动力的，是汽车的心脏，影响汽车的动力性、经济性和环保性。根据动力来源不同，汽车发动机可分为柴油发动机、汽油发动机、电动汽车电动机以及混合动力等 。3D 打印技术在汽车发动机制造中的应用主要包括以下几种：使用选区激光熔融技术直接制造复杂的发动机零件，使用选区激光烧结技术或黏结剂喷射技术制造汽车零件铸造用的砂型。黏结剂喷射金属 3D 打印技术，作为一种新型金属打印工艺，在发动机组件、变速箱壳体等部件的快速成型制造领域具有一定潜力。

3D 打印技术，特别是用金属 3D 打印技术直接制造发动机零件的技术，还处于探索阶段，但是增材制造技术在提升汽车发动机性能、缩短制造周期方面的优势已日渐清晰。发动机制造商康明斯（Cummins）就曾通过使用选区激光熔融技术开发新一代的柴油发动机零件。图 11-2 所示的 3D 打印柴油发动机支架即为康明斯公司开发的。这个零件设计

图 11-2　3D 打印的柴油发动机支架

的特点是轻量化、性能改进并降低制造成本，它不仅提高了柴油机支架的性能，还为风扇驱动带轮提供了锚点。

发动机支架是负责连接动力总成系统的一个重要部件，用于连接发动机、变速器和附件，并将动力总成连接到车辆底盘上。设计团队在优化柴油机支架设计的过程中需要同时考虑到以下问题：

① 如何与相关的部件连接。

② 理解选区激光熔融技术的长处和限制，在设计阶段充分考虑后处理的要求。

③ 制造时间和预算的要求。

在进行发动机支架的设计时，首先是获得发动机支架的载荷要求，发动机支架的力学性能与负荷轴承密切相关。设计团队在整车测试中获得了相关负载值，并且还额外考虑到功耗与发动机转速的关系曲线，车辆占空比，在其他环境下的轮毂负载情况等多种因素。设计师使用了拓扑优化技术，在进行有限元分析时，这些数据被输入柴油发动机气缸体的有限元模型中，从而形成数学优化的迭代计算过程。拓扑优化软件的求解器可以根据给定载荷、边界条件和设计量可以找到满足力学性能要求的有效结构数量和材料分布。

拓扑优化设计可以优化产品的重量与性能比，换句话说就是通过拓扑优化，你可以恰如其分地在所需的位置上放置材料。当然拓扑优化往往会增加组件的几何复杂度，而通过传统制造工艺制造这类复杂组件会面临更高的加工成本的问题，甚至是无法通过传统制造工艺加工出来。康明斯之所以会选择采用选区激光熔融技术来制造这个经过拓扑优化设计分析的柴油机支架，恰好是利用了这一3D 打印技术制造复杂结构的优势，及其加工成本对产品设计的复杂性不敏感的特点。具体来说，选区激光熔融技术体现在以下四个方面。

① 定制化生产：在发动机零件小批量的生产中，尤其是在生产定制化和带有复杂几何槽形结构的零件时，选区激光熔融技术更具备经济优势。

② 结构复杂度：在具有足够分辨率的金属 3D 打印设备上，通过精细的激光束，逐点逐层熔化金属粉末获得精细的内部构造，同时也意味着可以制造出复杂的分层多尺度结构。

③ 功能复杂度：能够实现功能集成性的复杂几何结构，使单一零件具有以往几个零件装配而成的功能，减少对装配的需求。

康明斯在进行 3D 打印柴油发动机支架的优化设计过程中做到了"瞻前顾后"。所谓"瞻前"是指需要对实际的车辆运行过程做各种测试，收集该零件所需要达到的力学性能，还需要考虑到与其他传统工艺制造出来的零件的接合程度。所谓"顾后"是指他们在设计过程中，就考虑如何对打印零件进行后处理加工，在设计初期就将后处理加工余量预留出来。不仅如此，设计师还考虑到需要后处理的部位是否适合用传统加工工艺来完成。

2. 高效能热交换器直接制造

热交换器是指使热量从热流体传递到冷流体的设备，在汽车和工程机械车辆上应用广泛。汽车上使用的热交换器品种较多，有散热器（俗称水箱）、中冷器、机油冷却器、空调冷凝器和蒸发器、暖风热交换器、尾气再循环系统（EGR）冷却器、液压油冷却器等，它们在汽车上分别属于发动机、变速器、车身和液压系统。

热交换器通常由焊接在一起的薄片材料制成，由于制造难度较高，热交换器制造技术在过去 20 年里发展缓慢，传统热交换器已无法满足汽车轻量化的需求。但是 3D 打印技术为热交换器轻量化和性能提升注入了新的活力。与 3D 打印随形冷却模具的价值类似，通过增材制造的热交换器不但减少了重量，同时提高了传热效率，提升了热交换器的整体性能。由于几何形状的高度自由度，增材制造技术带来更高的比表面积，更加优化的热交换和流体通路可以实现泵气损失和热交换之间的平衡。

国际上致力于增材制造热交换器开发的典型企业包括英国的 HiETA 和澳大利亚的 Conflux，这些公司都是通过选区激光熔融技术制造轻量化、高性能热交换器。3D 打印热交换器的研发涉及对产品进行设计创新，探索金属 3D 打印工艺对换热器设计的约束，了解打印材料的性能等方面。

以 HiETA 公司的研发过程为例，他们在研发新型热交换器的初期遇到的挑战是首先确认 3D 打印工艺可以成功地制造足够薄的壁并且满足刚性等方面的质量要求，然后再探索如何通过 3D 打印设备制造出具有典型热交换器复杂性的完整部件。

HiETA 可以结合汽车制造商的实际需求开发不同的 3D 打印热交换器。图 11-3 是 HiETA 开发的 3D 打印热交换器，这款长方体热交换器是 HiETA 3D 打印热交换器中的一种，可作为电动车辆的扩展装置。HiETA 还可以开发更为复杂的 3D 打印弧形热交换器。HiETA 与其制造合作伙伴 Renishaw 在开发过程中探索出热交换器增材制造的参数，并针对这一个应用改进了软件，从而有效处理热交换器制造中产生的大量数据。

图 11-3　HiETA 开发的 3D 打印热交换器（图片来源：Renishaw）

3D 打印热交换器与传统产品相比，不仅是在外观与内部结构有很大区别，从产品性能上来看，3D 打印产品也具有一些特殊的优势。之所以能够在热交换器产品创新中取得进展，究其原因是在使用 3D 打印作为加工方式的情况下，设计师受到的设计约束减少，他们能够在单个组件中设计出许多新颖的高性能表面，使产品具有更高的比表面积，实现良好的热交换和流体通路，提高热交换系统的效率，同时实现了产品的轻量化。

3. 轻量化热交换器的建模与仿真

3D 打印点阵结构是实现轻量化的一种途径，这种结构也可以集成到热交换器中，为热交换器带来良好的对流热交换性能，并实现可观的减重结果。

汽车制造商菲亚特克莱斯勒（FCA 汽车集团）与加拿大麦克马斯特大学（McMaster University）组成了项目组，合作研发新一代轻量化铝制汽车热交换器时就应用了点阵结构和选区激光熔融 3D 打印技术。为了将新设计无缝衔接到实际生产中，菲亚特克莱斯勒从建模、计算机仿真、生产参数优化、实际生产以及实验和过程分析方面都进行了研究。下面我们来了解他们所采用的具体方法，这或许对您利用 3D 打印技术研发热交换器有一定帮助。

（1）铝制热交换器　通常铝制热交换器，是由交替排列的细铝管与由钎焊焊接的翅片百叶窗式挡板层组成的，并需要与塑料材料的侧托盘组装在一起。百叶窗式翅片有利于热交换器管与周围空气发生热交换，可增加对流效率，这是汽车热交换器生产中使用最广泛的技术。

菲亚特克莱斯勒将要进行设计优化的热交换器原始的设计为：正面延伸部分 620mm×395.4mm，厚度 27mm，核心由 61 个双管和 62 条百叶窗带组成。

热交换器的基本规格：
- 管高度 1.40mm
- 管的厚度为 0.25mm
- 管距 6.40mm
- 百叶窗高度 5.00mm
- 百叶窗片的厚度为 0.06mm
- 百叶窗片距 1.25mm

（2）CAD 建模软件：Solidworks　通过 Solidworks 软件构建 CAD 模型，同时考虑到基本设计要求，如翅片的间距，管的高度和各种厚度。通过这种方式可以绘制出适用于 CFD（流体动力学）分析的几何图形。

（3）网格划分前处理软件：ANSA　在网格划分方面，围绕几何关键点的统一层体积网格思路能够在研究与热交换器壁接触的湍流时获得更高的精确度。考虑到单元数太多的网格可能会大大延长求解器的计算时间（计算模型中的每个单元，流体动力学方程），而如果网格数量太少，有可能会导致结果不可靠。因此，需要找到一个可接受的解决方案。

（4）流体动力学分析 CFD 软件：Ansys Workbench 软件包（包括 Fluent 求解器）　首先，项目组定义设置以下参数：求解器和算法（使用基于压力的求解器与标准关键字 Epsilon 进行时间稳定）；边界条件；流体和材料的特性；国际单位系统和尺度；残差收敛值；初始化模型和迭代次数（混合初始化和小于 500 次迭代收敛）。

第一阶段是为了尽可能接近热交换器测试的实验数据来实现 CFD 分析结果。因此，项目组尝试了不同的解决方案来达到这个目标，这个模型是基于压力的求解器和湍流模型 Standard Key Epsilon。

基于压力的求解器是一种算法，它使用源自连续性方程（质量守恒）的压力方程来求解流体动力学的主要方程。因为它使用线性方程来求解非线性方程组，所以为了获得解决方案，它以迭代周期工作。在每次迭代中，算法在每个网格单元中进行以下操作：

① 更新所有流体性质（密度，黏度，包括湍流黏度）；

② 求解动量方程；

③ 求解压力方程；

④ 固定质量流量，速度和在前面第③步中获得的压力；

⑤ 求解附加方程以获得湍流、能量、辐射的标量值……

⑥ 更新 S_m 项的值；

⑦ 检查方程与残差的收敛性，循环重复进行，直到解收敛。

最后项目组选择了正确的湍流模型并且是标准的 $k-\varepsilon$，这是湍流行为中最常见的湍流模型。该模型增加了两个方程来研究这种现象，未知参数为：湍流动能和 ε 湍流耗散率。在这个模型中，Fluent 求解器将用于研究一个称为标准壁功能的近壁效应的模型：该模型将近壁区分为两部分，即靠近黏度比对流更强的壁与远离对流效应强于黏度的壁，其中 y^* 小于 10（y^* 为量纲一的与壁的距离）。

（5）点阵胞元建模软件：Autodesk Netfabb、modeFRONTIER　与普通百叶窗式热交换器相比，项目组在新一代热交换器中将要使用的金属泡沫结构呈网状结构，倾向于呈现规则的几何形状。铝泡沫结构的一个常见形式是截头八面体的形式，而区分铝泡沫的基本维度由每立方厘米孔隙（或基本胞元数量）的密度表示。

尽管这些泡沫结构具有比百叶窗几何形状更低的 β 比，但它们仍具有更大的热流体动力学效率，同时改善了热交换和压力损失。铝泡沫样本是一个拓扑优化研究的方向，在 3D 打印增材制造中很常见。

在 Autodesk Netfabb 软件库中调用不同的胞元几何形状，还可以改变这些胞元结构的基本参数，例如杆的厚度和单元的密度。对于这些几何形状，研究小组还使用了 ANSA CAE BETA 软件用于将这些新的几何图形进行网格划分，在这里使用不同类型的网格的方案：均匀网格、非均匀网格和层网格。

通过 Ansys Fluent 来计算各种结构 CFD 模型中的压力损失和热交换情况。在相同的重量下，某些几何形状在热流体动力学性能方面优于其他几何形状。从结果可以看出，空气侧压力损失的增加与模型内材料的密度成正比，3D 科学谷了解到，事实上具有更致密的网状结构的几何形状阻碍了空气的通过，产生了局部重要的压力跳跃，增加了总体损失。

项目组还注意到由于流体的行为，通过撞击网状结构产生强烈的湍流并导致流体在金属周围迅速混合。这导致对流换热的增加，从而不利于由边界层分离引起的压力损失。使用 Ansys Post CFD3.5 进行 CFD 模拟的定性结果优化几何结构，根据以前的分析，可以检测几何结构的热流体动态性能。

项目组专注于表征点阵结构的其他尺寸的分析，例如每平方厘米的胞元密度和结构棒的直径。使用意大利 Esteco 公司的 modeFRONTIER 软件可以显著缩短分析时间并优化新的设计。

modeFRONTIER 是一个优化器，这个软件将数字技术、试验设计、智能推理、设计探索以及统计学等知识有效结合，很好地实现了 CAE 等软件产品的自动化操作、参数研究的 DOE 设计、产品性能以及成本的最优分析等，大大缩短产品的设计周期，并能提高产品质量和产品可靠性。

此外，胞元填充方面，项目组还尝试了 nTopology Element 软件，通过将设计 CAD 模型导入到 Element 中，在这里通过创成式算法来完成复杂的设计。

Element 的功能建模涉及通过设计算法和设置参数来实现的矢量模型，参数可由用户设置。例如，可以通过沿着网格表面来设置特定函数来创建晶格、肋或细胞结构。3D 科学谷了解到设计工程师除了 Element 软件中自带的调用元素，也可以通过规则生成器工具创建自己的矢量单元和定义功能。通过规则生成器工具可以绘制横梁和面以创建属于自己的胞元结构。

通过 CFD 模拟分析，可以更详细地了解不同结构的行为，项目组将分析结果与原有热交换器的测试结果进行直接比较。通过 Ansys 的 CFD – Post 可以定性评估热交换器各个点的压力和温度条件，以便能够解释热交换器各个区域中的热流体动态交换行为模型。

所有的模拟结果都在 Excel 中列出，为了进行一般比较，项目组考虑了以下因素：通过热交换器的空气速度（m/s）；空气侧压力损失（Pa）；冷却液流量（kg/s）；冷却液侧压力损失（Pa）；出口空气侧温度（℃）；出口水侧温度（℃）；质（重）量（kg）。

利用众所周知的流体动力学公式，对于每个模型都可以追踪总热交换和换热系数。随着网状结构的密度增加，压力损失和热交换增加。而且，在制冷剂侧，管道厚度的增加对应通道截面积的减小，并因此导致相当大的压降。

（6）金属 3D 打印　项目组最终选择了四种不同几何形状的点阵胞元结构用于 3D 打印。结合配合选区激光熔融技术的特点，项目组在对汽车热交换器建模时还兼顾了打印时零件的构建方向，从而避免对支撑结构的需要。

（7）打印后的分析与检测　3D 打印过程完成后，为了更深入地验证选区激光熔融技术的适用性，项目组通过 Keyence 电子显微镜对点阵结构和管状设计进行分析，以此来确定 3D 打印机是否真正遵守了最小厚度设置。结果表明 3D 打印为热交换器部件带来良好尺寸和表面精度。

表面粗糙度的分析是通过奥地利 Alicona Infinite Focus 的表面粗糙度仪完成的，通过仪器显微镜下的分析，可以评估各种组件的表面粗糙度。而表面粗糙度 Ra 值对于热交换器部件非常重要，可以作为热交换器液压和气压损失的基本参数。

应该注意的是，表面粗糙度的增加可以有利于对流换热，因为它意味着热交换器拥有更大的交换表面和更大的流体容量。所以这种更大的表面粗糙度值对于需要最大化对流换热的应用是有帮助的。项目组通过测试热交换器部件的几个 Ra 值，发现其与激光能量密度值之间存在一定关系。不过，这些部件中的一部分经过喷砂后处理，与喷砂前的 3D 打印部件相比，表面粗糙度降低了 40%。

为了评估各种 3D 打印部件在加工过程中的一致性，项目组进行了显微镜下的特定分析。分析发现金属粉末在熔融过程中形成了两类微结构：第一类在熔融的中心区具有相当均匀的微观结构，第二类在熔融边缘由较粗微结构组成。分析结果证实了在固化 AlSi10Mg 材料方面，通过 3D 打印所获得的力学性能优于铸造的铝。

从尺寸、表面和微观结构的角度来看，3D 打印热交换器效果令人满意。通过选区激光熔融技术制造的热交换器，尺寸可以达到点阵结构的最小直径，具有可比较的表面质量和强度。项目组采用的激光器直径数量级为 0.1mm。从表面质量的角度来看，可以通过设置打印机的正确曝光参数来评估可获得的表面粗糙度的类型，从而可以自由地改变表面粗糙度并优选热交换设置。

由于点阵结构使热交换器保持了广泛的热交换表面，可以获得较高的比表面积，其值高于原有热交换器，因此可以减轻性能相同的热交换器重量。

4. 汽车内饰件创新

汽车内饰件系统是由英文 "Interiors System" 翻译过来的，但它比人们通常所说的单一具有装饰作用的汽车内饰又多了工程属性、功能性、安全性。汽车的仪表板、副仪表板、座椅、安全带、安全气囊、门内护板、驾驶室内装件、空气循环系统、行李箱内装件、车内照明、车内声学系统，甚至连发动机舱内装件都属于汽车内饰件系统，汽车内饰件系统的设计工作量占到汽车造型设计工作量的 60% 以上。

3D 打印技术在快速制造汽车内饰件系统的产品设计原型方面发挥了重要作用，但是除了制造原型，3D 打印技术在汽车内饰件的产品设计创新和概念车的内饰件直接制造中的应用也为一些著名汽车制造商所重视。

丰田汽车就曾联合 3D 打印软件企业 Materialise 共同进行了汽车座椅的创新设计。双方通过拓扑优化技术，对汽车座椅的设计进行了一些改变，目标是既要保证汽车座椅在急刹车或碰撞时起到安全保护作用，又要减少材料的使用，满足汽车轻量化的要求和良好的散热性能。座椅中复杂的镂空结构如果采用传统制造工艺会面临成本过高甚至是无法制造出来的问题，3D 打印技术顺理成章地成为这个拓扑结构座椅的最佳制造方式。

汽车制造商在概念车的内饰件制造中对 3D 打印技术抱有积极的态度，标致和宾利等汽车品牌都曾使用 3D 打印技术为概念车制造内饰。

图 11-4 所示为标致的纯电动概念汽车 Fractal 中的 3D 打印消声内饰件，它由选区激光烧结 3D 打印技术和白色尼龙粉末材料制造而成，完成打印之

图 11-4　标致概念车 Fractal 中的 3D 打印消声内饰件（图片来源：Materialise）

后又进行了植绒后处理，从而变得富有柔软触感和具有更强的环境耐受力。

3D 打印内饰件表面具有凹凸不平的结构，这些结构是中空的，不但可以减少声波和噪声水平，而且会使声波从一个表面反射到另一个表面，从而实现对声音环境的调整。这类复杂的造型是模具注塑工艺难以实现的，但这正是 3D 打印技术的优势所在。

宾利则在其 EXP 10 Speed 6 概念车上应用了金属 3D 打印的内饰件和外饰件，包括标志性的进气格栅、排气管、门把手和侧通风口。虽然目前这些看起来前沿的应用，仅是以概念车的形式出现在了公众面前，但是就像巴黎时装周中那些夸张而大胆的秀款服装代表了下一季的流行趋势一样，概念车又何尝不是下一代汽车制造技术的风向标呢？未来，具有轻量化特点或者特殊功能的 3D 打印汽车内饰，是否会成为汽车的"标配"呢？

第四节　定制化夹具制造

汽车零部件机械装配过程中会用到多种不同的夹具，其中很多工装属于个性化定制的工具，如果用传统制造方式制造这些非标的夹具则成本高、周期长，常见的夹具由金属制成，夹具本身的重量大。3D 打印技术与夹具制造的结合点主要有三个，即：快速制造个性化或小批量的夹具，夹具设计的自由造型，用轻量化的塑料夹具替代金属夹具。

宝马汽车在北美工厂中大量应用 Stratasys 的工业级 FDM 3D 打印系统制造汽车生产线中所需要的定制化夹具，这些夹具采用高强度的工程塑料或轻量化的复合材料，与传统方式制造的金属夹具相比，这些 3D 打印的夹具制造周期短，重量轻，使工人操作起来更加容易。

图 11-5 所示为宝马汽车使用的夹具，左边的铝合金夹具，是宝马在装配和测试保险杠支架时使用过的，传统制造工艺制造这类夹具的成本约为 420 美元，制造周期为 18 天。此外，工人在每次测试时手工加持夹具，金属夹具对于工人来说是沉重的。右边的夹具是后来宝马使用工业级 FDM 3D 打印设备和 ABS 材料来制造的夹具，制造成本为 176 美元，交期为 1.5 天。3D 打印夹具比以前的夹具轻 72%，由于改进了人体工程学设计，对于装配工人来说，轻量化设备提高了生产力和准确性。

图 11-5　宝马汽车使用的夹具（图片来源：Stratasys）

当然，汽车制造企业还可以通过选区激光熔融等金属 3D 打印技术制造金属夹具。但是值得注意的是，金属 3D 打印夹具的设计思路可以颠覆传统金属夹具的设计思路，比如说同样是制造一个铝制的吸力夹具，如果采用金属 3D 打印作为制造技术，设计师就可以采用功能集成的设计思路，在夹具内部添加内部空气通道，并优化外部结构，从而提升夹具的性能，并降低夹具重量。这些设计是传统制造技术难以实现的。

第五节　电动汽车时代为 3D 打印带来的机遇

为什么说电动汽车将为 3D 打印带来机遇呢？这是由于电动汽车和传统汽车的制造需求并不仅仅是换了个心脏，把燃油的动力总成系统换成电力驱动的系统，而是对一系列的零件制造都提出了新的要求。那么如何满足这些制造要求，就为 3D 打印技术提供了极大的可探索空间。

根据 3D 科学谷的市场研究，3D 打印切入到电动汽车这个市场有两个明显的优势，一方面是传统汽车的产能基本已经固定了，很难去抛掉部分现有的设备来切换到 3D 打印技术领域。电动汽车的产能投入是从全新的工厂开始的，3D 打印技术可发挥的空间就很大。另一方面是针对电动汽车的零件生产，3D 打印可扩展的空间很大，例如生产结构、功能一体化零件，从而减少车辆中的零件数量，极大地压缩原来庞大的供应链，尤其是传统汽车制造领域复杂的供应商体系。而全新的电动汽车制造平台在配合新制造技术融入以及搭建新供应链方面具备突出的优势。

电动车的市场正在迎来量变到质量的飞跃，德国亚琛工业大学曾对全球电动汽车市场进行了预测，如图 11-6 和图 11-7 所示，电动汽车的年产量 2020 年有望发展到 410 万台（约占 4% 的汽车市场），2025 年达到 2490 万台（约占 22% 的汽车市场），2030 年则达到 5040 万台（约占 42% 的汽车市场）。但是从 2020 年到 2025 年这 5 年来说，增量将是 6 倍。

全球各类动力汽车产量预测(万台)

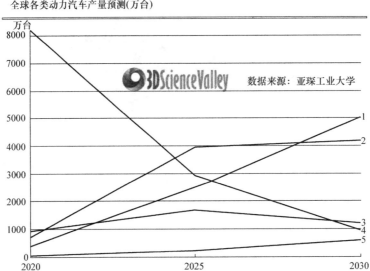

图 11-6　全球各类动力汽车产量预测（一）

1—电动　2—混动　3—微混动　4—内燃机　5—燃料电池

全球各类动力汽车产量预测

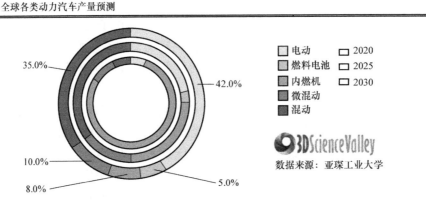

图 11-7　全球各类动力汽车产量预测（二）

　　这无疑是一个目标明确的赛道，全球的汽车制造厂商不再采取观望的态度，而是开始卯足劲积极布局电动汽车的制造。国内的汽车制造商在电动车研发与制造方面投入了巨额资金，吉利、长城、蔚来、江淮、宝马、奔驰等一大波汽车厂在国内积极布局。根据盖世汽车的研究，吉利正在调用全部精力进行其"蓝色吉利行动战略"，到 2020 年吉利新能源汽车销量占其整体的 90% 以上。2018 年第一季度，吉利杭州湾项目迎来新开工潮，此项目的重点工程是年产能达 30 万辆的 PMA 纯电动汽车项目，计划投资 145 亿元；2018 年 2 月中旬，吉利汽车与湖州市长兴经济技术开发区签订协议，计划兴建总投资额高达 326 亿元的工厂，其中，有 224 亿元的投资将用于建设一座年产 30 万辆的新能源汽车工厂。经盖世汽车统计，吉利汽车在过去的 4 年时间里，对新能源汽车（含商用车）的投资接近 1000 亿元，铺垫产能超过 100 万辆。

　　与传统汽车相比，制造电动车并非仅仅是将汽车的发动机更换成电动机这么简单的事情，电动汽车是高科技综合性产品，除电池、电动机外，车体本身也包含很多高新技术，有些节能措施比提高电池储能能力还易于实现。电动汽车需要全新车身结构，汽车的电动化要求对整个车身进行大范围的改进，因为电动驱动组件对结构空间有全新的要求。对于电动汽车而言，轻质结构设计意义重大。因为除电池电量外，汽车重量也是行驶距离的一个限制性因素。车辆越轻，允许装备的电池也越多，行驶距离便越远。除可增加行驶距离外，车辆重量较轻时，车辆的性能明显增强。因为较轻的车辆加速更快，行驶弯道更敏捷，制动时间也更短。

　　在新能源车跨越式发展的同时，汽车用户对定制化生产的需求和更高生产制造技术的要求将对传统制造技术造成很大的挑战。传统流水线生产出来的车辆将很难达到客户挑剔的定制化需求，但 3D 打印可以轻松实现高柔性和高复杂性的生产，所以在个性化的新能源汽车市场，3D 打印将会有广阔的发展空间。

　　无疑，电动汽车制造将给 3D 打印带来新的机遇。图 11-8 展示了 3D 打印技术在电动车零部件制造中的主要应用，无论是通过 3D 打印一体化结构零件以及 3D 打印复合材料给汽车减重，还是通过 3D 打印内饰来增添一些"神韵"，或者是通过 3D 打印热交换器、减速器壳体这样的核心零部件来提高汽车的性能表现，抑或是通过 3D 打印砂型铸造实现更为紧凑的零件，再或是通过 3D 打印制造随形冷却模具以实现更为集成的注塑零件，3D 打印技术都将成为一门核心技术。

　　国内外的汽车制造商，已开始通过 3D 打印技术为电动车制造轻量化零部件或结构更加紧凑的功能集成化零部件。例如一些极具创新力的新兴汽车制造企业将 3D 打印技术直接应用于车身、车辆底盘的制造中；国际上的电动车制造企业主动向热交换器制造商寻求适合电动汽车动力系统的创新产品；国内汽车制造商着手通过 3D 打印等技术快速铸造轻量化的电驱动框架。种种迹象反映出，无论是助力电动汽车的快速研发，还是制造全新的车身结构、轻量化结构，电动车时代的到来将带给 3D 打印技术新的产业化机会。

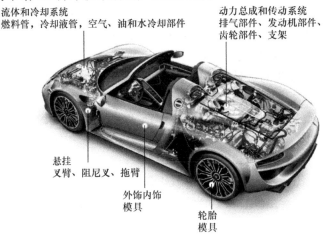

图 11-8　电动车的 3D 打印应用（图片来源：Linkedin）

1. 应对电子动力总成的新挑战

电动汽车对轻量化、提高动力传动系统、降低噪声提出了更高的挑战。挑战也同时带来了机遇，比如说通过 3D 打印技术制造功能集成、结构优化的汽车传动零部件，就为 3D 打印技术切入电动汽车制造市场创造了机会。

根据 3D 科学谷的市场研究，GKN 与保时捷汽车的工程部门，正在研究如何在电子驱动动力系统中应用金属 3D 打印技术和新材料。保时捷结合 GKN 开发的特定材料，并采用结构优化技术，实现了差速器的独特设计（包括齿圈），通过这种齿轮减重和刚性形状的组合，实现更高效的传动。

3D 打印带齿圈的差速器壳体是减重潜力最大的部件。该壳体采用功能集成的一体化结构，如图 11-9 所示，差速器经过制造前仿真分析，最终的有限元分析优化后的差速器壳体具有非常均匀的应力水平，并比原有设计的壁厚更薄。最终的结果实现了减重 13%（约 1kg），径向刚度变化减少 43%，切向刚度变化减少 69%。当然在金属 3D 打印的过程中，有时候会产生内部应力，通过使用特定的热处理过程可以消除应力。经过硬化，金属 3D 打印的齿轮达到齿面所需的硬化要求。GKN 和保时捷旨在通过这些应用验证 3D 打印技术的潜力。

在传统变速器中，齿圈由特殊钢材制成，然后经过硬化和精密研磨进一步加工完成。差速器壳体通常由铸造和机加工完成，并用于从环形齿轮到中心螺栓和锥齿轮的转矩传递。随着金属增材制造继续发展并成为主流工艺，这些应用不仅可以扩展到原型或赛车运动，而且还可以扩展到批量生产。

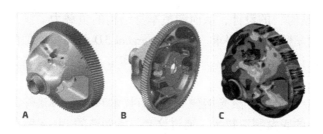

图 11-9　差速器有限元仿真分析（图片来源：GKN）

2. 轻量化的车身

有两种基于材料挤出工艺的 3D 打印技术在车身设计创新中得到了应用，一种是大幅面增材制造（Big Area Additive Manufacturing，BAAM）技术，另一种是工业级的 FDM 3D 打印技术。

美国提供汽车私人定制化生产的 Local Motors 公司利用 BAAM 3D 打印技术和 ABS/碳纤维复合颗粒材料制造车身零部件。早在 2014 年，Local Motors 就推出了通过该技术制造的汽车 Strati，这辆车的亮点并不在于使用了哪种制造技术，而是在于汽车设计师巧妙地利用了 3D 打印技术在制造一体化零部件方面的优势，颠覆了汽车设计思路。Strati 仅有几十个零部件，其中 80% 的零部件是 3D 打印的，车身零部件打印耗时约为 44h，打印完成后再经过几个小时的铣削，形成外观细节。Strati 的最后制造阶段是快速装配。值得一提的是，Strati 的组装是在 Local Motors 公司的微型工厂完成的，组装工作仅需要 4 天时间。

中国 3D 打印材料制造商 Ploymaker 也正在推进材料挤出工艺在车身制造中的应用。Polymaker 的切入点开发了用于车身零部件、内饰件制造的 3D 打印工程塑料线材和工业级的高速 FDM 3D 打印机，以及 3D 打印车身零部件的表面处理工艺。目前，通过这种 FDM 3D 打印技术和材料，3D 打印的塑料车身带有内部蜂窝状的轻量化设计，这些蜂窝状结构的设计可以吸收冲击过程中的能量，并降低制造成本。

以上两种 3D 打印技术在车身制造中的应用是少数汽车制造企业对汽车设计颠覆与全新汽车制造方式的一种尝试，尚未发展成为一种主流的汽车制造技术，然而这些应用为实现车身轻量化开辟了新的思路，即采用一体化部件或带有蜂窝结构的部件替代传统的金属部件，从材料和设计优化两个方面来实现轻量化。这些全新的设计与制造方式，无疑可以带给对轻量化需求更高的电动汽车制造企业一定的启发。

3. 颠覆性的汽车底盘

EDAG 在打造 Soulmate 概念车时，采用了 3D 打印"骨架结构"，这种结构不仅能够实现轻量化，还可以使设计师根据车辆所采用的动力系统灵活地调整

3D 打印"骨架结构"的设计，从而调整车身结构的负载力，满足燃油、电动等不同动力系统对车辆设计的要求。美国 Divergent 3D 公司将类似的设计理念应用到了跑车底盘设计中，并同样采用金属 3D 打印节点与其他材料相连接的方式来制造底盘。

Divergent 3D 通过选区激光熔融 3D 打印技术和专有的软件，为汽车制造业用户提供颠覆性的底盘制造技术，通过这套技术制造的 Blade 跑车，拥有铝材 3D 打印制成的"节点"与现成的碳纤维管材连接而成的底盘。由于汽车中大量采用 3D 打印的铝制节点结构，减少了对铸件和机械加工中材料的去除量。Divergent 3D 公司称，这种制造理念可以将一辆 5 人座的汽车减重 50%，可以将零件数量减少 75%，工厂资本消耗只有其他汽车制造方式的 1/50。

Blade 汽车底盘的安装由几个技术人员在短时间内就可以安装完毕，不像传统汽车制造技术那样需要非常熟练的技术工人和大型装配线。3D 打印技术还便于设计师随时更改设计数据，在短时间内进行设计迭代，打印不同组件。这一创新的设计和制造方式，为汽车打破常规的汽车大规模制造模式，为汽车分布式制造、小批量定制化生产创造了有利条件。

Divergent 3D 公司称，这种颠覆性的制造方式还为 Blade 跑车（见图 11-10）创造了优异的性能，Blade 跑车可以经受住五星碰撞测试，它的能耗只有一辆电动车的 1/3，能够在短短 2.2s 内从 0 加速至 60mile/h。Divergent 3D 进行了大量打印材料测试，认为打印材料具有足够的拉伸强度和疲劳强度，让汽车经受得起公路上十多年的颠簸。

图 11-10 Blade 跑车（图片来源：Divergent 3D）

在商业化道路上，Divergent 3D 已达成了与标志雪铁龙的战略合作，Divergent 3D 将专门为标志雪铁龙的生产线开发 3D 打印工艺，与标致雪铁龙集团的合作将能够使其加速融入全球汽车市场。Divergent 3D 还为进军中国市场做了铺垫，如接受了李嘉诚旗下维港投资和上海联盟投资有限公司的投资，计划将其技术应用于中国的电动汽车市场等。

4. 组装车市场的新模式

国际市场上存着一个汽车 DIY 爱好者群体，美国硅谷一个由工程师、设计师组成的团队，曾历时 8 年开发过一款满足 DIY 群体需求的开源汽车 OSVehicle。在 2014 年的时候，这个开源的汽车设计平台就已经收到来自 80 多个国家和数百个项目的开源请求。如今，OSVehicle 已将品牌名称改为更贴合市场定位的"Open Motors"（翻译为：开源汽车）。

TABBY 是 Open Motors 开源汽车平台上的首个组件，旨在成为一个开源的、模块化的通用底盘设计，以便于设计人员、工程师、业余爱好者等在此基础上将其改造成任何类型的车辆。用户可以将制作好的 3D 打印零部件组装在这个底盘上，总共不会超过 45min。值得一提的是，TABBY 制造起来很方便，并不需要大型的生产设施。装配这样一辆车完全不需要像福特、奥迪汽车那样拥有巨大的车间，而是只需要一个房间足矣。运输和组装方式也极为灵活，TABBY 能够以散件的方式运输，然后在当地进行组装。

考虑到并非每个人都能使用 3D 打印机，或者知道如何组装一个能够上路的汽车底盘，当时的 OSVehicle 专门为那些愿意 DIY 汽车的人提供开源的解决方案，这就有了向开源汽车制造平台 Open Motors 发展的基础。现在，Open Motors 将 TABBY 的业务视为核心业务之一，在 Open Motors 平台包括驱动车辆的所有机械和电气组件，包括底盘、转向和悬挂系统以及完整的动力系统都可以以模块化的方式买到。在 Open Motors 的网站上，汽车 DIY 爱好者可以选择购买他们喜欢的 TABBY EVO 模块包。

在 2016 年 Open Motors 推出了高度定制化的"EDIT"车。推出这款车的背后原因是 Open Motors 意识到许多公司和初创企业都想进入新的互联网汽车行业，但是大多数这样的汽车上市时间太长，并且对于许多公司来说，低于几百万美元的投资是不可行的。然而，市场上对定制车辆的需求是切实存在的，比如说企业需要用于品牌推广的定制汽车，用于特定服务的定制汽车，或者互联网汽车、智能汽车等。于是 Open Motors 与欧洲最大的汽车原始设备制造商（OEM）进行沟通，思考如何根据客户的需求来制造面向未来的汽车，并最终推出了"EDIT"。

"EDIT"，正像这个名字一样，用户可以随心所欲地"编辑"自己所需要的汽车，例如：无人驾驶汽车、在车身上显示企业 logo 或个人个性化标签，还可以选择个性化车身外形。"EDIT"车身分为 5 个主要部件，4 个模块（前部、后部、顶部和双对称门），这些部件可根据客户对汽车配置的需求而进行改变，并易于维修和升级。对于内饰，"EDIT"也有从 1 到 5 的不同层级的选项，客户甚至可以选择在中间的座位前面带有舒适的桌子，并且无需转向盘。"EDIT"的模块化设计，使客户能够轻松更换电动机和电池组等关键部件，延长车辆的使用寿命。

5. 热交换器在发生变化

在英国 HiETA 开发的 3D 打印热交换器产品中，有一款长方体的热交换器是应电动车制造商 Delta Motorsport 公司的要求设计的，属于其电动车微型涡轮引擎（MiTRE）的一部分。

热交换器开发团队对设计进行了优化，环形的设计构造使得换热器能包裹在其他部件上并配置歧管，以创建更加紧凑的总成系统。与常规生产的热交换器相比，其重量与所占空间均降低 30% 左右。这样的设计方案使电动汽车能装载更小更智能的电池包，这相当于解决了以往电动汽车设计中的其中一个难题。

Delta Motorsport 基于这款 3D 打印热交换器，设计了一款载有小电池组的电动汽车，虽然在行驶里程上尚有局限，但已经能载人完成一次或两次短途旅程。

第六节　切入定制化市场

随着汽车消费市场的快速增长，消费者对个性化车型的需求日益强烈。汽车的个性化体现在个性化的内饰、外饰，以及个性化的动力系统和车身等方面。在汽车产业链中，为消费者提供个性化服务的不仅有专门从事汽车改装的公司，还有一些著名的汽车制造商。

消费者对汽车个性化的追求，带动了一个极具潜力的汽车定制化服务市场，仅是汽车售后改装这一个领域，就蕴含了巨大的市场潜力。公开资料显示，2005年以来，我国改装的需求规模在激增，2015 年市场规模达到 450 亿元量级。汽车零部件的小批量定制化生产，是为消费者提供汽车个性化服务强有力的后盾。我们知道，在目前的汽车零部件大规模生产模式下，小批量、个性化生产的制造成本和时间成本都是昂贵的。因此，谁能掌握经济、高效、灵活的小批量生产技术，建立起高效的定制化服务体系，谁就能在汽车定制化服务市场中握有主动权。

从长期来看，3D 打印技术在汽车配件按需制造中的应用，有可能会使汽车零配件从目前的大批量集中制造的模式转变为根据客户的需求在本地工厂中进行按需生产的模式。宝马、奔驰、大众等汽车制造商在 3D 打印汽车配件、定制化汽车零件制造中的布局，以及日本大发汽车为客户提供的个性化汽车外饰件制造服务，都使 3D 打印技术主导的按需生产模式初露端倪。

从 2016 年起，梅赛德斯 - 奔驰汽车中的部分塑料配件就可以通过原厂制造商戴姆勒公司进行小批量订购了，对于这些配件，戴姆勒公司接受 100 个以内的任何数量订购订单。厂家之所以接受生产如此小批量的订单，是由于戴姆勒采用了选区激光烧结技术来制造这些塑料配件，通过无模具的塑料件直接制造技术，生产少量塑料配件也是经济的。如图 11-11 所示为戴姆勒 3D 打印配件，技术人员正在去除配件中多余的粉末。戴姆勒公司表示，将无须保有这些零件的库存，只要有设计模型存档，即可以通过戴姆勒的多家工厂中进行分布式制造。

另外，戴姆勒公司还计划用 3D 打印技术为其巴士汽车客户提供小批量特殊零部件或配件制造服务。这项服务应用的 3D 打印技术仍是选择性激光烧结，打印材料为尼龙粉末材料。经过戴姆勒公司的验证，巴士汽车中的一体式零钱盒、支架、电线管道等零件是适合通过 3D 打印技术进行制造的。

戴姆勒公司还在测试用选区激光熔融设备打印金属配件，他们为

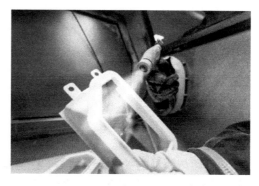

图 11-11　戴姆勒 3D 打印配件
（图片来源：Daimler）

卡车研发的第一个金属配件是一个铝制零件。同样通过这一金属 3D 打印技术研发汽车配件的还有大众集团，2017 年 10 月，大众集团宣布将在其全球 26 个工厂中投入 90 台金属 3D 打印机来生产备用零件，这些工厂中包括位于中国长春、德国莱比锡、慕尼黑、奥斯纳布吕克等地的工厂。

同样是在 2016 年，日本著名小型汽车制造商大发汽车推出了汽车前后保险杠和挡泥板"效果皮肤"个性化定制服务。"效果皮肤"实际上是 3D 打印设备制造的特殊几何图案，每一款"皮肤"的设计都融入了顾客的要求和想法，设计完成后通过 Stratasys 的工业级 FDM 3D 打印系统和抗紫外线的 ASA 热塑性塑料制造而成。

从 2018 年起，新购买和已经购买 MINI 的欧洲车主可以通过专用的在线配置程序来设计自己的内外饰配件，包括：3D 打印的仪表盘、侧面指示灯、个性化的门槛镶嵌和 LED 水坑灯。指示灯和仪表盘有五款颜色供选择，可以显示文字、简单的图像和纹理图案或者城市风貌。照明门槛镶嵌可以呈现车主手写文字、基本图像甚至星座等。设计要求提交之后，车主定制的零部件将在四周内完成交付，所有定制零件将由宝马在慕尼黑完成，然后发送到 MINI 车主。每个部件都将经过宝马集团的碰撞和持久性测试。

第十二章
模　　具

　　3D 打印与模具的关系十分微妙，一方面 3D 打印本身就带有无模化的特点，也就是说 3D 打印使得模具变得多余了，另一方面，3D 打印在模具制造方面有着特殊的优势，尤其是选择性金属熔融技术在随形冷却模具方面的制造变得越来越主流，也就是说 3D 打印使得模具性能更好。

　　那么 3D 打印是助推模具的发展还是要抑制模具的发展呢？

　　当前，模具工业是全球最大的横向产业，面向每个主要的垂直工业制造业。由于制造和模具是高度相互依存的，模具的设计和制造工艺与最终产品的竞争力息息相关。无数的产品都需要通过模具来制造，模具制造包括模制或铸模两大类。

　　机械加工是最常用的模具制造技术。该技术能够提供高度可靠的结果，但是非常昂贵和费时，对于一些复杂的模具组件，机械加工技术对模具设计的自由度受到很大的制约。所以很多模具制造企业也开始寻找更加有效的替代技术。通过增材制造技术制造的模具因其独特的优越性逐渐受到模具企业的欢迎。

　　金属 3D 打印技术为模具设计带来了更高的自由度，这使得模具设计师能够将复杂的功能整合在一个模具组件上，通过设计优化来提高模具性能，从而使通过模具制造的高功能性终端产品的制造速度更快、产品德缺陷更少。例如，注塑件的总体质量要受到注入材料和流经工装夹具的冷却流体之间热传递状况的影响。如果用传统技术来制造的话，引导冷却材料的通道通常是直的，从而在模制部件中产生较慢的和不均匀的冷却效果。3D 打印可以实现任意形状的冷却通道，以确保实现随形的冷却，更加优化且均匀，最终制造出更高质量的零件，带来较低的废品率。此外，更快的冷却显著减少了注塑的周期，因为一般来说冷却时间最高可占整个注塑周期的 70% 。这种 3D 打印随形冷却水路还可以应用在压铸模具中，德国奥迪汽车已通过金属 3D 打印技术生产压铸模具和热加工部件的内部嵌件生产，奥迪可通过随形冷却技术，以更高的成本效益实现部件和汽车配件生产。制造模具中的随形冷却水路是金属 3D 打印的一个具有应用潜力的市场。

　　不过，3D 打印随形冷却模具目前还仅仅适合高附加值模具的制造，模具这个市场对价格十分敏感，这就需要 3D 打印设备在打印速度方面有一个跳跃性的进步，并且打印工艺的稳定性达到高度的可控，才会有突破性的市场边界变化。

　　而除了金属 3D 打印的随形冷却模具，还有一种塑料 3D 打印的快速模具，在工业制造企业开发新产品的过程中，经常会需要小批量的终端产品来进行设计验证或市场验证，如果通过传统模具制造工艺制造这些产品所需的模具，摊销在每件产品上的固定模具制造费用是非常昂贵的，这使得企业的新产品研发成本高，有时会选择推迟或放弃产品的设计更新。如果企业要求验证的终端产品必须是通过注塑工艺生产的塑料产品，那么一种经济的替代方案，就是通过 3D 打印技术用树脂或复合材料快速制造模具，然后再通过这些模具来注塑生产小批量的塑料产品。3D 打印模具缩短了整个产品开发周期，使模具设计周期跟得上产品设计周期的步伐。3D 打印使企业能够承受得起模具更加频繁的更换和改善。

第一节　3D 打印模具的"废"与"立"

模具是"万业之母"，电子、汽车、电机、电器、仪表、家电和通信等产品中的许多零部件是用模具制造出来的。

如按照模具的用途来分类，模具可以分为用于金属材料成型的金属模具和用于塑料等非金属材料成型的非金属模具两类，金属模具又包括冲压模、锻模、铸模、压铸模、挤压模、拉丝模和粉末冶金模等。非金属模具主要包括塑料模和无机非金属模。

3D 打印技术在金属模具与塑料模具的制造中都有相应的应用。在金属模具中较为典型的应用，是将 3D 打印技术用于制造铸模，比如说通过黏结剂喷射 3D 打印技术制造金属铸造用的砂模。在注塑模具制造中典型的应用是制造模具中的随形冷却水路，图 12-1 所示为 3D 打印在注塑模具中的主要应用，制造随形水路的 3D 打印技术为选区激光熔融。

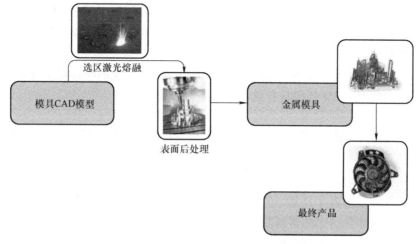

图 12-1　3D 打印在注塑模具中的主要应用

目前 3D 打印技术并不能替代传统的模具加工技术，但在模具小批量快速制造或部分复杂模具的制造中，3D 打印技术的应用价值已非常清晰。通过图 12-2 可以看到 3D 打印技术在模具制造中的应用价值主要体现在以下方面。

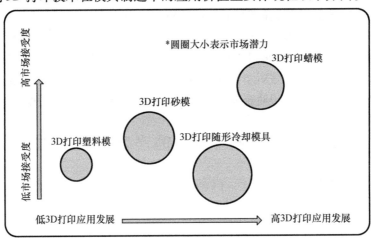

图 12-2　3D 打印技术在中国模具制造中的现状与发展

复杂模具：金属 3D 打印技术在制造一些结构非常复杂的模具或者是某些特定几何形状的模具时更加具有经济优势。例如：如果用传统技术来制造注塑模具中的冷却水路，引导冷却材料的水路通常是直的，这种冷却系统将在模制部件中产生较慢的、不均匀的冷却效果。金属 3D 打印技术则可以制造出复杂的随形的冷却水路，为模具带来均匀的冷却效果，最终使注塑企业利用模具制造出更高质量的塑料零件，并保持较低的废品率。

小批量快速制造：用于新产品研发阶段的小批量试制，通过 3D 打印技术能够在短时间内快速制造出模具，企业通过模具即可生产少量试制产品，从而快速进行产品验证。

昂贵材料：当使用的模具制造材料非常昂贵，而传统的模具制造导致材料浪费很严重的情况下 3D 打印具有成本优势。

第二节　注塑模具与随形冷却水路

环视我们身边，许多塑料产品是由注塑成型工艺制造的，包括洗发液的瓶子，空调外壳，塑料文具盒，矿泉水瓶子，也包括汽车中的塑料零部件。注塑成型工艺使得这些生活中的塑料制品可以获得复杂的形状和复杂的细节，在保持产品高质量的情况下，实现批量生产。

注塑模具的质量直接决定了注塑生产效率，并决定了最终生产的塑料零部件的质量。而在注塑成型时模具的温度直接影响着注塑制品的质量和生产效率，温度主要通过模具中的冷却系统来进行调节，所以如何在最短时间内高效冷却注塑材料，是注塑模具冷却水路设计与制造过程中关键的考量因素。

1. 摆脱钻孔的限制

传统的模具内冷却水路是通过机床交叉钻孔的方式实现的，出于对制造工艺的考量，模具的冷却水路通常被设计为直线形的水路网络，通过内置流体插头来调整冷却液的流速和方向。由于水路的形状是有限的，因此水路离模具内腔的表面远，这使得冷却效率降低。

为了预留冷却水路的加工空间，模具还需要被切分为几个部分来制造，然后装配成为一整块模具。这种设计与制造方式，不仅会耗费额外的装配时间，在制造过程中还存在水路网络被堵塞的风险，缩短模具使用寿命。

模具冷却的原理是在一个统一连续的方式下快速地降低注塑件的温度。直到冷却充分，注塑件才能从模具中分离出来。在此过程中，任何热点都会延长注塑件的注塑周期，并可能会导致分离后注塑件的翘曲和下沉痕迹，损害组件表面的质量。快速冷却是通过冷却液在模具内的通道流过，将注塑件的热量带走。而冷却的速度和均匀性是由流体通道与腔内注塑件的距离以及冷却流体通过通道的速度来决定的。

如采用选区激光熔融3D打印技术来制造注塑模具中的冷却水路，则可以摆脱交叉钻孔制造方式的限制，根据冷却要求，设计出具有良好冷却效果的随形冷却水路，从而以一致的速度进行散热，以促进散热的均匀性。

2. 颠覆性的随形冷却水路

3D打印的随形冷却水路的设计思路，与传统交叉网络式的水路有很大区别，但是传统水路的设计规则中，有不少随形冷却水路值得借鉴之处。

（1）水路的直径　使用钻孔方式制造的传统冷却水路常用的直径为7/16in（约11.11mm）。通过这种方式制造的冷却水路，如果直径过大，将可能导致水路难以接近模具表面，同时避开模具部件。如果直径过小，在水路加工时可能会发生钻头漂移。虽然，增材制造技术规避了钻孔方式的一些局限性，但是在设计水路时仍需将直径设定在经过实践验证的常用尺寸范围内，从而降低这种技术的不确定性。

（2）水路的形状　采用圆形螺旋状的水路建模相对容易，但是这种设计的冷却效果并不一定是最有效的，在设计3D打印随形冷却水路的轮廓时，可根据需要进行改变。

（3）横截面面积　在通过钻孔方式加工冷却水路时，水路的横截面积始终是保持不变的，这一设计规则在设计3D打印随形水路时也可借鉴。尽管通过3D打印技术可以制造出一条拥有多种不同形状的水路，但是在设计3D打印随形冷却水路时应保持水路的横截面积不变，从而保证恒定体积的冷却液体通过水路。

以截面为泪滴形状的冷却水路为例，入口和出口处的直径可以设置为 11mm，泪滴形状水路的横截面面积在设计时需要保持一致。泪滴形随形水路的横截面周长为 40mm，而同样面积的传统圆形水路的周长为 35mm，泪滴状随形冷却水路具有更大的表面积，更容易将模具中的热量带走。

（4）与模具表面的距离　对于冷却水路与模具表面的距离并没有一个固定的数值。例如，有的企业在设计时保留的距离恰好等于水路直径的距离，而有的企业保留的距离为水路直径的 2 倍。对于大多数随形冷却水路来说，与模具表面的距离取决于零件的几何形状。在设计与模具表面的距离时，有一个需要遵守的原则，就是使随形水路与模具表面始终保持相同的距离，从而达到均匀的冷却效果。

（5）冷却水路的长度　在使用钻孔方式加工冷却水路时，如果钻孔时产生的碎屑未被排空，则可能发生钻头漂移或损坏。在这种情况下，人们会选择将冷却水路设计得尽量短一些。尽管通过 3D 打印技术制造随形冷却水路，不存在刀具损坏等问题，但是在设计时仍不建议将水路设计得过长。这是由于冷却水在较短的冷却水路中可以更为迅速地进出，使热分布更为均匀。

（6）截面积的另一个规则　由于多条短的冷却水路能够更加均匀地进行冷却，所以有的随形冷却水路是按照毛细管的思路来设计的，即：一条大的冷却水路被分为多条小而短的水路，然后再汇入一条大的水路。在这种情况下，多条小水路的横截面积总和应等于大水路入口和出口的横截面积，从而确保水的均匀流动，进一步降低翘曲的风险。

（7）旋转结构　模具冷却水路中的水量是影响模具冷却时间的因素，水量越大冷却循环时间越短。另一个影响因素是水湍流。虽然通过选区激光熔融 3D 打印技术制造的水路内表面，具有轻微纹理，这些纹理增加了冷却接触的表面积，带来更好的传热效果，并形成一些小湍流，但是如果在设计时增加旋转结构，可以产生更多的湍流。

（8）圆滑角落　冷却液通过量对模具的冷却速度至关重要。3D 打印随形冷却水路具有圆滑的角落，这种圆滑的设计，能够减少沿通道的压力损失，获得更大的冷却液通过量。

（9）打印粉末的去除问题　在金属打印的过程中，冷却水路内腔内会被没有熔化的金属粉末所填充，所以在设计时需提前考虑到这个问题，并考虑内腔结构中的粉末如何清除。

（10）避免支撑结构　在使用金属 3D 打印机制造悬垂结构时，往往需要为该结构添加支撑，而对于冷却水路这种内腔结构，后续去除支撑的难度很大，如将支撑结构残留在内腔结构中往往会影响冷却介质的流动。因此应在设计冷却水路时，考虑避免生成支撑结构的设计方案。

除了以上关于随形冷却水路的设计规则，有的模具设计师还在 3D 打印模具镶件的部分区域中使用点阵结构取代原来的实心结构。点阵结构意味着能够节省打印材料和打印时间，同时降低打印成本。

3. 随形即附加值

模具制造用户可以通过金属 3D 打印技术顺利地构建具有随形冷却通道的模具型芯，使模具内的温度变化更加均匀，从而在时间、成本和质量方面优化模具加工过程，有助于缩短注塑件的成型周期、减少翘曲变形。

我们通过德国高压清洗机制造商凯驰公司制造清洗机塑料外壳的案例，可以很容易理解 3D 打印技术在缩短注塑件成型周期方面所发挥的作用。凯驰 K2 标准型高压清洗机的年出货量超过两百万台，其外壳由六台注塑成型机生产，每台机器每天可制造 1496 个外壳，总计可制造 8976 个外壳，但是凯驰的清洗机组装线上每日组装量可以达到 1.2 万台，因此外壳的生产量无法满足组装线的需求。

为了满足组装线对外壳的需求量，凯驰有两种可行的解决方案，一种是购买更多的注塑成型机。另一种，是通过挖掘现有设备来提高生产效率，具体的做法是缩短注塑生产时模具的冷却时间，将外壳的成型周期从原来的 52s 缩短为 40 到 42s 之间。凯驰选择了第二种做法，其注塑成型部门向增材制造企业 Renishaw 寻求缩短模具冷却时间的方法，Renishaw 利用凯驰提供的数据和模拟软件分析得出，在 52s 的整个成型周期内，冷却时间就占到了 22s。

图 12-3 所示为 K2 黄色后壳注塑模具的新设计，该设计带有随形冷却水路，图 12-4 为 K2 黄色后壳注塑模具的原始设计。在新设计中，有两个新增加金属 3D 打印高强度镍合金钢模芯，模芯带有随形冷却水路，冷却通道更接近热源，可更好地解决"热点"问题。经过热成像技术的检查，修改后的模具壁的温度可降低 40~70℃，冷却时间可从 22s 缩短至 10s，减少了 55%。凯驰的注塑技术团队也通过实际生产证明，新的模具设计加上对一些外围工艺的重新调整（充料系统、处理系统等），可将成型周

图 12-3　K2 黄色后壳注塑模具的新设计（图片来源：Renishaw）

期从 52s 缩短至 37s。通过使用带有 3D 打印随形冷却水路的模具，凯驰公司每台注塑成型机的外壳日产量可从 1496 个增加至 2101 个。

可以说，3D 打印技术的价值通过其所制造出的随形冷却水路最终"传递"给了注塑件生产企业。

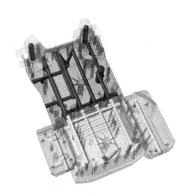

图 12-4　K2 黄色后壳注塑模具的原始设计（图片来源：Renishaw）

第三节　更多的随形冷却

选区激光熔融 3D 打印技术制造随形冷却水路的技术，同样可以应用在热冲压模具的制造中。

热冲压成形技术是将钢板（初始强度为 500~600MPa）加热至奥氏体状态，然后进行冲压并同时以 20~300℃/s 的冷却速度进行淬火处理，保压一段时间以保证淬透，以获得具有均匀马氏体组织的高强钢构件的成形方式。由于热冲压技术能实现汽车车身轻量化，减少碳排放，热冲压模具调试周期短，使用寿命在 20 万~30 万个冲程，在汽车领域获得越来越广泛的应用。

德国的舒勒公司和瑞典的 APT 公司是全球两大热冲压设备供应商。舒勒的核心技术是通过控制硬化过程中的压力，能够使冲压力在零部件上均匀分布。而舒勒通过高度灵活的拉伸垫能够保证在单个或多个零部件上具有一致的高接触压力机，使冷却速度更快，实现了对金属成形工艺的优化。除了高度灵活的拉伸垫这样的"表面功夫"，舒勒还通过选区激光熔融金属 3D 打印技术开发了随形冷却热冲压模具，让内部的冷却通道更接近冲压表面，从而通过"内部功夫"来提高冲压质量和效率。

热冲压模具需要通过冷却通道中的冷却介质使退火板材的温度迅速降到 200℃以下。以往，冷却通道是通过在模具内部进行钻孔的方式来完成的，所以在设计这些内部冷却通道时，无法实现连续贴近冷却表面，特别是冷却表面具有复杂形状时，连续贴近表面的设计就更加难以实现。

舒勒尝试通过金属 3D 打印设备制造，灵活地设计随形冷却通道，以获得更加迅速和均匀的冷却效果。在研发过程中，舒勒对打印工艺参数和粉末材料进行了全面测试，以确定理想的工艺参数和粉末材料的组合，选定的打印材料为工具钢。舒勒对抗拉伸强度和密度进行广泛的测试，并对带有 3D 打印随形冷却通道的热冲压模具进行耐用程度和批量生产方面的进一步测试。

不论是热冲压模具，还是注塑模具，3D 打印在制造中所创造的价值是类似的，即：通过 3D 打印技术将随形的冷却通道构建出来，从而获得更加迅速、均匀的冷却效果。而这一点是传统技术所无法实现的。

第四节　轮胎制造的新思路

车辆中的橡胶轮胎由轮胎模具制造而成，各大轮胎制造商为了提高产品的竞争力，加大了轮胎花纹设计的复杂性，轮胎模具制造的复杂性也随之提高。轮胎花纹是重要而又复杂多变的加工难点，其精密程度直接影响到轮胎的精度和质量，甚至是轮胎的安全、驾驶的舒适度等。花纹的结构往往呈现出空间三维扭曲、轮胎花纹具有弧度多、角度多的特点，传统的加工手段在加工此类轮胎模具时仍存在一些难以解决的问题。

在轮胎模具的加工过程中，加工工序高度集中，以铣削加工为主，但因为加工的角度、转角等不统一，有些花纹还有薄而高的小肋条或者窄而深的小槽，例如那些表面不规则的高低结构。这些结构对机床的刚性和刀具的要求比较高。高速铣削并不是万能的，在加工子午线轮胎活络模时，加工的难度体现在模具的工作型面精度不易控制、开模与合模机构的协调及分型面加工要求较高等方面，子午线轮胎活络模具型腔曲面构造方法对模具的工作型面有较大的影响。另外机加工中刀具路径规划算法一旦出现失误，也会直接影响轮胎的质量。不仅是精度的问题，由于轮胎模具的很多花纹过深，在刀具的加工过程中，还会发生干涉的现象，这对花纹的设计带来了不少的限制。而介于轮胎的更新换代周期变得越来越短，这都对设计、机床编程、刀具配置与采购等等带来了相当大的压力。

而金属 3D 打印很好地解决了刀具干涉的问题，当复杂性与可制造性不再是困扰轮胎模具制造的最大因素的时候，3D 打印很好地释放了轮胎产品设计迭代的便捷性，也催生了新型的轮胎制造能力。

实现更复杂的花纹、更好的抓地力和稳定性能无疑是轮胎制造商的抢滩高地，汽车轮胎制造商米其林已经认识到 3D 打印技术制造复杂高附加值轮胎模具领域的潜力，并围绕金属 3D 打印技术展开了一系列的行动。2015 年，米其林与法孚集团（Fives）成立了合资公司，共同开发和销售金属 3D 打印设备。2016 年，法孚米其林推出了金属 3D 打印机 FormUp350。2017 年，米其林正式发布了高端四季轮胎 MICHELIN CrossClimate ＋，制造这款轮胎的生产模具时米其林应用了金属 3D 打印技术。

金属 3D 打印技术所实现的复杂花纹结构，不仅解决了轮胎模具复杂结构制造中的难点，还为用轮胎模具生产的轮胎创造了附加价值。与上一代产品有所不同的是，CrossClimate +轮胎在冬季性能方面有所提升，即使是在冰雪路面上也能有平稳的表现。"V"形胎面花纹优化了轮胎在整个寿命周期在雪地路面上的抓地力。米其林官方称，MICHELIN CrossClimate + 的使用寿命比目前米其林标杆性夏季胎 MICHELIN ENERGY SAVE +的更长，比普通高端四季轮胎平均寿命长 25%。MICHELIN CrossClimate +带有坚硬、倒角胎面花纹块，确保机动车在路面拥有安全性。

我国轮胎模具加工领域的领军企业山东豪迈，广东巨轮等公司，不仅仅实现了规模化的生产，颇有迈向国际化的趋势，山东豪迈现已成为世界轮胎模具研发与生产基地，年产各类轮胎模具 20000 套，与全球前 75 名轮胎生产商中的 62 家建立了业务关系，是世界轮胎三强米其林、普利司通和固特异的供应商。根据 3D 科学谷的市场研究，山东豪迈已经将金属 3D 打印技术用于轮胎模具的研发中。无疑这些先行者将获得后来者难以逾越的经验积累的时间优势。

国内金属 3D 打印企业也已经将技术渗透到轮胎模具制造领域，选区激光熔融 3D 打印设备被轮胎模具制造商用于制造不锈钢轮胎基模，这种基模形状呈多弧度多角度，采用 3D 打印技术使轮胎基模（花纹）形状设计不受限制并可通过 CAD 模型一次打印成形，与传统工艺相比 3D 打印技术减少基模生产步骤、提升基模精度、缩短生产周期。

第五节　快速模具的"快"意

目前，3D 打印技术与注塑模具制造结合最为紧密的应用是制造带有随形冷却水路的模具镶件，这种随形冷却模具被用于注塑件批量生产。但有时企业所需的塑料零件数量非常少，比如说企业在新产品研发阶段，需要在短期内制造出少量新产品进行市场验证，此时就会提出对小批量生产的需求。在这种情况下，如果使用用于注塑件批量生产的模具来制造小批量注塑件，会产生高昂的成本和较长的制造周期。但 3D 打印技术用一些树脂材料或特殊复合材料，直接制造小批量快速生产需求的模具，则是一条快速、经济的途径。

光固化 3D 打印材料制造商 DSM Somos 与 3D 打印设备制造商 Stratasys 都开发了注塑模具快速制造用的 3D 打印材料。DSM Somos 用于快速模具制造的 NanoTool 材料，通过基于光聚合工艺的 SLA 3D 打印设备即可打印出注塑模具，法国制造商 Axis 公司曾用这一材料 3D 打印了药丸分配器的注塑模具，从设计到模具 3D 打印完成，仅用了 8 个工作日，而如果用传统方式制造钢制注塑模具则需要花费 4~6 周时间，在采用 3D 打印模具注塑生产了 1000 个注塑件之后，模具仍然完好无损。

大型模具方面美国普渡大学复合材料制造和模拟中心曾与 3D 打印系统制造

商 Thermwood 公司、高性能聚合物材料制造商 Techmer PM、航空航天工业的复合材料专家 ACE 组成的研究团队，在大型注塑模具 3D 打印方面取得进展。团队通过基于材料挤出工艺的 3D 打印设备和碳纤维增强 PSU 塑料材料制造了一个大型模具，并用生产出直升机大型结构件。

制造直升机结构件这样的大型零件，通常需要用到几吨到几十吨的模具来完成制造工作。而这样的模具通过传统的加工技术非常昂贵，其加工过程也充满了挑战。制造大型模具的机床，需要具有高承重能力，具有高刚性，还需要有足够大的台面尺寸和工作行程与之相适应。由于模具的强度和硬度都很高，在模具加工时常常采用伸长量较大的小直径端铣刀加工模具型腔，因此加工过程容易发生颤振。为了确保零件的加工精度和表面质量，模具制造的高速万能铣床必须有很高的动、静刚度，以提高机床的定位精度、跟踪精度和抗振能力。

研究团队通过 Thermwood 的大型混合加工系统（Large Scale Additive Manufacturing，LSAM）来制造大型模具。LSAM 系统集成了 3D 打印系统与机加工系统，由 3D 打印系统制造出粗糙的模具轮廓，再通过 CNC 铣床将零件加工到精确尺寸，在 3D 打印的过程中就可以同步配合机加工切削。

为了将 3D 打印方法与传统制造方式进行比较，团队专门做了两种制造方式的经济性分析。根据分析结果，3D 打印模具的材料比标准模具材料的成本低34%，生产速度提高了69%，3D 打印模具只需三天时间就可以制造完成，而传统的模具制造需要 8 天时间。3D 打印技术与复合材料，为大型模具制造带来了新的切入点。

第十三章
铸　　造

与 3D 打印相比，铸造是人类掌握的一项古老的金属成形技术。至今，人们已经开发了众多的铸造方法，如按铸型所用的材料不同可分为砂型铸造与特种铸造，其中特种铸造又可分为：以天然矿产砂石为铸型（如：熔模铸造）与金属铸型（如：压力铸造）这两类。

砂型铸造在我国铸造业中的应用最广，约占 80% 的比例。砂型铸造属于一种重力铸造工艺，所用的铸型材料是砂和黏结剂，这些材料成本低廉、材料易得，可铸造钢、铁和大多数有色合金铸件。砂型铸造工艺能够适用于单件、小批量和大批量生产需求。熔模铸造是一种精密铸造工艺，通常用来制造一些结构复杂的、难加工材料的铸件，例如涡轮发动机叶片等。熔模铸造出来的铸件，在后续机械加工中的切削余量小。

在传统铸造工艺中，占用时间最长的是模具制造、制芯、造型等过程，这大大影响了产品的交付周期。为解决这一问题，3D 打印技术及设备已应用到铸造行业，省去了模具制造环节，大大缩短了铸件交付周期。3D 打印技术在铸造业中的应用，主要涉及与砂型铸造、熔模铸造这两种铸造工艺的结合。图 13-1 描述了 3D 打印技术在铸造工艺中的两大应用，其中"1"描述了 3D 打印技术在熔模铸造中的应用，"2"描述了 3D 打印技术在砂型铸造中的应用。

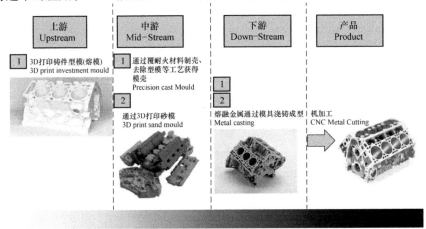

图 13-1　3D 打印技术在铸造工艺中的两大应用

　　我国既是世界上较早掌握制造技术的文明古国，又是当今的铸造业大国。根据中国铸造协会《中国铸造行业"十三五"发展规划》中的统计数据，2014 年我国铸件总产量达 4620 万吨，已连续 15 年居于世界首位。然而，我国铸造企业的平均产量仍落后于美国、俄罗斯、印度、德国、日本等主要铸件生产国。至 2016 年我国铸造企业的数量约为 2.6 万家，其中排名前 4500 家的铸造企业创造了 70% 的铸件产量，而其余铸造企业仅贡献了 30% 的铸件产量。

　　《中国铸造行业"十三五"发展规划》还指出，我国铸造业仍存在企业发展不平衡，落后产能大量存在的问题。与大量落后产能相伴的一个问题是，我国对高端铸件的研发和制造能力仍不能满足工业企业的需求。针对这些问题，我国铸造业在"十三五"期间的发展任务包括：深入推进铸造业准入标准、加快淘汰落后产能，攻克高端、关键铸件制造瓶颈，开发先进铸造装备，推进铸造业产品质量和品牌建设，推进创新体系的发展，以及深度实施铸造业工业化与信息化两化融合工作。在两化融合工作中，数字化的软件、装备与铸件设计和制造的结合，将为铸造业带来更多的附加价值。数字化的软件包括计算机辅助设计与制造（CAD/CAM）、铸造仿真分析（CAE）、产品数据管理（PDM）等，数字化、智能化的铸造装备包括 3D 打印设备、机器人、自动化智能制芯中心、精密组芯造型、铸件自动化清理设备等。

　　虽然我国铸造行业尚未完成数字化、智能化的转型升级，但部分铸造企业在这方面已经走在了前列。例如，共享集团从 2012 年起，共享集团先后组织了 50 余人的专业团队，投资 3 亿多元，经过六年研发，实现了铸造 3D 打印技术的产业化应用，攻克了砂型、砂芯 3D 打印材料、工艺、软件、设备及集成等技术难题。共享集团还在宁夏银川工厂中搭建了一条全流程智能化铸造生产线，这是一条将 3D 打印与铸造结合的生产线，包括 3D 打印、吹砂、烘干、浸涂、表面烘干、组芯、浇注等几个工序。

　　作为我国对铸件需求最大的行业，我国的汽车制造企业也在推进数字化、智能化技术在铸件生产中的应用。如东风汽车公司通用铸锻厂、湖北汽车工业学院、沈阳铸造研究所、广东峰华卓立科技有限公司（提供砂型 3D 打印技术）4 家单位签署企校研四方战略合作框架协议。四方将利用各自优势，建立产学研全面合作关系，共建汽车轻量化铝合金低压铸造研究中心，该中心将具备其中一项功能为"构建标准化、专业化、信息化、智能化的制造系统"。研究中心首批推进的项目包括后处理支架轻量化结构优化设计、电驱动框架和后处理支架轻量化快速试制等。

　　从汽车轻量化铝合金低压铸造研究中心首批推进的项目中，可以看出东风汽车的两个需求：一个是通过零部件快速试制满足车辆快速设计迭代的需求；另一个是新能源汽车轻量化设计的需求，电驱动框架和后处理支架轻量化快速试制这一项目反映出东风汽车在布局上兼顾新能源汽车的迹象。

那么，3D 打印技术的应用能满足东风汽车这样的制造企业对于铸件快速试制、轻量化设计的需求吗？3D 打印技术是怎样与铸造工艺相结合的？本章的内容将围绕这些问题展开。

第一节　砂型铸造

砂型铸造可将大多数金属及其合金浇铸成小至数克、大达数百吨的各类铸件，广泛地应用于机械部件以及日常用品，甚至工艺美术品的金属成形。传统砂型铸造工序包括：①制模，用木材或金属制成与铸件外形基本一致的铸模；②造型，将铸模埋入型砂中，填满充实型砂，设法取走铸模，在型砂中形成与铸模相同形状的空腔；③浇注，从浇口注入熔融状的金属充满空腔；④落砂与清理，从砂中取出冷凝成形后的金属，去除粘砂、毛刺、切除浇口、冒口，最终得到完成的铸件。在通过砂型铸造工艺制造液压件、凸轮轴等铸件时，不仅需要制作铸造用的砂型，还需要制作砂芯。

在传统的砂型铸造中，"造型"工艺依赖于"制模"工艺，也就是说砂型或砂芯的制造离不开其他模具或工具。而随着计算机辅助设计（CAD）和 3D 打印、三维扫描等数字化技术的发展，一些铸造企业开始通过 3D 打印机直接制造砂型、砂芯。这是一种无须借助模具的数字化直接制造工艺，在制造过程中，由技术人员将砂模的 CAD 三维模型进行打印预处理之后，即可输入到 3D 打印设备自动完成制造。

图 13-1 中"2"工艺所描述，结合了 3D 打印与砂型铸造工艺的金属件生产主要包括 3 个步骤：第一步是砂模的设计与 3D 打印。打印好的砂芯经过黑洗，使其能够承受更高的热负荷。黑洗完成后，将砂芯安装在常规生产的模具里；第二步是使用安装好的模具进行金属铸造；最后一步是对铸件进行机械加工等后处理。

图 13-2 砂型铸造和熔模铸造中使用的 3D 打印技术中列举了在砂型铸造与熔模铸造中常用的 3D 打印工艺与打印材料。在砂型铸造中用于制造砂模的常见的 3D 打印工艺为黏结剂喷射，市场上常用技术为 3DP，打印材料为砂和黏结剂。另一种常见砂模 3D 打印技术为基于粉末床熔融工艺的选区激光烧结技术，市场常用技术名称为 SLS，打印材料为覆膜砂。

减少交货时间与实现复杂铸件结构的灵活性对铸件制造企业尤为重要，3D 打印技术在砂型制造中的应用能够把这两者联系起来，同时又具有经济性。3D 打印技术的优势包括，用户在进行砂型 3D 打印时，无须担心传统方式无法实现的干涉和角度问题，即使是复杂结构的砂型也可以一次性打印完成，避免模具拼

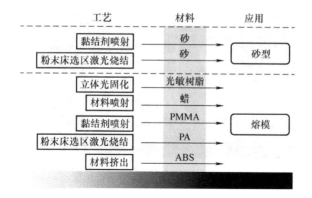

图 13-2　砂型铸造和熔模铸造中使用的 3D 打印技术

合带来的精度损失；制造砂型时无须使用模具，灵活应对任何铸件设计方案的修改，当铸件的设计被修改之后，在无须重新开模具的情况下，即可直接通过 3D 打印设备制造出新设计的砂型；同一批次，可同时打印多件砂型、砂芯；实现按需生产，减少企业的库存压力，与逆向工程相结合，在无原始设计图样的情况下，也可实现灵活的备品备件制造。

1. 化解大型零件铸造挑战

在大型零件铸造方面，我们可以窥一斑而知全豹，通过 Amazone 的案例来领略 3D 打印的优势。农业机械制造商 Amazone 希望使农业机械设备变得更加稳定、耐用，并实现轻量化。在进行新一代产品的研发和探索时，Amazone 采用了拓扑优化设计和黏结剂喷射 3D 打印技术制造的砂型、砂芯来制造某款农业机械的大型机架铸件。机架的作用是将紧凑型圆盘耙连接到农业机械的轴上，使圆盘耙设备能够被拖动。

Amazone 使用的上一代农业机械机架由几个铸件焊接而成，质量为 245kg，焊缝长度为 16.5m。为了降低制造与装配的成本，使农业机械设备更加稳定和轻巧，Amazone 对机架进行了拓扑优化。图 13-3 所示为农机机架设计的进化过程，最右边为拓扑优化设计得到的结果，优化后的铸件比上一代设计减轻了 45kg。优化后的设计经过了铸造过程仿真模拟，从而降低实际铸造中产生气孔等缺陷的风险，保证铸件质量。

铸件的砂型，通过 voxeljet 的黏结剂喷射 3D 打印设备进行快速制造，砂型被分为 4 个部分进行打印，打印完成之后，操作人员从设备中取出砂型，并进行后处理和组装，处理完成的 3D 打印砂型可以直接用于机架的铸造。铸造厂为铸造模具进行涂层，从而保护砂型不受热应力的影响。铸件从模具中取出后，再进行机械加工。

通常为这样一个复杂的铸件制造铸造用的砂型是非常耗时、繁琐的过程，因

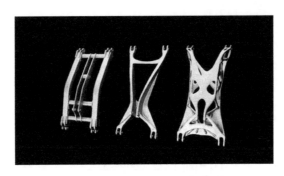

图 13-3　农机机架设计的进化过程（图片来源：voxeljet）

此在进行铸件设计时，设计师就考虑使用 3D 打印设备直接进行铸件砂型的快速制造，为铸件制造节省了时间。

此外，由于 3D 打印技术对于打印对象结构的复杂性不敏感，在制造复杂砂型时，不会因为产品的复杂性的上升而使成本显著上升。对于用传统制造方式制造难度非常高的几何结构，3D 打印砂模技术甚至可以降低制造成本。

2. 复杂性不再是问题

3D 打印不仅仅解决"大"的问题，还可以解决"复杂"的问题。柴油发动机的铸造工艺对于砂型的要求是很高的，需要保证砂型的形状尺寸，以及形状之间的相对位置，能够保证铸件的壁厚均匀。柴油发动机 70% 到 80% 的零件都是铸造完成的。

德国柴油发动机制造商 MAN（MAN Diesel & Turbo，简称 MAN）曾开发过一个柴油发动机缸盖的砂型模具，模具由一个顶部和底部的外框以及 19 个核心部分组成，其中 7 个核心部分具有不同的几何形状，砂型模具被分为两半，包括了溢流口、冒口和排气孔等部分。

MAN 希望在两周内完成砂型模具的制造并将发动机缸盖铸造出来，这对铸造技术的挑战是很大的，但黏结剂喷射砂模 3D 打印和铸造工艺相结合的技术，能够满足 MAN 对于交货期的需求。

MAN 采用的砂型打印设备也是 voxeljet 的，打印成型材料为 190μm 平均晶粒尺寸的沙粒，打印层厚为 0.4mm。3D 打印设备在连续工作 29h 后，完成两块砂模打印，完整的外部尺寸为 1460mm × 1483mm × 719mm。由于砂型在运输过程中容易损坏，因此砂型制造商为砂型设计了容易拆除的外部保护，并将保护部分与砂型一起打印出来，以确保运输过程中不发生破损。砂型制造的流程在数据交接后只需 4 天就能完成。缸盖铸造时的温度为 1360 ℃，材料是 EN – GJS 400 – 15。完成第一次铸造的周期约为两个星期。

国内的柴油发动机制造企业也开始将黏结剂喷射 3D 打印技术应用于柴油发动机研发试制领域，广西玉柴在铸造集成式复合气缸盖的砂芯组方面进行了积极的探索，成功铸造出零件复杂程度高的集成式复合气缸盖。集成式复合气缸盖的复杂性包括进排气道、喷油器安装孔、缸盖上水套、缸盖下水套、气缸孔、缸孔水套和凸轮挺杆孔。

3D 打印在其中发挥的作用是组合砂型的缸盖上水套砂型、缸盖下水套砂型、进气道砂型和排气道砂型是由 3D 打印出来的。玉柴保证了进排气道与缸盖水套的进排气外壳的复杂形状相应匹配及壁厚的均匀。而且缸盖上水套、缸盖下水套、进气道、排气道一次精确成型，成功确保进排气道在浇铸过程中无上浮，能够解决各个气道位置一致性的问题，从而确保气道参数良好性。

3. 起死回生的逆向工程

汽车等机械设备在经过长期使用之后，可能会面临更换配件的需求，但有的零件早已停产。此时，用逆向工程技术进行重新设计，并用 3D 打印技术进行零配件制造是最佳的办法。欧洲一些保时捷老爷车的车主，就是这一技术的受益者。国际上，保时捷重建气缸盖的案例颇具代表性。

保时捷传奇系列的 Spinder 550、904 和 Carrera 356 汽车是少数能够升值的汽车型号，356 汽车当年的总产量超过 78000 辆，其中大约一半的 356 汽车在今天仍然可以使用。但是，当汽车发动机出现损坏之后，汽车的价值就直线下降了。在气缸盖损坏无法修补的情况下，最为高效可行的补救办法是通过逆向工程进行重建，并使用 3D 打印技术进行制造。

德国一家工程公司接受了为保时捷老爷车车主重建气缸盖的任务。在原始设计图样不可用的情况下，气缸盖的重新设计优化是个探索过程，设计师必须要了解零件设计的修改对气缸的性能会带来怎样的影响，尤其在气门座、喷油部位和凸轮轴部位需要考虑设计改变的每个细节将会对性能带来的作用。

气门导管、座圈、凸轮轴轴承、进气和排气管道、气缸盖螺钉等组件必须通过三维的方式精确建模。在进行三维设计时，还需要考虑后期金属铸造的要求，从铸造的角度增加技术指标，如斜角和圆角等。制造商先是三维扫描保时捷 Carrera 356 的发动机缸盖，然后通过 CATIA V5 来进行建模，在建模工作完成后通过铸造仿真软件进行铸造过程的仿真。

制造商通过 voxeljet 的黏结剂喷射进行砂芯 3D 打印。砂芯具有 2mm 厚的薄壁冷却肋结构，内芯和外芯在 3D 打印过程中无须支撑结构。最终的金属铸件是由一个专门的铸造厂完成的。热等静压（HIP）处理带来了发动机缸盖力学性能的很大的提升，并且减少了毛刺。经过 T6 固溶处理，水冷到室温，然后再重新加热进行时效处理，使合金中各种相充分溶解，强化固溶体，并提高韧性及耐蚀性，消除应力与软化，使得气缸盖的强度极限得到升级。在交付给客户使用之前，铝合金气缸盖采用机械加工方法进行最后的精加工。

第二节 熔 模 铸 造

3D 打印技术在熔模铸造工艺中的应用是快速制造金属件铸造时所需的铸型。如图 13-1 中"1"工艺所描述，结合了 3D 打印与熔模铸造工艺的金属铸件生产包括 4 个主要步骤，首先是采用易熔材料 3D 打印直接制造铸件型模（熔模），这个过程无须使用任何模具，省去了模具制造步骤。第二个步骤是，通过 3D 打印的型模来获得金属件铸造用的型壳，实际生产中，这个步骤包括对进行过后处理的 3D 打印型模进行装配组树（种蜡树），然后将蜡树进行挂浆、挂砂处理，完成制壳工艺。接下来是进行脱蜡、焙烧，去除型模，从而获得型壳。第三个步骤是通过型壳进行金属浇注。最后，在得到金属铸件之后，通过机械加工技术进行精加工。

图 13-2 中列举了 5 种在熔模铸造中常用的 3D 打印工艺方法。

① 光聚合工艺，市场常用技术包括 SLA、DLP、CLP 等 3D 打印技术，材料为光敏树脂。

② 材料喷射技术与蜡质材料，市场常用技术包括：SCP、Projet 等，该技术通常用于制造首饰、义齿铸造所需要的熔模。

③ 选区激光烧结技术也可以用于制造熔模，打印材料为 PA 尼龙粉末，用于熔模精铸工艺。另外，惠普的 MJF 技术以及 voxeljet 的高速烧结技术也可以用于此领域。

④ 基于黏结剂喷射工艺的 3DP 技术在铸造业中最常见的应用是砂型快速制造，但该技术还有一种容易被忽视的应用是熔模的快速制造，用 3DP 技术打印熔模时所采用的材料为 PMMA。

⑤ 材料挤出工艺，市场上常用技术为 FDM，打印材料为 ABS 线材。铸造模具设计师，在应用这些 3D 打印技术时，需综合考虑各种不同 3D 打印材料的属性、型模涂料，以及脱模设备工艺参数等因素，以获得形状、尺寸准确的型壳。

与传统的熔模铸造技术相比，3D 打印技术的作用在于在不使用压型（压制熔模的模具）的情况下，由 3D 打印设备直接快速制造出型模，节省了制造模具的时间与成本，当企业对铸件的设计做出修改时，通过 3D 打印技术能够更加迅速、方便地更新铸造用的型模，缩短金属铸件迭代的周期。同时，由于 3D 打印技术能够制造复杂的结构，将 3D 打印技术应用在熔模铸造工艺中，使制造企业获得铸件设计优化的空间，特别是在制造功能集成的一体化零部件时，3D 打印技术的优势更加明显。例如，美国国防军工产品制造商雷神公司（Raytheon Company）曾采用立体光固化 3D 打印设备和 DSM Somos 公司精密铸造用的光敏树脂材料，快速制造导弹壳体铸造用的型模，这个导弹壳体是一个整体式的零件，其铸造用的型模由 3D 打印设备一次性制造完成，而未使用 3D 打印技术之前，这个导弹壳体的设计方案是由 13 个零件分别制造并组装而成的。

基于这些特点与优势，3D 打印技术在熔模铸造中的应用更加适用于以下三种情况：交货时间紧迫；企业所需数量少或产品正处于需要频繁迭代时期，开模具生产成本过高；企业所需的最终金属铸件的设计非常复杂，通过传统技术的制造难度高、成本高，甚至是难以制造的情况。

案例：镁合金的精密铸造

镁合金是工业应用中最轻的结构金属，密度是铝的三分之二，钢的四分之一，具有比强度、比刚度高，导热性、导电性好、阻尼减振、易于加工成形和容易回收的特点。同时，镁合金也存在着容易氧化燃烧、耐蚀性差、常温力学性能差、高温强度及蠕变性能低等缺点。镁合金多用作结构件，镁合金的铸造水平成为其应用的关键。通过熔模铸造工艺生产的镁合金铸件有着很高的尺寸精度和很小的表面粗糙度，有些铸件只需要打磨、抛光余量，不必机械加工即可使用。熔模铸造是很有应用前景的镁合金成形技术。

如图 13-4 所示的镁合金飞机座椅骨架，是由 Autodesk 创新工厂尝试通过 3D 打印熔模与熔模铸造工艺制造的。座椅骨架的特点是通过点阵结构实现轻量化，这些结构是由 Autodesk netfabb 软件设计生成的。

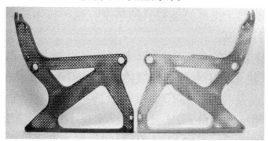

图 13-4　镁合金飞机座椅骨架（图片来源：Autodesk）

工程师考虑了两种实现这种结构的制造方式，一种是用金属 3D 打印技术直接制造，但由于可选择的打印材料的限制，工程师最终选择了用 3DP 技术和 PMMA 材料制造熔模与熔模铸造工艺相结合的方式进行骨架的制造。

轻量化飞机座椅骨架的设计与熔模 3D 打印由 Autodesk 的创新工厂来承担，但是镁合金的铸造是通过铸造企业 Aristo Cast 完成的。根据 3D 科学谷的市场研究，镁合金的铸造过程并不容易，采用不同的型壳体系，或者浇注前对型壳的焙烧工艺不同，镁合金冷却的过程也不相同，得到的铸件组织也比较特殊。在熔炼和浇注过程中铸造厂还需解决镁合金的氧化和燃烧问题。谨慎起见，双方开始生产之前进行了铸造仿真，并根据仿真结果更新了模型的设计。完成设计迭代熔模在 3D 打印完成之后，被送到 Aristo Cast 进行铸造。铸造厂在 3D 打印的 PMMA 熔模外层涂覆了陶瓷涂层，然后进行加热，在此过程中熔模被加热脱模，陶瓷壳变硬。最后，镁合金被注入到型腔中完成铸造。

Autodesk 公布的数据表明，飞机座椅骨架相比上一代产品减重 56%，这是点阵轻量化设计与使用轻量化的镁合金材料共同作用下的结果。借助 3D 打印熔模制造技术，制造商既能够实现复杂的点阵轻量化结构，又便于在不开发模具的情况下，实现产品设计的快速迭代。

案例：经济、快速的铸造

普通的 FDM 桌面 3D 打印机目前还难以满足直接制造工业零部件的要求，它们主要用于制造夹具或者是产品原型。但是在结合了熔模铸造工艺之后，即使是 FDM 桌面 3D 打印机也可以用于工业金属零件的生产。

西门子铁路自动化事业部就曾通过 FDM 3D 打印机制造的熔模与熔模铸造相结合的方式，将某钢制零件的制造时间缩短至 2 周，而以往通过传统铸造工艺与机械加工工艺制造该零件所需的时间为 16 周。由于在制造中并没有使用工业级 3D 打印设备，这种制造方式是相对经济的。

3D 打印线材制造商 Polymaker 研发了熔模铸造专用的 FDM 3D 打印线材，Polymaker 还配套了一款对 3D 打印熔模进行抛光处理的设备，这一工艺将降低母模的表面粗糙度，有助于提高铸造模具的精度。这一技术适合于制造具有复杂结构、薄壁结构的铸件熔模。

虽然目前市场上出现的桌面 3D 打印机、打印线材甚至是抛光设备都使 FDM 3D 打印技术具备了进入到工业铸造领域的基础，但不可否认的是限于 FDM 设备的成型方式，这类设备在每次打印中仅能制造一个熔模。显然，与 3DP、SLS、SLA 等工业级设备相比，单台 FDM 设备难以实现小批量生产。Polymaker 的合作伙伴通过在车间中同时使用多台 FDM 3D 打印设备来实现熔模铸造模具的批量定制化生产，这不失为一种有价值的小批量生产探索方式。

第十四章
液　　压

2018 年，中兴遭遇芯片危机给国内其他科技厂商敲响了警钟，面对升级的贸易摩擦，国内芯片产业存在哪些短板？国内芯片厂商与国际巨头差别有多大？国内通信企业有能力度过这次危机吗？

其实国内的关键短板不仅仅是芯片，在工程机械行业曾经有一种说法，如果博世力士乐、日本川崎这些厂商停止向中国供应液压件，那么中国的主机厂将会遇到瘫痪的局面。

我们可能需要像对待芯片一样的态度来审视液压件的作用。液压件对于很多机械来说，作用就像一个支点，对设备性能起着关键的决定作用，

在过去 5 年中，国际上已有少量著名液压制造商和制造业用户在积极应用增材制造技术。我们看到空客公司在推动利勃海尔 3D 打印飞机扰流板液压件研发项目中所起到的积极作用；了解到意大利赛车制造企业在赛车中使用增材制造的液压系统；也看到了著名先进液压件制造企业穆格在复杂液压件设计创新与增材制造发面所做的全面探索，还看到著名液压传动和控制系统制造商派克汉尼汾在其在总部附近开设了可以探索增材制造技术的"先进制造学习和开发中心"。

而在 3D 科学谷看来，液压、散热器、叶片、随形冷却模具，这是几大正在与金属 3D 打印技术进行深度结合的应用。因为这些产品都有着特殊的内部结构，传统的加工方式需要牺牲掉产品的性能来满足加工要求，要达到最佳的产品性能，优化的结构通过传统方式是很难实现的。

产业化前景方面，利勃海尔为空客 A320 3D 打印的飞机扰流板液压件已经被验证成功，并随着飞机飞上蓝天，这样的产品通过 3D 打印实现量产的目标指日可待。

第一节　液压市场不平凡

液压传动是机械的一种传动方式，其他传动方式还包括机械传动、电气传动、气压传统。其中，液压传动是以液体作为工作介质来传递能量和进行控制的传动方式，具有功率重量比大、体积小、压力、流量可控性好等优点。广泛应用于挖掘机、桩工机械、大型桥梁施工设备、船舶和海洋工程设备、港口机械、发

电设备、石油化工机械及航空航天等多个行业。液压传动系统是衡量一个国家工业发展水平的重要标志之一。

液压系统由液压元件（如：齿轮泵、叶片泵、柱塞泵等液压油泵）、液压控制元件（液压阀）、液压执行元件（如：液压缸、马达）、液压辅件（如：软管、蓄能器）和液压油组成。

目前，全球液压工业集中在美国、德国、日本、中国等，2016 年世界液压行业总体规模为 282 亿欧元，图 14-1 所示为 2016 美国、中国、欧洲液压市场销售额比例，美国市场占比 34%，中国市场占 28%，另外 CETOP（欧洲流体动力协会）占 31%，在欧洲流体动力协会中，德国市场销售额占 35%，意大利占 18%。

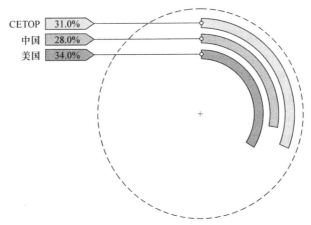

图 14-1　2016 年美国、中国、欧洲液压市场销售额比例

德国博世力士乐、美国伊顿、美国派克汉尼汾、日本川崎重工作为世界精密液压领域巨头，掌握着世界上最先进的液压制造技术。此外，美国泰科是世界上最大的阀门、执行机构和相关流体控制产品的生产商。国内企业如恒力液压等不断加大对液压泵阀、液压系统的研发投入，他们将从替代进口产品的市场中受益。

关于增材制造技术在液压领域的应用，国际上这些液压制造商应用选区激光熔融金属 3D 打印技术制造液压阀、液压泵等液压系统中的零件。但是他们并不是用 3D 打印制造传统加工技术所能够制造的液压元件，而是用于制造根据"增材制造设计思维"进行过设计优化的特殊液压元件。

在过去 5 年中，笔者也曾经与国内不少的液压元件制造商接触过，当前金属 3D 打印技术在国内液压领域的应用还处于空白，总结下来这主要源自于两方面原因：

一是我国不少关键液压零件的制造水平落后于国际水平，长期以来我国在打破关键液压零件依赖进口方面做出了不断的努力，但是追赶这个差距的本身就消耗了大量的精力和财力，这使得企业很难顾及像国外企业这样花费长达十几年的时间探索 3D 打印技术与液压元件制造技术的结合。

二是对于能够制造成熟的液压产品的制造企业来说，尤其是航空航天和国防军工液压件制造商，还缺乏如何通过 3D 打印技术来制造出满足复杂且严苛的军标液压产品的完整思路。在这方面，国内制造型企业呼唤 3D 打印企业的全套培训与打印服务体系，只有双方携手，才能探索出切实可行的方案。

第二节　液压歧管的"瘦身"故事

液压歧管是用于引导液压系统连接阀、泵和传动机构内的液体流动的元件。它使得设计工程师可以将对液压回路的控制集成在一个紧凑的单元内。通过传统的加工技术制造液压歧管，首先要切割和加工铝合金或不锈钢坯料，使其达到规定的尺寸，之后进行钻孔以形成液流通道。由于要完成复杂钻孔，因此通常会用到特殊工具。通道内还需要一些堵塞头，以正确引导液体在系统内的流动路线。

传统制造工艺固有的局限性会导致相邻流动通道之间形成突兀的拐角，造成液体流动不畅或停滞，这是效率损失的一个重要原因。从流体力学的角度来看，传统方式加工的液压歧管在设计上存在许多有待改进的空间，这正是 3D 打印技术可以发挥作用之处。

Renishaw 公司从流体动力学优化入手，结合选区激光熔融金属 3D 打印技术在制造复杂结构方面的优势，对液压歧管的再设计与增材制造进行了探索。他们的设计优化思路和对 3D 打印技术的应用，可供液压阀设计师参考。

经过计算机流体动力学（VFD）分析发现，在传统液压歧管中，有些区域会面临流量小的问题，而有些部位则会面临湍流现象。调整流形的传统做法是，增加内部插头。然而这种方式增加了歧管的复杂性，而且并没有改变流体所存在的急转弯的情况。

对此，解决方案是预先优化设计液压歧管内部的流体流动路径，并采用选择性激光熔融制造优化后的设计。

第一步：提取流体路径

在这一步，设计师将传统液压歧管中那些并没有流体通过，而只是为了加工需求而钻孔的部分设计去掉，只留下那些流体会经过的管道和功能歧管。图14-2 所示

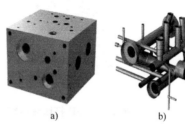

a)　　　　　　　b)

图 14-2　传统液压歧管和从中提取的
流体路径（图片来源：Renishaw）

为传统液压歧管和从中提取的流体路径，图 a 为传统液压歧管，图 b 为从中提取

的流体路径。

第二步：优化流形

减少和简化流体流动路径，确定流动分离和停滞区。由于所采用的制造技术是逐层成型的增材制造方式，在设计时就无须考虑交叉钻孔的设计约束，将传统液压歧管中交叉钻孔产生的锋利拐角，替换成圆形弯曲的设计，从而减少湍流现象。

第三步：确定壁厚和支撑结构

在完成流体路径的优化设计之后，使用有限元分析（FEA）应力模型来计算和分析，确定流体压力，并确定壁厚和支撑结构。3D 打印件的支撑结构可作为一个支架来保持组件一起，并且在打印对象的构建过程中起到构建支持和锚的作用。但支撑结构会消耗更多的打印材料，并增加打印件后处理的难度和时间，因此在设计时应遵循增材制造设计规则，合理添加支撑结构。

通过以上设计优化，3D 打印液压歧管与传统液压歧管相比减重 50%，流体流动效率得到改进，提高了阀体性能和稳定性。

第四步：二次优化，继续减重

在进行 3D 打印液压歧管二次设计迭代时，有两个优化重点。一个优化是歧管应该更加容易拆卸，这是由于歧管是串联使用的，如果哪个歧管坏了就需要被拆卸单独维修。另一个优化是增加零件的刚度，以避免在精加工过程中的歧管发生振动，所以二次设计迭代的时候，液压歧管的打印材料由铝合金替换成了不锈钢。

图 14-3 所示为 3D 打印液压歧管二次优化，左边为第一代 3D 打印歧管，右边为经过二次设计迭代的第二代 3D 打印歧管。

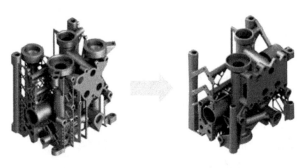

图 14-3　3D 打印液压歧管二次优化（图片来源：Renishaw）

二次迭代使得材料体积减少 79%。优化前的传统液压歧管和第一代 3D 打印歧管制造材料都为 AlSiMg 铝合金，前者体积为：$9600cm^3$，后者体积为：$4650cm^3$。二次迭代后的液压歧管制造材料为 S316L 不锈钢，体积为：$2040cm^3$。

由于增材制造的时间很大程度取决于打印材料的使用量，二次优化后的液压歧管所需的 3D 打印时间也减少了。相比第一代设计方案，二次迭代的 3D 打印歧管，在加工时间和加工成本上都更为节约。歧管的性能也得到了显著的提高，流量效率提高了 60%，并且与现有的设计是兼容的。由于使用了更强的材料，歧管出现故障的概率也大大降低了。

第三节　机械中不寻常的液压系统

基于 3D 打印技术重新设计液压歧管价值体现在两个方面，一方面是重量得到减轻，使用的制造材料相应减少。另一方面是提高设计自由度，优化内部流体通道的设计，减少流体效率的损失。增材制造的液压歧管可应用在农业机械、赛车、航空、帆船等多种机械设备的液压阀体中。通过下面的案例，我们可以感知粉末床选区金属熔融技术在液压控制系统领域的产业化趋势。

1. 液压歧管

（1）农业机械液压歧管制造中的应用　意大利液压制造商 Aidro Hydraulics 公司在 2017 年正式推出了金属 3D 打印液压阀体产品，农业机械行业也是该公司 3D 打印液压产品的重点应用方向。Aidro Hydraulics 的增材制造团队对于如何充分利用粉末床选区激光熔融技术对农业机械中用到的液压歧管进行优化做了新的思考。

他们设计出与上一代传统农机液压歧管具有完全相同功能的 3D 打印液压歧管，可以用于控制带有两个电磁阀和两个先导式止回阀的双作用气缸。Aidro Hydraulic 称与传统液压歧管相比，3D 打印液压歧管的重量减轻了 75%，尺寸减小了 50%。农机 3D 打印液压歧管在压力测试中运行良好，抗拉强度、断后伸长率、冲击韧度和硬度等力学性能均优于传统歧管。

Aidro Hydraulics 制造的 3D 打印液压歧管打印材料为 AlSi10Mg 铸造铝合金，该材料具有良好的强度和热性能，并且密度小，通常用于薄壁和复杂几何形状零件的制造。

（2）直接驱动伺服液压阀体的重新设计　与传统液压阀块规则的长方块状结构相比，3D 打印液压歧管带给人的最直观印象是其结构不再是规则的阀块，而是一组具有不规则形状的"管道"。

英国液压件制造商 Domin Fluid Power 制造的一款 3D 打印液压歧管，就不像其他金属 3D 打印歧管一样充满了独特的几何结构，但是 Domin Fluid Power 在设计 3D 打印液压歧管内部的管道时，利用了增材制造技术的灵活性。Domin Fluid Power 重新设计与制造了一款直接驱动伺服液压阀，该液压阀中装配了 3D 打印歧管，Domin 通过再设计和增材制造技术，优化了内部歧管连接方案。

2. 液压泵的创新

液压泵是液压系统的动力元件，在发动机或电动机驱动下将液压油箱中的油液吸入，增压后排出，将压力油送到执行元件的一种装置。如按照结构来分类，液压泵可以分为齿轮泵、柱塞泵、叶片泵和螺杆泵。目前，金属 3D 打印技术除了可以用于制造液压阀体中的液压歧管，还可以用于制造液压柱塞泵。

柱塞泵依靠柱塞在缸体中往复运动，使密封工作腔的容积发生变化，从而实现吸油、压油。柱塞泵具有额定压力高、结构紧凑、效率高和流量调节方便等优点。径向柱塞泵可分为阀配流与轴配流两大类。径向结构设计克服了如轴向柱塞泵滑靴偏磨的问题，使其抗冲击能力大幅度提高。

虽然液压件制造商在径向柱塞泵的开发方面进行了大量的工作，但是现有的制造技术却无法实现十分复杂的细节，金属 3D 打印技术为柱塞泵的设计带来了优化的空间。Domin Fluid Power 公司，从分析流体原理入手，结合金属 3D 打印技术，寻找高效、轻量化柱塞泵的设计方案。

为了能够设计具有可靠使用寿命的高效泵，Domin 的设计师需要从径向柱塞泵内的设计中提炼出一套复杂的折中方案，其中最有效的方法就是使用一个由沿长度方向压力平衡的枢轴组成的泵。然而为了实现这一功能，枢轴需要一个非常复杂的液压换向，Domin 通过金属 3D 打印技术来解决这个复杂零件的制造难题，从而实现了径向柱塞泵的设计创新。

第四节 "复杂性"驱动液压增材制造

制造液压系统金属零部件的方式通常包括对铸造件进行机加工和对金属棒料进行机加工。现在，金属 3D 打印技术也成为了一种新兴的液压件制造技术。那么，液压系统制造商应该选择哪种技术来制造液压零部件呢？国际上一些从事液压件 3D 打印的践行者所得出的经验具有借鉴意义。

1. 从液压元件的生产需求出发

液压制造商 Aidro Hydraulics 拥有机械加工和金属 3D 打印两种液压阀产品生产技术。他们会从客户的具体需求出发来确定究竟使用哪种技术来生产液压零部件，选择时主要考虑以下几个因素。

生产数量：传统制造技术适合大规模生产，对于小批量的复杂液压件 3D 打印技术则更经济。

交期：用 CNC 机床加工金属棒料，制造周期为 30 ~ 60 天；如果是对液压铸造件进行机械加工，那么从铸造到完成加工的周期为 6 ~ 12 个月；用金属 3D 打印技术制造复杂液压件的周期可以缩短至几天之内，如果打印完成后，需要进行机加工，则周期需要增加 1 ~ 2 周。

材料选择：液压零部件的制造材料必须具有足够的强度和耐蚀性，才能安全地应对液压系统的高压，传统液压技术中最常用的材料是碳钢、不锈钢和铝。金属3D打印设备可加工的材料包括：不锈钢（AlSi316L）、铝、钛（Ti6Al4V）、铬镍铁合金（625或718）、马氏钢等。

原型设计：如果客户要制造的液压件是用于设计验证的原型，那么，金属3D打印技术则更具灵活性，它的价值在于可以短时间内同时打印出不同型号的设计原型。

Aidro Hydraulic曾经服务过一家企业客户，客户当时的要求制造出少量堆叠式的减压阀。该阀体的传统标准品由镀锌钢铁制成，在需求数量少的情况下使用传统加工方式的成本相对昂贵，并且交期较长。在此情况下，Aidro Hydraulic采用了增材制造技术为客户制造这些减压阀，打印材料为AlSi316L不锈钢。

Aidro Hydraulic针对增材制造技术对减压阀进行了重新设计，设计的结果是阀体的重量减少60%，阀体的结构壁与原始阀体相比拥有相当的力学性能。此外，Aidro Hydraulic用25MPa的压力对金属3D打印的阀体进行了测试，测试结果达到传统阀体的水平。

Aidro Hydraulic推出金属3D打印液压产品的原因不仅是为了应对客户的小批量生产需求。当使用金属3D打印技术时，Aidro Hydraulic的设计师在进行产品设计时也获得了更大的空间，这有助于提升液压系统的性能。

2. 与机加工结合成就复杂液压零件

3D打印的一大优势在于加工一些过于复杂的结构，而这些复杂结构正是产品实现更高附加值之所在。而传统工艺的经济性以及效率和表面精度往往是目前3D打印所难以企及的。于是不少聪明的3D打印技术践行者开始了3D打印与机加工等加工工艺的结合之路，利用金属3D打印技术实现液压件的复杂特征，然后通过机械加工技术进行精加工。

如果采用3D打印与机械加工相结合的方式来制造液压件，在进行设计时除了需要遵循增材制造设计规则，例如尽量避免大于45°的悬伸结构，还需为将要进行机械加工的部位留出加工余量，并考虑机械加工时如何夹持零件。

美国宾夕法尼亚大学的Timothy Simpson教授曾在TED演讲中展示过一个通过3D打印与机械加工结合加工的复杂精密液压零件，如图14-4所示，该零件带有复杂内腔结构，打印材料为Inconel 718合金，打印设备为选区激光熔融设备，打印完成后又通过精密加工来满足关键部位尺寸公差的要求。

设计师在外径、顶部和底部的表面以及内部流体端口面上添加了切削余量，以方便后期的机加工。打印过程中产生了大量的热量，因此零件内部有残留的应力，打印完成后的热处理工艺能够内部应力并微调材料性能。

随后的机械加工工艺所起到的作用是使3D打印液压件拥有更好的表面粗糙

图 14-4　3D 打印与机械加工结合加工的复杂精密液压零件（图片来源：Imperial）

度，以及高精度的外径，以确保 3D 打印液压件能够和其他零件成功地装配在一起。3D 打印液压件顶面和底面存在平面度和平行度的精度要求，这些要求需要通过机械加工来实现。而流体端口需能承受 10000psi（约为 68.9MPa）的压力，这需要通过精密的螺纹磨削加工来实现。

完成液压零件的 3D 打印以及机械加工之后，最后的步骤是对零件进行质量检测。通常对于机械加工零件的检测方法是依靠传统的测量设备来确保满足严格的公差要求，通过计算机断层扫描系统等设备完成零件内部的检测。

Timothy Simpson 教授展示的液压零件，相比原设计减轻重量超过 40%，同时提高了流体流动性能。

第五节　液压制造商发力 3D 打印

3D 打印技术已成为穆格、博世力士乐、派克汉尼汾等全球著名液压系统制造商制造复杂液压零部件的选择，也受到了液压系统应用企业的重视。

在国际上金属 3D 打印技术在液压件制造领域的应用已有着 10 年以上的历史。以穆格为例，穆格的主要业务是设计、制造和销售高性能液压阀产品，其产品被应用在航空航天等领域。穆格在金属 3D 打印液压零件领域的有着超过 15 年的探索经验，穆格的增材制造中心已用金属 3D 打印技术生产了 6000 多个液压零件。

穆格一个典型的应用是利用 3D 打印技术优化了促动器内部液压系统的结构，使得原来需要五个组件组装而成的零件，被改进为一个 3D 打印的一体化零件，并且在零件内部包含了液流通道。对于穆格来说，除了开发各种 3D 打印的液压零件，更关键的目标是实现增材制造的精益生产。穆格通过分析和规划当前的制造流程，将精益生产的理念逐步纳入到管理中来，使增材制造的效益得到提升。

　　2017 年，另一家液压传动和控制领域的著名制造商派克汉尼汾也对外公布了其在 3D 打印领域的进展。派克汉尼汾在总部附近开设了"先进制造学习和开发中心"，工程师可以在该中心探索增材制造/3D 打印、协同机器人技术等新兴技术。派克汉尼汾认为 3D 打印将为公司带来长期的机会，派克汉尼汾全球范围内的分公司和运营团队都将利用"先进制造学习和开发中心"的最新打印材料、3D 打印设备和软件更好的解决客户需求。

　　液压系统应用企业也对 3D 打印液压件的开发和应用保有积极的态度，尤其是像空客这样的航空制造企业。2017 年 3 月 30 日，装载了首个 3D 打印液压件 – 飞机扰流器液压阀块的 A380 飞机试飞成功。图 14-5 所示为 3D 打印飞机扰流器液压阀块，空客与德国利勃海尔（LIEBHERR）等合作伙伴通过增材制造技术对其进行了长达 7 年的设计优化，得出的制造方案是通过选区激光熔融 3D 打印技术和 Ti64 钛合金材料制造扰流板液压件，并将 3D 打印件与其他液压零件装配在一起。3D 打印液压件的明显优势是轻量化，其重量相比原来液压件减轻 35%。在性能方面，3D 打印的液压件使液压系统的效率得以优化，产生更少的热量，降低噪声，同时对液压动力的要求更少。而液压系统效率的提升，将为飞行带来附加效益，例如减少空气阻力以及优化飞机的燃油效率。

图 14-5　3D 打印扰流器液压阀块（图片来源：LIEBHERR）

　　空客和其合作伙伴目前采用的飞机扰流器液压元件设计方案是个阶段性的成果，他们还将进一步优化这一液压元件，考虑如何将扰流板液压件设计成一个完全集成式的 3D 打印零件，从而进一步简化复杂的液压件制造和装配过程。空客的目标是实现 3D 打印扰流板液压件的量产。

第十五章
工业其他

通过 3D 打印重新改变零件设计，燃气轮机的联合循环效率正在迈上新的台阶。

这是不是有些夸张呢？从尺寸上，燃气轮机的体量那么庞大，3D 打印设备相对来说比较小，而 3D 打印能够改变联合循环效率吗？

那么我们来看一下事实：

2017 年，GE Harriet 凭借 3D 打印制造技术，打破了自己的净效率记录。在南卡罗来纳州格林维尔工厂的测试中，以 64% 的联合循环效率击败了自身之前的设计。

2018 年，3D 打印助力西门子 SGT – 8000H 系列三款燃气轮机实现超过 63% 的联合循环效率，如今在西门子位于柏林西部的巨大生产车间里，数百名员工正在研究世界上有史以来最强大的燃气轮机。3D 打印的叶片插入涡轮机组件中，燃气轮机以最高的精度进行组装。

而根据 3D 科学谷的市场研究，安萨尔多能源公司也在进行着他们的 3D 打印探索，安萨尔多能源公司将 3D 打印应用到修复燃气轮机的热气路径方面，这改进了燃气轮机修复的便捷性，并且更加经济。

这里面 3D 打印所发挥的神奇作用，最经典的应用案例有两个，一个是叶片，一个是燃烧器盖。那么 3D 打印为什么适合制造这样的零件？而这样的零件又是怎样发挥作用从而提升了燃气轮机的联合循环效率？随后的内容我们将进行详细的分析。

第一节　燃气轮机制造

长期以来，全球燃气轮机市场呈三足鼎立的局面，GE、西门子、三菱占据八成以上的市场份额。2014 年，中国最大的装备制造集团之一——上海电气以 4 亿欧元竟得欧洲老牌燃气轮机制造商意大利安萨尔多公司 40% 股份。此后，通过合并阿尔斯通公司的重型燃气轮机业务，安萨尔多成为继西门子、GE 和三菱后第四个拥有 H 级燃气轮机技术的公司。

燃气轮机是以连续流动的气体带动叶轮高速旋转的内燃式发动机，由压气机、燃烧室、涡轮三大部分组成，其中燃烧室由外壳与内部的火焰筒、燃烧器组成，燃烧气体通过燃烧室端部燃料入口进入燃烧室火焰筒与压气机压入的空气混合燃烧，实现膨胀做功。燃烧室是燃气轮机的核心部件，它的设计难度大、材料昂贵，加工工艺复杂，燃气轮机的可靠性在很大程度上取决于这些部件的制造水平和维修水平。重型燃气轮机是大型天然气发电厂的核心装备，也是公认最难制造的机械装备之一，其核心关键技术为西门子、GE等制造业巨头掌握。

总体来说，3D打印在燃气轮机制造领域可发挥的空间十分广阔，从合金的结晶控制，到零件的精密性和复杂性实现，3D打印不仅仅推动了工业再设计，还在生产和修复过程中节约了生产资源，并通过提高燃气轮机的性能，在燃气轮机发电效益提升，节约燃料成本的节约方面起到了四两拨千斤的作用。可以说，从3D打印技术中受益的不仅仅是燃气轮机制造商，还有使用燃气轮机的发电企业。

1. 更高的混合比

早在2008年，西门子芬斯蓬工厂的分布式发电服务部门就已开始使用3D打印技术，限于当时成本与技术的限制，3D打印技术仅被用于制造产品原型。在经过5年的发展和经验积累之后，2013年分布式发电服务部门已将3D打印的应用拓展至燃烧器的修复中。如今这些应用已经融入芬斯蓬工厂的日常生产工艺中，特别是在燃烧器的直接制造中发挥了重要作用。

2016年2月，西门子在芬斯蓬投资成立了一个工业型燃气轮机3D打印研发基地和工厂，负责燃气轮机零部件的快速原型设计、快速维修和快速生产。2016年7月，3D打印零件开始商业化制造。这里的工作间大致分为原型设计、打印、维修和后期处理四个区域，共配有12台德国EOS公司的3D打印机。

西门子芬斯蓬工厂负责生产功率从15MW到50MW（1MW=1000kW）的中型燃气轮机，包括从SGT-500到SGT-800的5个型号。此外，英国工厂生产的更小功率SGT-300和SGT-400，以及北美生产的航改型燃气轮机Industrial Trent 60，也会运至芬斯蓬工厂组装成套。

图15-1中的零件为3D打印的燃烧室燃烧器，由西门子芬斯蓬工厂使用金属3D打印技术制造。燃烧器头虽然设计复杂，但它们几乎没有任何可见的焊缝，金属3D打印设备很快就可以生产出这些燃烧器的整个上半部分，在新的燃气轮机中，焊接燃烧器头将被3D打印的燃烧器头取代。

借助3D打印技术生产出的燃烧器头部件外壁有许多开口，而内部则是可用于测试替代燃料的框架式结构。这些替代燃料气体（主要是氢气或合成气体）通常是工业生产过程中产生的废气，芬斯蓬工厂希望能够利用这些气体为汽轮机提供动力，但是由于在使用时这些气体需要通过燃烧器进行均匀混合，而原有的燃烧器无法达到这样的效果，所以工厂一直无法将这些气体加以利用，而具有框

图 15-1　3D 打印的燃烧室燃烧器（图片来源：西门子中国）

架式结构的 3D 打印燃烧器解决了气体均匀混合的问题。这种结构允许新的燃烧器在天然气中混入最多 60% 的氢气，这是一个革命性数字。

在过去，由于熔铸和焊接等传统重工业工艺不能生产出这种可实现高混合比例的结构，氢气混合比例只能达到几个百分点。由于氢气比天然气便宜，相比起纯天然气燃料，每年可以节省 300 万欧元的燃料费用。对于燃气轮机的电力用户来说，带有 3D 打印燃烧器的燃气轮机将为他们节约可观的燃料消耗成本，3D打印技术的价值在用户端得到了进一步放大。

3D 打印技术为实现在过去被视为不可能的设计方案打开了一扇大门，也为西门子芬斯蓬工厂带来了新的售后服务模式。西门子将 3D 打印技术用于制造燃气轮机备品备件以及修复损坏的零部件。他们曾用一个 3D 打印的新叶轮替换了欧洲克尔斯科核电站水泵中的旧叶轮，新叶轮的直径为 108mm。之所以采用 3D打印技术制造新叶轮，是由于厂家缺失了叶轮的原始设计，西门子的工程师采用逆向工程技术创建了叶轮的数字化模型，然后通过 3D 打印设备将叶轮制造出来。在替换旧叶轮之前，克尔斯科核电站和一个独立机构对 3D 打印叶轮进行了测试，测试方法包括 CT 扫描，以确定它的适用性。测试结果表明，3D 打印替换部件的材料性能甚至优于之前的叶轮。西门子为克尔斯科核电站提供 3D 打印的叶轮备件，体现出 3D 打印技术为能源装备制造备品备件的便利性，即在备件已经停产并且没有原始设计的情况下，能源装备中出现问题的零部件仍能得到及时更换。

燃气轮机在投入使用之后的修复工作也可以通过 3D 打印技术来完成，这一应用提升了西门子售后服务的效率。燃烧器工作在一个极端高温的环境下，西门子的服务工程师会在燃烧器工作 3 万小时之后将其拆除，然后送到芬斯蓬工厂进行修复。工程师将燃烧器顶部截去 24mm，然后通过西门子定制的 3D 打印设备直接将需要修复和重建的部分打印在原有的零部件上，大约 20 小时之后，旧的燃烧器就修复完成了。随后工程师就可以尽快将修复好的燃烧器安装回去，尽可能降低因停机带来的损失。3D打印修复技术替代了以往的切断、重铸工艺，使交货周期缩短了60%。西门子不仅可以对燃烧器按照原有设计进行修复，还可以根据客户要求按照最新优化的设计方案对燃烧器进行修复。

西门子在英国林肯还有另外一个燃气轮机工厂，这个工厂使用3D打印技术进行SGT-400燃气轮机叶片的再设计。叶片设计具有完全改进的内部冷却几何制造，制造材料为多晶镍超合金粉末，叶片的冷却性能得到改进。在满负荷核心机测试中，叶片被高于1250℃的高温气体包围，转速高达13000r/min（转/分钟）。增材制造技术可以实现优良的力学性能，粉末状原材料细晶组织，在微观结构上各向异性需要的控制和引导。

2. 打破联合循环效率记录

GE能源是个产品众多的"大家族"，其中一个令人瞩目的产品是重型哈丽特（Harriet）燃气轮机GE 9HA。GE HA系列燃气轮机装备有为超音速喷气飞机开发的高温合金单晶透平叶片，叶片中先进的冷却系统使得叶片能够耐受最高1600℃（2900℉）的高温。HA燃气轮机在整个生命周期中拥有很高的经济效益，被全球70多家客户的发电厂使用，通过将燃气轮机产生的废热重新导向汽轮机，循环发电的方式以同样多的燃料产生的电能高出50%以上。

新一代GE 9HA.02燃气轮机在GE南卡罗来纳州格林维尔工厂测试时，以64%的联合循环效率超越了它的上一代设计。这种新型燃气轮机的总输出功率为826MW，按照GE能源部门的估算，额外的电力可以为全球客户节约数百万美元的燃料费。

GE将燃气轮机效率的提升归功于"通过不断创新带来的燃烧效率突破"，而GE所进行的创新则离不开3D打印技术制造的多个汽轮机创新部件。GE能源对9HA.02燃气轮机的燃烧系统进行了设计优化，改进了燃气轮机中燃料和空气的预混合，以实现最大的发电效率。金属3D打印技术被用于制造这些经过优化的复杂零部件，这些3D打印零部件使燃气轮机的整体性能得到提升。

虽然GE官方并未透漏9HA.02上使用的3D打印技术细节，但根据3D科学谷的市场研究，GE于2017年1月24日获批的专利（US009551490）中包括燃料喷射器主体和冷却系统的制造技术，从中可以了解到GE在燃气轮机制造技术中所做的创新。

在燃气轮机的燃烧室内，可燃混合物燃烧以产生具有高温、高压和高速的燃烧气体。较高的燃烧气体温度可以提高燃烧器的热力学效率和双原子的分解率。相反，较低的燃烧气体温度普遍降低了燃烧气体的化学反应速率，从而延长产生的一氧化碳（CO）和未燃烧的碳氢化合物（UHCS）在燃烧室的停留时间。

为了平衡燃烧器的整体排放性能和热效率，某些燃烧器设计包括多个燃料喷射器，燃料喷射器被布置在衬垫周围。燃料喷射器一般通过衬垫径向延伸，以将流体连通到燃烧气体流场中。为了克服燃烧气体流场中燃烧气体的高动量，必须通过燃料喷射器引导大量压缩空气以将燃料充分推入燃烧气流中。燃料在相对较高的压力下供给，以充分推动燃料进入燃烧气体流场。

这些问题当前的解决方案包括将燃料喷射器的一少部分通过衬里向内径延伸到燃烧气体流场中。然而，这种方法将燃料喷射器暴露在热燃烧气体中，可能会影响组件的机械寿命和导致燃料焦炭积累。根据 3D 科学谷的市场研究，GE 改进了用于将燃料喷射器延伸到燃烧气体流场中的冷却系统。

GE 在获批的专利中涉及的创新技术包括燃料喷射器主体的制造方法和燃料喷射器冷却系统制造方法。专利中描述了燃料喷射器主体的制造方式，包括确定主体和冷却通道的三维建模信息，将三维建模切分成多个切片横断层，并通过电子束熔融金属 3D 打印技术将各层熔化，再凝固起来，从而制造出燃料喷射器主体。

GE 在专利中所描述的燃料喷射器冷却系统，包括通过燃烧室限定燃烧气流路径的衬里、通过衬里延伸的燃料喷射器开口和燃料喷射器。燃料喷射器主体采用粉末床选区激光熔融或电子束熔融技术制造。增材制造工艺允许更复杂冷却通道模式，这样的通道几乎无法通过传统的制造方法制造。此外，增材制造减少潜在的泄漏和其他潜在的不良影响，例如通过传统方法需要有多个组件钎焊或结合在一起以形成冷却通道，这不仅仅增加了工艺的复杂性和程序，还带来了潜在的质量隐患。

第二节　核　工　业

核工业对于零部件的复杂性和性能有着与航空航天业相似的需求。在航空航天业，3D 打印技术已经得到应用，从阻燃的塑料件打印，到飞机隔离舱的金属结构件打印，再到燃油喷嘴这样的功能部件的打印都被证明是可行的、可靠的。同样，3D 打印技术在核工业领域具有不容忽视的潜力。特别是由于核工业对于许多零部件有着小批量个性化需求，或许未来核工业中的关键零部件都将通过3D 打印这种增材制造技术进行按需定制。

当然，核工业对于材料有着诸多要求，比如说材料的尺寸分布、组合成分、热加工性能等微观层面的机械性能，以及材料能否满足核工业对于高温环境下力学性能的要求。虽然，当前 3D 打印技术还不能加工核工业中所涉及的许多特殊材料，但 3D 打印仍存在不少可尝试的领域，例如钛、镍铬合金、高镍不锈钢和部分低碳钢等金属粉末材料都可以用于 3D 打印核工业零件的制造。

3D 打印在核工业中的应用，仍处于探索与发展中，让我们通过几个典型的案例更清晰地了解当 3D 打印与核工业相遇能带来什么。

1. 中核北方核燃料元件

核燃料元件制造是集设计与加工于一体的高端精密制造，结构复杂，需多种工序交叉作业加工才能完成。2016 年伊始，中核北方核燃料元件有限公司（二〇二厂）通过西安铂力特的选区激光熔融 3D 打印设备开发了 CAP1400 自主化燃料原型组件下管座，这一技术的应用缩短了复杂核燃料元件的研发周期，降低了研发成本。

除了核燃料下管座，中核北方核燃料元件有限公司还将应用金属 3D 打印技术制造更多复杂零件。

2. 英国核电站自动化增材制造单元

英国的核电站建立了一套增材制造自动化系统，这套系统由库卡机器人承建，占地 10m×5m，由安装在三轴九米龙门结构中的六轴机器人组成，在直径 3.5m 的转盘上装载着二轴机械手。

机械手中集成了基于定向能量沉积工艺的电弧焊 3D 打印设备，在制造零件时金属线材被送入焊枪。机器人按照计算机辅助设计模型的路径焊接材料，从而得到一个近净形零件。

这个自动化的增材制造单元被用于制造大型泵和阀的壳体或压力容器，有效降低初始成本，部分替代锻件或铸件。

第三节 刀 具

铣刀、钻头等刀具是机械加工技术中所必需的工具，刀具中所具有的内冷通道、排屑槽都属于传统制造技术难以实现的结构。德国的刀具制造商采用选区激光熔融 3D 打印技术来制造结构复杂的钻头、铣刀，3D 打印技术的应用为刀具的设计优化带来了自由度，并为部分特殊非标刀具的制造提供了一种更为经济的制造途径。

不少的刀具公司已经开始采取了行动，例如德国刀具制造商玛帕。玛帕推出的 QTD 系列钻头就是通过选区激光熔融 3D 打印技术制造的。这一系列的钻头带有复杂的螺旋冷却通道，与上一代钻头相比，冷却液到钻头顶部的流动过程中的热传导能力得到提升，钻头的使用寿命更长，加工时能够达到更快转速。

在应用金属 3D 打印技术之前，玛帕能够制造的最小刀具直径为 13mm。在应用了 Concept Laser 的选区激光熔融金属 3D 打印设备之后，可以实现的直径范围在 8 ~32.75mm 之间。

玛帕还利用金属 3D 打印技术寻求提升液压刀柄热传导能力的设计方案。这类液压刀柄的夹持力大，有助于提高加工工艺的精度和可靠性，但很容易存在耐热性差的缺陷，由于越来越多的机械加工/金属切削工艺涉及高速加工，刀具的耐热性成为需要解决的主要问题。作为刀具制造商，玛帕针对市场需求对液压刀柄进行设计优化，以提升其热传导能力。玛帕选择使用对设计约束少的选区激光熔融 3D 打印技术来制造迭代后的液压刀柄，如图 15-2 所示，制造材料为钢基金属粉末。

图 15-2　玛帕 3D 打印液压刀柄（图片来源：Concept Laser）

另外一家德国的刀具制造商高迈特公司也在借助 3D 打印技术制造刀具。高迈特推出了 Revolution 系列非标铣刀产品，在铣刀的制造中高迈特同时使用了金属 3D 打印技术和机械加工技术。铣刀中拥有密集排屑槽的刀体部分是通过金属 3D 打印技术制造的定制化非标产品，刀柄部分则是通过机械加工技术批量化生产的标准产品。

通常，铣刀中非标的刀体也是通过机械加工技术制造的，高迈特为什么转而使用金属 3D 打印技术来制造这些刀体呢？提升非标铣刀的刀具性能、刀具寿命以及实现灵活的定制化铣刀生产是高迈特选择金属 3D 打印技术的主要动力。

排屑槽的密度、角度是影响刀具性能的主要因素。如果刀体中拥有密集的排屑槽则能够提升刀具的进给速度和切削效率，通过机床和小型刀具以轻切的方式制造刀体存在加工难度高、加工周期长的问题。金属 3D 打印技术不仅能够制造出更高密度的排屑槽，而且使刀体制造效率得到提升。由于刀体中排屑槽的密度提高了，刀具在进行材料加工时的效率也得到提升，特别是在切削铝合金和碳纤维复合材料时可实现更高的材料切除率。在排屑槽的角度方面，以往高迈特可实现的角度为 4°~5°，通过 3D 打印技术，高迈特制造出的螺旋角可达到 20°。

刀具内部冷却通道的几何形状则对刀具寿命有一定影响。通过 3D 打印制造出的刀具内部冷却通道具有复杂的螺旋状几何结构，该结构可提高冷却液到刀具顶部流动过程中的热传导能力，从而提高刀具寿命，以及刀具切削速度。

图 15-3 所示为高迈特带有 3D 打印刀体的非标铣刀，在高迈特的德国总部中，这类非标的铣刀刀体是通过 Renishaw 的选区激光熔融金属 3D 打印设备制造

的。在一次打印任务中，为客户定制化生产的多款不同刀体同时被打印出来。打印完成后，刀体通过电火花加工（EDM）设备从底部的金属盘中切割下来，接下来PCD刀片被安装在刀体上。最后高迈特通过激光焊接工艺将刀体和刀柄焊接在一起，刀柄仍然是通过机械加工方式大批量制造的。

图15-3　高迈特带有3D打印刀体的
非标铣刀（图片来源：Renishaw）

除了在刀具性能和刀具寿命等方面带来的提升，3D打印技术还给高迈特的刀具设计带来更高的自由度，这为高迈特的非标刀具定制业务带来便利。

第四节　后　市　场

后市场是指机械、电子等产品被销售以后，围绕着产品使用过程中出现的问题所提供的服务。后市场服务从产品售出开始，一直持续到产品报废。设备维修、保养，更换零配件等服务均属于后市场服务范畴。

产品制造商为了满足用户维修或更换配件需求，需保证配件有一定的库存量。但是保有配件的库存量，对于制造商来说无疑会产生一定的成本。对于某些更换频次低的配件或者是已停产产品的配件来说，不仅占用库存会产生成本，通过适合大规模生产的传统制造技术来制造这些小批量零件而产生的制造成本也是高昂的。在国际上，一些制造企业开始尝试用3D打印技术制造机械设备的备品备件，可3D打印的配件的存储方式也由存储实体存储改为数字化的设计文件存储。通过增材制造模式，不仅能够具有"随时随地"获得备品备件的灵活性，还节约了这些公司保有大量备品备件的成本，简化库存管理和减少异地运输的需求。

目前，已涉足3D打印售后服务的企业主要是一些产品线独特、备品备件种类繁多，且部分种类需求量较小的产品制造厂商，也有的制造企业采用3D打印技术开辟了更换个性化零部件的售后服务。

当然，用3D打印技术制造配件的不仅是原设备厂商或其零配件供应商，一些航空领域的用户也在使用3D打印设备制造、维修部分更换成本高、周期长的零部件，比如说中国东方航空集团用Stratasys工业级熔融挤出3D打印机和经过认证的ULTEM 908材料制造民航客机机舱中的书报架、电子飞行包支架等塑料件。

1. 飞机备品备件库

军工产品的要求有六性，包括：产品可靠性、维修性、保障性、测试性、安全性和环境适应性。对于飞机零件来说，这六性同样重要。而为了满足飞机产品的维修性，3D 打印正扮演着极为重要的角色。

关于 3D 打印飞机零件的后市场，波音公司在 2015 年就提交了一份专利申请，主要涉及更换飞机零部件的 3D 打印应用。这份专利申请可能会对波音公司未来的经营产生重大影响。

波音以往的备件供应采用多个库存中心存储，然后再运输到需要的位置的模式，但根据波音的专利描述，当采用 3D 打印技术作为零件备件的制造技术时，波音只需搭建一个拥有零备件 CAD 设计文件的在线模型库，任何地方只需一台 3D 打印机就可以在几小时内制造出他们想要的备件。

波音在专利中提出的备件供应模式虽然比较超前，但 3D 打印技术在飞机备件制造中的应用却已经成为现实。根据 3D 科学谷的市场研究，中国东方航空集团增材制造实验室使用 Stratasys 的 FDM 3D 打印机和符合航空业 FAA 和 CAAC25 标准的阻燃材料 ULTEM 9085，为其运营的民航客机制造一些需要更换的机舱内饰件。阿联酋航空利用 3D 打印技术独特的优化能力来制造部分需要更换的机舱零部件，例如座椅靠背中安装的视频显示器外壳，他们使用的是 3D Systems 的选区激光烧结设备和阻燃尼龙材料 DuraForm® ProX® FR1200，这是一款满足 FAR 25.853（美国航空管理条例 - 运输类飞机 - 机舱内部实施条例）要求的打印材料。

2. 铁道车辆备品备件制造

将 3D 打印技术引入售后零部件制造体系的还有德国铁路股份公司（Deutsche BahnAG，DB）。德国铁路内部有 40 个维修点，在每个维修工作站中配备了至少一名或两名 3D 打印专家，负责确定哪些零部件可以通过 3D 打印技术受益。事实证明，有很多列车零件适用于 3D 打印，包括咖啡机的备件、外挂钩、头枕框架、盲文路标等。

德国铁路并不局限于使用一种 3D 打印技术，他们已经发现了塑料和金属增材制造的不同优势。当前德国铁路公司用于塑料打印的材料主要是 PA - 12 尼龙材料，用于金属 3D 打印的材料主要是铝合金材料。2017 年，德国铁路还开始通过 3D 打印来制造钛合金零件。

德国铁路并没有投资增材制造设备，单是通过与专门从事 3D 打印的公司合作已经能够利用最先进的增材制造技术。为了将增材制造解决方案融入供应链中，德国铁路于 2016 年 9 月成立了"移动增材制造"网络，通过网络与西门子、GE 的 Concept Laser、Materialise、EOS、Stratasys、Autodesk 等 50 余家公司进行零部件的增材制造。

像航空航天工业那样，德国铁路在采用 3D 打印零件方面面临的主要挑战之一就是符合严格的安全要求。某些方面，列车的安全要求甚至比飞机要严格得多，主要因为乘客需要乘坐时间长，而这对零件的抗磨损性、稳定性和阻燃性提出了很高的要求。德国铁路希望使用满足这些安全要求的材料来制造零件，例如用阻燃 3D 打印材料制造与乘客紧密接触的头枕或扶手。

3. 家用电器业的在线模型库

在激烈的市场竞争下，为消费者提供周到的售后服务是电器品牌保持竞争力的一种方式。法国著名家用电器产品零售商 Boulanger，为了给消费者提供良好的售后服务体验，满足消费者更换零配件的需求，为销售的自有品牌的电子产品储备着大量的备品备件，每年因此而花费的仓储成本居高不下。

即使如此，Boulanger 也无法满足所有售后维修服务的需求，这是因为有的客户需要为多年前购买的旧款产品更换零部件，这些产品的零部件往往因为时间久远已经停产，而有些只是一些更换率极低的小零件。

针对这个情况，Boulanger 公司推出了在线的备品备件"仓库"Happy 3D。线下的备件仓库存储的是大量实体零部件，而 Happy 3D 上存储的是零部件的 3D 模型。初期，Happy 3D 中存储了两个自有品牌的 120 个零部件 3D 模型，包括遥控器盖、冰箱脚、电器仪表盘和开关等。

对于拥有 3D 打印设备的用户在下载 3D 模型之后可以自行打印，为方便用户操作，Happy 3D 针对每种模型推荐了打印机的设置，并通过在线论坛提供一些支持和帮助。而对于家中没有 3D 打印机的用户，Boulanger 与 3D 打印服务平台 3D Hubs 合作，使用户可以通过 3D Hubs 寻找距离自己最近的 3D 打印机将零配件打印出来。

这种面向个人消费者的 3D 打印备品备件解决方案，对于消费电子制造商来说无疑是改善供应链管理、降低成本的一种方式，但个人消费者能否真正从这种服务模式中获益，还取决于面向个人用户的 3D 打印基础设施是否完善，打印成本是否合理等客观条件。

4. 按需制作船用部件

3D 打印技术可以应用于修复或按需制造大型船只中损坏的零部件，这一应用已逐渐为大型港口、轮船公司以及海军所接受。

在大型港口中，荷兰鹿特丹港通过设立在港口的 RAMLAB 实验室提供船用金属零部件的增材制造。该实验室典型的应用案例是通过混合增减材制造技术制造船用螺旋桨，具体使用的是基于定向能量沉积工艺的线弧增材制造设备，制造材料为金属丝。RAMLAB 可以用自己的金属 3D 打印机在几天之内完成零件的生产并直接送到码头，而不用花费数周甚至几个月的时间去等待传统模式制造的部件。

RAMLAB 与劳氏船级社合作对 3D 打印的金属零部件进行认证和风险管理，劳氏发行了专为增材制造技术设计的指导说明和路线规划，其将为增材制造部件在对安全要求较高行业的使用提供指导，帮助增材制造的零部件和工艺安全地投入市场。

RAMLAB 实验室的负责人曾表示，虽然用 3D 打印技术制造船只中需要更换的零部件尚处在早期发展阶段，但这一技术已经引起了全球众多港口的兴趣。

除了大型港口或邮轮公司为轮船用户提供快捷的备件生产的应用，3D 打印技术还进入到中国的三军保障体系，中国某海军舰队曾用 3D 打印设备快速修复舰艇中损坏的金属部件，部分简易零件甚至可现场制造。

5. 工程机械小批量备件生产

工程机械制造商卡特彼勒在十年前就开始为他们的重型设备投入 3D 打印元素，经过多年的摸索，卡特彼勒将 3D 打印的零部件引入到其供应链中。目前卡特彼勒生产的 3D 打印零件主要用于售后市场，包括提供给经销商用于设备的维修和零件更换。

举例来说，用于安装在自动平地机上的垫圈，这些垫圈由 3D 打印弹性塑料制造出来。由于这些垫圈在售后市场上消耗量很小，通过 3D 打印技术从而节省了库存所占用的资源。尤其是对于那些消耗量很小的备品备件，如果要重新开模来生产，成本会十分昂贵，卡特彼勒发现 3D 打印在重新制造这些高度专业化的组件方面具备明显的优势，那就是小批量的经济性和灵活性。

目前，卡特彼勒除了塑料 3D 打印技术，还在积极地应用金属 3D 打印。其中一个经典的例子是，由卡特彼勒的太阳能涡轮机公司生产的燃气轮机需要一种带有复杂翅片的燃油混合器，这种装置采用传统方法难以铸造，卡特彼勒的团队发现金属粉末床熔化技术可以轻松地获得这些零件。通过 3D 打印所获得的燃油混合器具有所要求的所有复杂内部通道，并且不需要额外的组装和焊接。

第五节　再　制　造

根据工信部、发改委等 11 部委 2010 年 5 月底联合发布的《关于推进再制造产业发展的意见》中的定义：再制造是指将废旧汽车零部件、工程机械、机床等进行专业化修复的批量化生产过程，再制造产品能达到与原有新品相同的质量和性能，再制造是循环经济"再利用"的高级形式。

对于大型昂贵的零件来说，基于定向能量沉积工艺的 3D 打印技术成为 3D 打印技术家族中最主流的一项技术。基于定向能量沉积工艺的 3D 打印技术用于零件的修复并不是新鲜事情，在航空航天及能源领域已经有着广泛的应用。这些修复的零件基本上具有一定的共性，即：零件附加值高、昂贵、大型、精密，有些复杂零件不仅价格昂贵，而且订购新零件的周期长。

如果这些昂贵的零件在经过多年运转后受到磨损，影响了正常性能，最经济、便捷的方式不是更换新的零件，而是通过修复的方式对磨损零件进行再制造，重新恢复它们的使用价值。

3D 打印技术将在零件的再制造领域发挥积极的作用。而这对于探索 3D 打印技术的商业模式的企业来说，再制造可以作为市场的一个切入点来进行布局。

1. 汽车零部件再制造

汽车零部件再制造是一项颇具可行性的产业，有调查显示，新制造一台汽车发动机的能耗比再制造多出 10 倍。因此，再制造不仅可以获得较好的经济效益，也能同时获得不可低估的环境效益和社会效益，这在提倡绿色制造的今天具有非常积极的意义。

2017 年，发动机制造商康明斯公司与美国能源部橡树岭国家实验室的研究团队合作，成功修复了康明斯的重型发动机缸盖。重型康明斯气缸盖在道路上长时间运行后磨损，通常这些铸铁部件必须用新的铸件代替，而铸造一个发动机缸盖是昂贵且耗费时间的。橡树岭国家实验室使用增材制造技术在受损位置沉积高性能合金，就像医生补牙似的，为受损的部位"补"上了欠缺的部分。

修复的过程并不是那么容易。首先，这个受损的气缸盖被损坏的地方很关键，并不是普通的部位，而是燃油喷射通道附近受到损坏。康明斯通过常规的 CNC 铣削作业将损坏区域加工掉，然后将工作转交给橡树岭国家实验室。

然后，研究人员绘制需要加工部分的 CAD 文件，并使用 G 代码对 3D 打印机进行预编程，以便填充的金属材料可以直接沉积在零件上，而不需任何其他基板。G 代码被加载到定向能量沉积 3D 打印系统 DM3D 中，通过安装在 5 坐标 CNC 机床上的 3D 打印喷嘴将金属粉末送入到需要修复的区域上，并通过激光熔化金属粉末逐层构建完全致密的部分。这个过程的优点是可用于现有零件的基础上，使该工艺适用于修补和硬面涂层。

橡树岭国家实验室还修改了 DM3D 的设备，添加了红外传感器来监控温度，并通过加热器在修理/重建过程中避免铸铁内部应力导致的开裂。由于易于破裂，铸铁极难修复。橡树岭国家实验室的研究人员在铸铁材料中添加了高含量的镍合金材料来避免开裂和提高部件的热效率。在增材制造过程中，沉积的合金与现有铸铁结合。通过显微镜分析显示出良好的附着力，但修补部件尚未在道路上进行测试。项目的下一步包括测试两种材料的黏合性和接口的力学性能。接下来的在役测试将是真正的测试，将通过发动机工作状态中的强烈加热/冷却循环进行测试。

康明斯和橡树岭国家实验室所做的研究显示了 3D 打印非常有价值的潜力，3D 打印不仅可以更换零件，还可以修复甚至升级现有零件。

丹麦一家专门从事汽车零部件再制造的汽车后市场企业 BORG 也将 3D 打印技术应用到了再制造业务中。BORG 的业务是为市场上各种常见汽车车型提供汽车发电机、起动机、空调压缩机、制动卡钳等零部件的再制造服务，同时也为一些农业机械和工程机械提供零部件再制造服务。

BORG 的再制造业务是一个让旧的机械重新焕发生命活力的过程，以旧的零部件为毛坯，采用专门的工艺和技术，在原有制造的基础上进行一次新的制造，重新制造出来的零部件在性能和质量上都不亚于最初的新品。

BORG 的零部件再制造生产实施的是精益生产原则，即生产中的一切工作都以客户能够在最短的时间内收到高质量的再制造产品为核心。而引入 3D 打印技术，为 BORG 汽车提高产品再制造的效率贡献了重要力量。BORG 汽车还使用 3D 打印机直接制造一些已停产的合成材料的汽车零部件，如果使用传统工艺制造这些停产的零部件，则需要耗费大量的时间和高昂的成本。

2. 叶片再制造

GE 在 2015 年获得了通过混合增材制造设备来修复涡轮发动机叶片的技术。GE 使用的设备是德国 Hamuel 公司的增材制造混合加工中心 HSTM 1000，该设备结合激光熔覆、五坐标加工、检验、抛光和激光打标于一体，可用于修复磨损叶片和叶盘。

混合增材制造的一个优势是仅需要一次零件装夹过程，与使用多台机器相比，一次装夹的情况节省了传输和调整时间。在采用切割、堆焊和精加工等连续步骤的典型维修中，混合增材制造节省了三个运输和夹紧步骤中的两个。

从混合增材制造加工工艺中获益的另外一个例子是提高叶片性能。GE 过去的几年的加工经验表明，通过改进叶片的设计可以提升涡轮机效率。叶片作为涡轮实现能量转换的基本元件，其几何外形设计优劣将直接影响涡轮的整体性能。通过改变涡轮叶片前缘形状，可以达到提高涡轮流动特性和气动性能目的。而 3D 打印技术为制造的灵活性扩展了很大的自由度。

而在过去，这样对于叶片的修改几乎是不可能的。而混合增材制造设备上的 3D 打印和铣削加工的配合带来了小量修改的可行性与经济性。当这些叶片被完全修复后，它们被赋予了新的性能，从而有力地提升涡轮的整体性能。

值得注意的是，虽然这些叶片的批量可能很小，但是工作量并不小，可能会遇到典型的生产问题，包括由于人为的错误导致的碰撞，从而损坏混合增材制造设备中集成的金属沉积系统。

3. 飞机零件冷喷再制造

GE 在叶片等飞机零部件修复中使用了一种被称为"冷喷"（Cold Spray）的增材制造技术，他们向飞机发动机叶片表面以超声速从喷嘴中喷射微小的金属颗粒，为叶片受损部位添加新材料而不改变其性能。

冷喷是一种罕见的增材制造技术，目前主要用于机械维修方面。在美国，该技术应用最多的是军事领域，主要用于修复美军的镁合金直升机零件，但用的材料都是质地较软、熔点较低的合金，比如铜、铝、锌等。对于 GE 的研发人员来说，要面临的挑战是如何利用这种技术结合 3D 打印生产高品质的高温镍钛合金部件。GE 开发的冷喷涂技术可用于构建立体构件，或无损修复现有的金属构件。

大多数金属 3D 打印机采用粉末床工艺，通过激光加热金属粉末，使粉末材料逐层熔合，这些技术适用于直接根据计算机文件构建新零件。如将这些技术用于修复零件，加热现有零部件时会改变其晶体结构和机械性能，对工艺和材料有着极高的挑战，不利于商业化应用。相比当前更常用的定向能量沉积 3D 打印技术，冷喷技术在修复大型结构件时更有优势。

冷喷涂机使用实际的喷气式航空发动机零件的数字扫描结果来准确地重建断裂部分，喷气式飞机零件往往需要在低于材料熔点的温度下进行修复，冷喷技术正好满足了这一需求。GE 全球研究中心涂层和表面实验室曾透露，该技术可以制造厚度超过 1in 的零件。冷喷雾过程发生在一个金属室内，腔室内装有一个带有超声速喷嘴的机器人手臂，可将小至 5μm 的金属粉末颗粒喷射到零部件上，与零部件形成扩散结合，与零件融为一体，恢复零件原有的功能和属性。这样就能有效延长零件使用寿命几年，甚至几十年。

2017 年 GE 航空子公司 Avio Aero 在意大利测试了冷喷技术，工程师们用该技术修复了喷气发动机 GE90 的变速箱。冷喷技术非常独特地结合了材料、工艺和产品功能，预计在不久的将来，将会用于飞机部件（如转子、叶片、轴、螺旋桨、齿轮箱）的维修和改造。

由于冷喷不像常见的焊接修复工艺那样需要加热，它可以将修复对象恢复到其最初的状态。在 GE 公司的石油和天然气业务部门，GE 研究人员正在探索将冷喷作为一种替代技术用于涉及石油天然气钻探和透平机械的维修。

第十六章
医　疗

3D 打印技术在医疗领域的主要应用价值体现在更好地为患者进行个体化治疗，以高效、精准的数字化设计与制造手段制造定制化的医疗器械。毋庸置疑，3D 打印在医疗领域极具发展潜力。

在骨科植入物和牙科领域，正在发生产业化的趋势。国内骨科方面，北京大学第三医院、上海九院、西京骨科医院等在植入物领域拥有了丰富的案例。其中西京骨科医院以 Shape、Structure、Strength、Surface、Survival 的 5S 理念贯穿了整个 3D 打印植入物解决方案的设计要素，郭征教授提出的以形补形（shape），虚虚实实（stucture），支撑有效（strength），界面互动（surface），诱骨生长（survival）成为 3D 打印植入物在实际操作中总结出来的精华智慧。牙科方面，国内涌现了一大批的企业正在通过 3D 打印技术实现齿科产品专业化生产，我国企业正在向几大极具潜力的牙科应用发力，包括：矫正器制造（如时代天使，正雅齿科，西安恒惠等），义齿制造（如惠州鲲鹏义齿，东莞爱嘉义齿，广州中国科学院先进技术研究所等），种植牙制造（如创导三维、江苏创英、三生科技等）。

除了骨科和牙科，3D 打印在医疗器械领域的应用还很宽泛，3D 打印可制造的医疗器械主要包括：植入物、手术规划模型、手术器械，牙科修复、正畸器械和康复器械。也有一些组织工程研究、生命科学研究学者、研究机构采用 3D 打印技术制造组织工程支架、人体组织以及微流控芯片。此外，3D 打印在药片的制造方面也在发生更加深入的影响力，一种新的分子 3D 打印不仅仅改变药物成分配比的剂量，还通过化学反应来产生新的分子合成，3D 科学谷认为这可以说是药物 3D 打印的巨大进步。

目前从事科学研究和市场研究的机构普遍认为，3D 打印技术在医疗行业应用发展趋势是从制造植入物、手术、药品等不具有生物活性的医疗器械发展到制造带有生物活性的人造器官。

比如说英国皇家理工学院在十几年前曾经预测：到 2005 年，3D 打印塑料类的手术导板是 3D 打印医疗行业的主要应用；2009 年金属植入物是 3D 打印在医疗行业的新应用；2013—2018 年 3D 打印逐渐与生命科学结合并向制造具有生命活性的植入物方向发展；在 2013—2022 年，利用生物 3D 打印技术培养人工组织器官的技术将持续发展；至 2013—2032 年，生物 3D 打印人体器官技术逐渐发展成熟。

目前看来，通过 3D 打印技术制造不具有生物活性的医疗器械（如钛合金植入物）的应用正在稳定而快速的发展中。美国食品药品管理局（Food and Drug Administration，FDA）已批准了 100 多个 3D 打印医疗产品，包括不具有生物活性的植入物和一款 3D 打印药品，FDA 在这些产品审批经验的基础上推出了增材制造医疗器材的技术考虑规范。我国国家食品药品监督管理总局（CFDA）医疗器械技术审评中心在 2017 年 12 月发布了《定制式增材制造医疗器械注册技术审查指导原则（征求意见稿）》。这些指导性文件对国内外的医疗器械制造企业在这些指导文件的基础上，能够更加有序、高效地开展 3D 打印医疗产品研发和市场转化工作，这对 3D 打印医疗产品创新将起到鼓励与促进作用。

而在 3D 打印技术制造人体组织、器官等具有生物活性医疗器械的应用中，除了少数企业研发的用于药物毒性测试的生物 3D 打印人体组织和通过 3D 打印支架培养的可植入物人体的软骨组织，距离市场化或临床应用较近之外，多数应用还处于科学研究阶段。生物 3D 打印组织、器官是否能够在临床治疗中普及、何时能够普及还具有很大不确定性，这是由于生物 3D 打印技术并不是实现组织、器官再生的唯一技术，该技术在组织、器官制造中的应用能走多远，很大程度上取决于生命科学、组织工程学技术的发展，以及众多交叉学科的发展。

3D 打印技术应用于医疗领域的意义不仅在医疗器械制造本身，将 3D 打印这样的数字化技术引入医疗器械制造流程当中，使许多定制化医疗器械的制造周期显著缩短。随着定制化医疗器械的设计与制造走向数字化、智能化，医疗器械的设计更加合理、精准，最终受益的将是广大患者。

第一节　手术预规划

3D 打印医疗模型能够形象地将病人解剖结构呈现给医生，医生在做手术之前可以根据模型规划手术方案，或者使用一些与人体组织"手感"相似的柔性 3D 打印模型进行手术演练。3D 打印医疗模型还可以在医患沟通方面提供许多帮助，其中之一就是医生可以用来告诉患者究竟是哪个部位出问题了。骨科、心脏、神经外科、肿瘤科等越来越多的医学学科已经利用 3D 打印医疗模型进行手术预规划，一定程度上帮助医生提高复杂手术的成功率、降低手术风险。难度越高的手术，通过 3D 打印模型进行手术预规划的价值越高。

目前的 3D 打印医疗模型制造技术仍具有可提升的空间，主要包括两个方面，一方面是三维建模技术的提升，另一方面是医疗模型建模、3D 打印过程与现有医疗诊断流程的整合。

3D 打印医疗模型是通过软件对 CT、核磁共振等设备产生的医学影像进行三维建模，并将建模文件传输给 3D 打印设备进行打印而产生的。核磁共振和 CT 扫描等医学成像技术可以产生一系列高分辨率的平面化的位图图像，通过这些图像可以获得如何来建立三维建模的信息。但是，现有的建模方法仍存在耗费时间长、过程繁琐，分辨率低等问题。哈佛大学 Wyss 实验室和麻省理工学院多媒体实验室正在开发一种新的医疗模型建模技术，他们采用半色调（又称灰度级）方法，反映图像亮度层次、黑白对比变化的技术指标。这种半色调的方法使得核磁共振和 CT 扫描的图像更容易、更快速地被 3D 打印设备读取。半色调的方式能够支持 3D 打印机使用两种不同的材料打印复杂的医学图像，形成一种易于 3D 打印的格式，以便于能够更好地表达原始扫描数据所记录的所有细节。

通过半色调技术形成的图像创建的 3D 打印大脑和肿瘤模型，保存了原始 MRI 数据中存在的所有细节层次。使用这种相同的方法，还能够打印出人体心脏瓣膜的可变刚度模型，从而产生具有机械性能梯度的模型，方便医生深入了解钙沉积对瓣膜功能的实际影响。

除了保留高水平的解剖细节，半色调方法还可以节省大量的时间和金钱，例如，原来的方式需要手工分割一个健康人脚的 CT 扫描，即使是经过培训的专业人员，完成所有内部骨骼结构，骨髓，肌腱，肌肉，软组织和皮肤也需要超过 30h，而新的方法能够在一个小时内完成。

目前，获取医学影像，进行三维建模与 3D 打印这三个主要步骤之间是相对独立进行的，每个步骤之间衔接还需要有人工的参与，通常这些不仅耗费时间，而且经常会面临打印失败，所以需要专业打印服务机构来完成。而目前的医疗模型设计、制造方式将逐渐被医学影像、建模、打印三个步骤无缝衔接的模式所替代，从 GE、飞利浦公司在目前的医学影像设备和软件中所集成的新功能中即可以看出端倪。

GE 医疗正在研究如何将其先进的计算机断层扫描（CT）设备与 3D 打印技术相结合，使得 3D 打印模型可以通过 CT 扫描结果后就能够快速生成。GE 医疗在 2017 年发布的 GE AW4.7 工作站已可以将 CT 扫描的数据快速转换并实现 3D 建模，然后直接传送至 3D 打印机进行制作。GE 医疗还与 Stratasys 建立了战略合作，这为 Stratasys 医疗模型 3D 打印设备与 GE 医学影像设备的无缝集成奠定了基础。

与 GE 医疗所推进的工作类似，飞利浦公司也在其最新版综合性可视化软件 IntelliSpacePortal10 中嵌入了 3D 建模应用程序。Portal10 也可以和 Stratasys 3D 打印设备的工作流程接口相连。临床医生将可以通过 Stratasys 的直接制造（SDM）服务获得具有多种用途（如教育和手术规划）逼真的 3D 打印解剖模型。

作为一种比较新的诊断、手术治疗辅助工具，3D 打印医疗模型的费用目前多为医院的科研经费或由患者自费支付的，尚不属于医保支付的医疗项目。国际上有些重视 3D 打印技术的医院在积极应用 3D 打印模型的同时，还与保险机构进行沟通，争取让 3D 打印过程中所产生的医疗费用进入到保险的报销范围。

国内的医院在复杂手术和复杂临床学科的治疗与研究中也在应用数字化三维模型和 3D 打印医疗模型。例如上海儿童医学中心的小儿先天性心脏病研究所与 Materialise 公司合作，建立了集儿科医学影像图像数字化建模、3D 模型制作加工、数字化医学临床应用转化的研究、培训和服务体系。

第二节　植　入　物

在临床治疗中，植入物是骨肌系统治疗的方式之一，作用是全部或部分替代关节、骨骼、软骨或肌肉骨骼系统。骨科植入物属于三类医疗器械，CFDA 规定对其实行生产许可证和产品注册制度，此类产品需要经过严格的临床试验过程和审批过程，取得产品注册证的周期通常为 3~5 年。

在全球市场中，骨科植入物品牌非常集中。如图 16-1 所示为全球骨科植入物市场份额，根据市场研究机构 GBI Research 的统计，包括强生、捷迈、史赛克、辛迪思等公司在内的 9 家制造商占据了整个骨科植入物市场 80% 的市场份额。

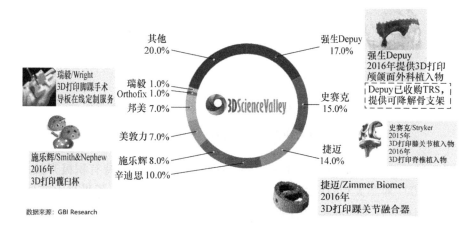

图 16-1　全球骨科植入物市场份额

相比之下，中国骨科医疗器械行业仍处于发展初期，但近年来国际医疗器械巨头对中国骨科医疗器械企业的并购意愿明显，如史赛克收购中国创生医疗，美敦力收购康辉控股，国际企业的收购热情反映出他们对中国骨科医疗市场的重视。

　　3D 打印植入物是 3D 打印技术在医疗行业中市场规模最大的应用。图 16-2 所示为医疗 3D 打印市场规模预测，根据市场调研机构 SmarTech 预测，到 2024 年 3D 打印医疗市场规模达 96.39 亿美元，其中 3D 打印植入物的市场规模达 81.2 亿美元。

　　近三年以来 3D 打印植入物市场发展迅速，如图 16-1 所示，在 2015—2016 年期间，全球几大著名骨科医疗器械制造商捷迈（Zimmer）、施乐辉（Smith&Nephew）、史赛克、强生陆续推出了 3D 打印产品，这些产品经过多年的研发与验证，获得了 FDA 的注册证，正式进入到医疗市场。在 2017 年以前 FDA 就已批准了 85 款 3D 打印骨科植入物，这些植入物的制造商除了以上提及的大型、综合型医疗器械制造商，还包括众多专注于某一种或几种骨科植入物研发与生产的小型医疗器械企业。

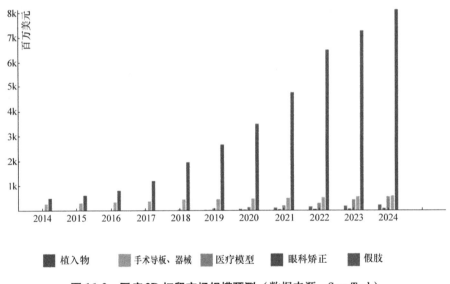

图 16-2　医疗 3D 打印市场规模预测（数据来源：SmarTech）

　　欧洲的医疗机构和医疗器械制造商对 3D 打印技术就更是持有积极开放的态度，早在 2007 年意大利外科医生 Guido Grappiolo 就为病人植入了世界上首例 3D 打印的髋臼杯，仅 Grappiolo 医生所在的科室就已经植入了超过 1500 个 3D 打印的植入物。

　　在临床医疗方面，上海第九人民医院在 20 世纪 70 年代就开始以医工结合的方式进行个性化植入物的开发，80 年代就开始将 3D 打印技术应用于植入物开发领域。积累了大量的医工交互和个性化假体工作经验，并在 80 年代末建立了个性化人工假体设计与制造的技术体系。2003 年获得了全国当时唯一的个性化人工关节假体临床使用许可证。

在戴尅戎院士带领下，上海第九人民医院3D打印技术临床转化中心成为国际先进的医学3D打印技术研发和临床转化平台。

在中国骨科医疗器械制造商中，目前，商业化方面仅有爱康宜诚一家公司有三款通过金属3D打印设备制造的植入物获得CFDA注册证。此外，西安交通大学卢秉恒院士团队申报的"个性化下颌骨重建假体"定制植入物在2018年获得了CFDA的注册证，这款植入物的制造采用了3D打印模具与铸造相结合的工艺。尽管获得注册证的国产3D打印植入物还十分有限，但国内的三级甲等医院在3D打印植入物应用方面并不输于欧美国家。

1. 3D打印"切入"植入物产业链

如图16-3所示，如果按照植入物的制造材料进行分类，植入物分为：金属植入物、聚合物植入物和陶瓷植入物。聚合物植入物与陶瓷植入物都可以再进一步分为可降解植入物和不降解植入物，可降解的植入物被植入人体之后将在一定周期内被逐渐分解成能够被人体吸收的成分。每一种植入物包括多种不同的制造材料，比如说可制造金属植入物的材料包括：钛合金、不锈钢、钴等；可制造聚合物植入物的材料包括聚醚醚酮（PEEK）等；可制造陶瓷植入物的材料包括氮化硅、氧化铝、羟基磷灰石等。

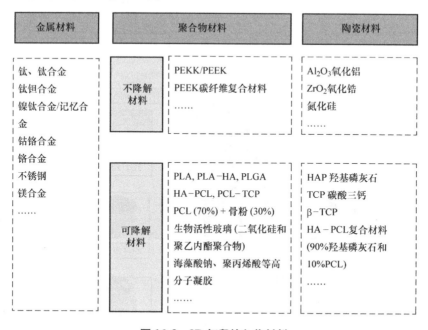

图16-3　3D打印植入物材料

如图16-4所示，目前这三种类别的材料中，都有部分代表性的材料可以通过3D打印设备进行植入物的制造。

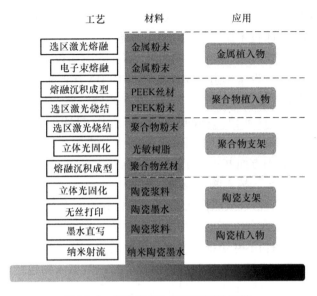

图 16-4 植入物 3D 打印工艺及材料

从具体的医学应用角度来看，金属 3D 打印技术能够制造颅骨补片、下颌骨、胸骨、膝关节、髋关节、脊椎融合器等多种植入物，如图 16-5 所示。

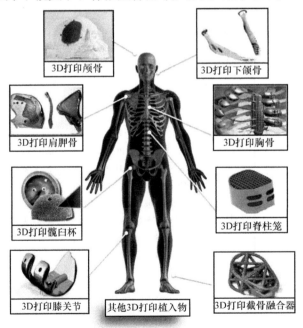

图 16-5 金属 3D 打印植入物举例

如果按照植入物的用途进行分类，植入物分为：关节植入物、脊柱植入物、创伤植入物（如：骨板、骨钉）。在全球市场中，关节植入物的占比最高，但在国内市场中，创伤类植入物的占比大于关节和脊柱植入物，不过关节和脊柱植入物的生产总量和占比提升是大势所趋。

无论是哪类 3D 打印植入物，其制造过程大致相同，如图 16-6 所示，医疗级原材料经过增材制造和后处理工艺最终制造成为植入物。从图 16-6 中也可以看出，植入物制造过程中，有两种使用 3D 打印技术的方式，一种是直接制造，即通过 3D 打印设备和材料直接制造植入物，图 16-6 中制造环节中的左方三种方式为直接制造；另一种是间接制造，即通过 3D 打印设备制造植入物铸造所需的模具，最终利用传统铸造工艺制造出植入物。

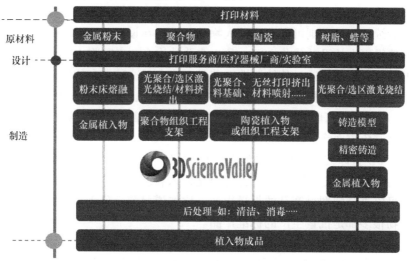

图 16-6　3D 打印植入物制造产业链

通过增材制造技术进行植入物直接制造的意义主要有两点：

其一是相比传统植入物批量生产技术，制造小批量植入物或者是定制化植入物的周期更短、成本更低，植入物直接制造工艺和间接制造工艺皆具有这样的优势。

医疗市场上常见的植入物为标准产品，以膝关节植入物为例，植入物通常有 1～8 号等不同的尺寸型号，由医生为患者选取最为合适的型号进行植入。不过，这就犹如商店里出售的成衣一样，虽然每款衣服都有很多可供选择的尺寸，但即使是挑选到最为合适的尺码，也不能保证衣服与身体每个部位都完美地匹配，标准型号的全息关节植入物也存在类似的问题，即使是医生为患者使用了型号匹配的膝关节植入物，也并不能保证植入物具有与患者匹配的内外侧解剖比率或前后侧解剖比率。

为每个患者提供完全匹配的定制化植入物是解决这些问题的方式。定制化植入物可以根据患者的 CT 或 MRI 医学影像数据进行定制化设计，然后再进行加工制造。机械加工等传统植入物制造工艺以及 3D 打印技术都可以实现植入物的定制化制造，但是 3D 打印技术可以在无须制造模具的情况下，直接制造出定制化植入物（直接制造工艺）或制造出植入物铸造所需的个性化铸造模具（间接工艺），且每次打印可以同时制造多个不同型号的植入物，相比传统制造技术，3D打印技术为实现植入物的规模定制化生产创造更加便利的条件。

第二个意义是针对金属植入物直接制造工艺而言的，是无论是制造标准植入物还是定制化植入物，金属 3D 打印设备可以精确地制造出植入物的仿生多孔结构，包括精确制造出这些仿生多孔结构的孔隙率、孔径以及孔之间的连接方式，再配合后续的轻加工则可以完成植入物的制造。在设计 3D 打印植入物时，设计师能够获得更大的设计优化空间。仿生多孔结构有利于吸附人体骨细胞，促进植入物的骨整合。但是通过传统制造工艺是无法实现这种带有仿生多孔结构的一体化植入物的，传统的植入物制造流程主要包括锻造、机械加工和等离子喷涂等复杂工艺。金属 3D 打印技术所能够制造的仿生多孔结构不仅有利于植入后的骨长入，还将避免表面涂层脱落的风险。

对于 3D 打印技术在植入物制造中的意义，许多人的理解中存在一个误区，他们认为 3D 打印技术只适合制造定制化植入物。然而事实上是，3D 打印技术也同样可以进行同型号产品的批量生产，比如说目前已经商业化的 3D 打印髋臼杯植入物很多都是批量生产的标准产品。

2. 欧美植入物产业化之路

在欧美市场应用 3D 打印技术制造植入物并且获得医疗监管机构注册证的企业包括两种类型，一类是大型综合性医疗器械制造商，例如史赛克、强生等，这些企业在骨科植入物市场中占有相当大的市场份额。一种则是专门生产植入物的骨科医疗器械制造商，其中有些制造商主要借助的制造技术就是金属 3D 打印技术。

（1）史赛克的市场化之路 史赛克是世界领先的医疗器械制造商之一，为骨科、外科、脊柱、神经科等医疗学科提供多种创新产品和服务。史赛克在 2001 年开始进入 3D 打印领域，投入了 Concept Laser 的选区激光熔融设备和 Arcam公司电子束熔融设备。

2015 年史赛克向市场推出了获得 FDA 批准的 3D 打印膝关节植入物，2016 年又将获得 FDA 注册证的 3D 打印的后路腰椎间融合器推向市场。可以说 3D 打印技术在史赛克的应用已经进入到了市场化阶段。史赛克针对增材制造技术的特点，研发了"Tritanium"技术，这项技术采用了一种有利于骨长入的增材制造设计方式。

2017 年，史赛克还在爱尔兰开设了一个全球技术开发中心，该中心设有一个增材制造中心，专门解决设计复杂性问题，制造具有复杂几何形状的骨科植入物。同年，史赛克还与收购了 Concept Laser 和 Arcam 的 GE 结成合作伙伴关系，GE 将通过新的 3D 打印设备、材料和技术进一步支持史赛克在 3D 打印骨科产品领域的创新。GE 公司拥有自己的医疗业务，既是富有经验的 3D 打印用户，又是 3D 打印设备、材料和服务的提供商，GE 与史赛克之间的强强联合，将会为医疗器械制造注入新力量，是值得期待的。

（2）强生小批量定制生产能力　强生子公司 DePuy Synthes 推出的早期 3D 打印产品是 TRUMATCH 产品线，包括定制化的额面外科植入物和手术导板。

美国强生 3D 打印中心还利用 3D 打印技术在制造复杂结构和小批量定制化生产方面的优势，尝试部分手术器械的优化设计和制造。许多手术器械中集成了多个零件，它们是由螺钉或使用焊接的方式组装在一起的，如果通过 3D 打印技术来制造这些手术器械，就可以对手术器械进行设计优化，减少组装零件的数量，甚至是将这些器械设计成为一个整体式、功能集成式的器械，然后通过 3D 打印机来制造这些结构复杂的产品。3D 打印技术降低了这类手术器械的制造成本，并缩短了制造周期。

美国强生 3D 打印中心在 2017 年初启动了与其子公司 DePuy Synthes 和 Ethicon 的合作，三方将合作开展人体膝关节半月板组织的生物 3D 打印实验。此外，专为出现骨退化的癌症患者而制造的钛合金植入物也是三方合作的方向。这也是一款定制化植入物，强生将根据患者的 MRI、CT 或者 X 光片和逆向工程进行植入物的建模以及 3D 打印。

除了开展 3D 打印半月板组织，强生子公司 DePuy 在组织再生方面的另一个动作是，在 2017 年完成了对 TRS（Tissue Regeneration System）公司的收购，该公司的核心技术是通过 3D 打印可降解聚合物支架以及可释放生长因子的涂层进行骨缺损修复，TRS 的技术平台以及第一款商业化产品已经通过 FDA 的批准。DePuy 公司的颅颌面外科修复技术将受益于 TRS 的技术。

当然，这一切对强生而言仅是在 3D 打印领域探索的前奏，强生对 3D 打印技术的深远期望在于，通过该技术培养小批量定制化医疗器械的生产能力。多年以来，强生投入大量资本建设大型医疗器械制造工厂，进行医药产品的大规模生产。而如今，随着强生在 3D 打印技术领域的推进，强生已逐渐培养起为客户提供小批量定制化快速制造的实力，通过建立 3D 打印中心，强生将更为迅速地响应医生和患者的个性化需求。

（3）雨后春笋般出现的脊椎植入物　脊椎植入物制造是 3D 打印技术的"主战场"，2016 年以来获得 FDA 注册证的 3D 打印脊椎植入物产品如雨后春笋般出现，新技术的应用也成就了一批脊椎细分领域的骨科器械制造商。

FDA 于 2016 年 6 月批准了两款由 K2M 公司生产的 3D 打印脊柱植入物。K2M 起初是一家为治疗脊柱畸形提供新技术和医疗器械的公司。引入了 3D 打印之后，K2M 在脊柱畸形微创治疗领域的市场份额得到了快速增长。K2M 将其植入物设计与增材制造的技术称之为"层状 3D 钛技术"。

根据 3D 科学谷的市场研究，市场上涌现出一批获得 FDA 批准的 3D 打印脊柱植入物，例如 2017 年 10 月初 FDA 批准了两款 3D 打印脊柱植入物，其中一款是由美国脊椎器械制造商 ChoiceSpine LP 公司生产的 3D 打印钛椎体植入物 HAWKEYE Ti，另一款是由脊椎器械制造商 Nexxt Spine 公司生产的 NEXXT MA-TRIXX 3D 打印脊柱植入物。2018 年，脊椎医疗器械制造商 Centinel 生产的 3D 打印椎间融合器 FLX 也获得了 FDA 的注册证，著名医疗器械制造商 Zimmer 生产的首款 3D 打印脊椎植入物也获得了 FDA 的注册证。

（4）髋关节领域的 3D 打印先行者 在美国髋关节植入物多为少数骨科器械巨头所制造的，而欧洲市场上的情况则不同，比如说欧洲髋关节植入物的制造商就多以细分领域的小型制造商为主，他们仅围绕髋关节植入技术开发相关产品。

这些欧洲小型制造商对于 3D 打印等新技术的反应速度比医疗器械巨头企业还要迅速，比如说意大利骨科医疗器械企业 Lima Corporate 早在 2007 年就推出首个成熟的 3D 打印髋臼杯植入物，同年，意大利外科医生 Guido Grappiolo 为患者植入物了 Lima 生产的 3D 打印髋臼杯，这也是世界首例植入人体的 3D 打印髋臼杯。

Lima 将其植入物增材制造技术称为 Trabecular Titanium 技术，这是一种采用电子束熔融 3D 打印设备制造钛金属植入物的技术，3D 打印的植入物表面具有多孔结构，通过 Trabecular Titanium 技术制造的髋臼杯植入物的孔隙率为 65%，平均孔径为 640μm。

Lima 制造植入物使用的 3D 打印技术为 Arcam 公司的电子束熔融技术。至今，全球范围内仅是通过 Arcam3D 打印设备制造并植入物人体的髋臼杯就已超过 10 万个。我国首个获得 CFDA 注册证的 3D 打印植入物产品也是通过电子束熔融技术制造的髋臼杯。

（5）临床探索中的骨再生技术 关节炎、骨肿瘤等疾病将会导致骨骼出现缺陷部位，或者是在手术治疗后出现缺损。针对骨缺损，医学界提出的其中一种修复方式是将生物陶瓷支架植入缺损部位，在促进人体骨组织成长后，陶瓷支架在体内逐渐降解。

3D 打印技术在制造这类陶瓷支架时具有一定优势，高精度陶瓷 3D 打印设备能够准确控制生物陶瓷支架中孔的尺寸与结构，制造出薄壁、蜂窝等复杂结构，灵活地制造定制化设计的支架。

由英国纽卡斯尔大学和骨科医疗器械制造商 JRI 等机构组成的研究团队，在欧盟资金的支持下开展了一个为期 4 年的研究项目"RESTORATION"，主要目的是开发出一种新的陶瓷复合材料以用于下颌骨、脊椎和膝盖缺陷区域的局部修复。这种陶瓷具有生物相容性和可降解性，可以被人体吸收。

RESTORATION 项目的成员之一 JRI 公司，使用这种"功能梯度生物陶瓷复合材料"制造了具有与缺损部位骨骼力学性能相匹配的 3D 打印支架，用于关节炎的早期干预。3D 打印支架通过微创手术植入膝关节的缺陷部位，作用是增强细胞、蛋白质、生长因子和药物强化的相互作用，对缺陷部位进行局部修复。

陶瓷支架常用的 3D 打印工艺为光聚合工艺，这种技术与立体光固化技术类似，打印材料为陶瓷与光敏材料的混合浆料，在打印完成后需要进行烧结脱脂，然后得到最终的陶瓷支架。陶瓷增材制造企业奥地利 Lithoz 公司，在可降解陶瓷支架方面开展了医学应用研究。Lithoz 公司曾与苏黎世医科大学合作研究，制造了一种用于治疗骨肿瘤缺损修复的可降解 TCP 陶瓷支架，并进行了动物实验，动物体内的支架在植入 10 天后被结缔组织包裹住，没有炎症发生。在制造中，他们解决了 3D 打印生物陶瓷支架的孔尺度与孔结构可控性不高的问题，而且可以通过设备软件精确地计算出需要放大的烧结尺寸，保证样品进行烧结收缩后，达到符合原始设计的尺寸。

（6）获得 FDA 注册证的 PEEK 植入物　PEEK 是一种工程级的聚合物塑料，制造 PEEK 植入物的打印技术有两类，一类是粉末床选区激光烧结技术，另一种是熔融沉积成型技术。PEEK 材料具有生物相容性，以及良好的耐蠕变性、耐热性、耐磨损性能和耐化学药品腐蚀性，是高寿命人工骨质的替代品，PEEK 材料较低的弹性模量，能够防止应力屏蔽效应，保持植入物周边骨头的强度，并且不会影响后期患者的医学影像检查，但该材料仅适合于替代人体中承力小的部位的骨骼，例如制造颅骨植入物、手指植入物。

与传统的 PEEK 植入物的制备工艺相比较，3D 打印技术突破了设计和传统制备工艺的瓶颈，3D 打印技术所能够制造的多孔结构，将促进 PEEK 植入物的成骨性。3D 打印设备可以灵活地实现依据具体临床应用需求进行的力学性能调控，实现 PEEK 植入物的控型、控性快速制造。

在国际企业中，典型的应用案例是 OPM 公司采用选区激光烧结 3D 打印技术与 PEKK 材料（与 PEEK 属于同一材料家族）制造的 OsteoFab® 颅骨植入物和颌面外科植入物，这些植入物已获得 FDA 的注册证，并通过医疗器械制造商捷迈进行销售。此外 OPM 还通过同一技术研发了脊椎植入物。

3. 中国的植入物探索之路

国内医疗器械市场上，商业化领域虽然仅有爱康医疗一家公司具有获得 CFDA 注册证的 3D 打印金属植入物产品，但是国内从事 3D 打印植入物研发与应用的机构还有多家，第四军医大学、上海交通大学附属第九人民医院等有植入物临床应用资质的三级甲等医院都通过 3D 打印植入物成功完成过多例手术，与这些医院合作的增材制造企业，在技术层面上能够承担植入物的制造。

然而由于医疗器械增材制造的相关审批标准、技术标准还在建设与完善当中，目前国内 3D 打印植入物获得注册证并进行市场转化的难度仍然较大。不过，CFDA 医疗器械技术审评中心在 2017 年 12 月发布的《定制式增材制造医疗器械注册技术审查指导原则（征求意见稿）》将促进 3D 打印植入物在我国的市场化进程。

（1）首个实现商业化的企业　爱康医疗控股有限公司是中国第一家也是目前唯一一家将金属 3D 打印植入物商业化的企业，目前已有三款 3D 打印金属植入物获得 CFDA 注册证，分别为：髋关节假体中的髋臼杯、椎间融合器和椎体假体。

这三款获得注册证的 3D 打印植入物均由电子束熔融技术和符合 GB/T 13810 标准规定的 TC4 钛合金粉末制造而成。它们都是标准化产品，其中两款脊椎产品包含 4 到 5 种不同的型号。爱康医疗在两款脊椎植入物的结构和组成中都提到植入物具有相互连通的多孔结构。能够直接制造出这些复杂的微孔结构也正是 3D 打印技术相较于传统制造技术的优势之所在。

爱康医疗获得三款 3D 打印植入物注册证的时间是在 2015 年到 2016 年之间。爱康医疗以及智通财经公开数据显示，2017 年上半年，爱康医疗 3D 打印髋关节、脊柱置换产品销售数量为 2441 套，收入 977.7 万元。爱康的植入物产品也由二三线城市的医院逐渐向一线城市的医院中渗透，在个别细分产品类别中与国际品牌悄然形成了同台竞技之势。2017 年 12 月 20 日，爱康医疗于港交所上市。

爱康医疗创立于 2003 年，主营业务包括常规的膝关节、髋关节置换植入物等骨科医疗器械，自 2009 年开始致力于提供 3D 金属打印医疗个性化解决方案和医工交互临床应用系统的建设，在 3D 打印骨科内植入物、3D 打印定制化膝关节手术导板、三维解剖模型重建和定制化骨科内植入物等方面开展了大量临床研究与探索。这些都是爱康医疗能够"加速跑"的基础。

（2）CFDA 监管下的临床应用　虽然在国内获得注册证的金属 3D 打印植入物目前只有爱康医疗的三款产品，但是在 CFDA 的监管下，有资质的医院在患者知情、医院伦理委员会批准的情况下也可以为患者提供手术治疗所需的 3D 打印植入物，这些植入物多为定制化产品，由医院与制造团队共同参与设计与制造。

国内多家三级甲等医院或医学院在 3D 打印植入物临床应用领域进行了探索与尝试，例如空军军医大学（原第四军医大学）附属唐都医院仅是 3D 打印钛合金胸骨置换手术就开展了 14 例，3D 打印钛合金肋骨置换手术 2 例，3D 打印 PEEK 肋骨置换手术 6 例。唐都医院的 3D 打印技术支持来自于增材制造企业，以及空军军医大学内部的 3D 打印研究中心。

在国内市场上，拥有植入物增材制造能力的技术型企业并不少，他们当中有的是采购了 3D 打印设备专攻医疗市场的服务商，有的是国内的 3D 打印设备制造商。然而单纯依靠制造技术实力显然是无法推动 3D 打印植入物商业化的，寻找到有能力和意愿去尝试 3D 打印创新技术的医院合作伙伴，与临床需求紧密结合，精通医疗器械的研发与上市流程，才有可能动得了植入物市场这一块诱人的"蛋糕"。

（3）离商业化又近一步的骨 - 软骨再生技术　可降解生物陶瓷支架有望解决严重创伤、感染或肿瘤等问题所致的大段骨缺损、骨不连，而 3D 打印技术是常见的生物陶瓷支架制造技术，通过 3D 打印技术构建出理化特性和外观结构仿生的人工骨修复材料。虽然，3D 打印在其中起到了重要作用，但是可降解生物陶瓷支架制造中的核心技术还是材料，国内这个领域的进展也主要是由有材料科学背景的团队推动的。目前，由国内企业制造的生物陶瓷 3D 打印支架已经完成了动物试验，并完成了首例人体植入物临床试验，这说明该应用向商业化、市场化又进了一步，基础研究方面也取得了可观的科研成果。

首例人体植入试验，是由中国空军军医大学西京医院骨科在 2017 年 2 月 2 日已完成的。接受治疗的患者是一名从高处坠落致右股骨远端粉碎性骨折的 44 岁男性患者，由于累及范围广（长 6cm，直径 3.5cm），临近干骺端，缺损尺寸不规则且在负重部位，复位固定困难大，传统治疗方法难以取得理想效果。最终，医疗团队根据患者骨缺损形状，定制出个性化、可生物降解的多孔人工骨（即：支架）。人工骨能够在诱导患者自身新骨生成的同时逐渐降解，最终被患者的新生骨组织完全替代；无须二次手术取出，降低植入物在体内长期存在的潜在风险。术后 6 周复查 X 线片显示：3D 打印人工骨与患者自体骨结合良好，局部出现新生骨痂。血清学检测未见感染和排斥反应迹象。

西京医院为患者植入的可降解陶瓷支架由西安点云生物科技有限公司采用无丝 3D 打印技术和通过国家生物安全性检测的生物陶瓷复合材料制造。一直以来 3D 打印支架在大块骨缺损方面仍显不足，而从西京医院救治的患者的骨折累及范围来看，这次手术中为患者植入的支架所起到的作用是对长段骨进行修复。国内的科研院所也致力于推动 3D 打印陶瓷支架在长段骨修复方面的应用，中国科学院上海硅酸盐所与上海交通大学附属第九人民医院合作，通过具有仿生莲藕结构的 3D 打印生物陶瓷支架来修复长段骨，体外生物学分析体内动物试验均表明这一技术在 3D 打印仿生结构生物陶瓷用于血管化大块骨缺损修复方面取得了进展。

（4）PEEK 植入物——打印技术与临床应用齐头并进　在国内市场上，由于 PEEK 植入物多需要在国外进行定制，因此制备的时间较长并且手术费用昂贵，这使得 PEEK 植入物难以在临床广泛使用。不过近年来，PEEK 植入物的国产化也取得了可观的进展，比如说迈普再生医学的 PEEK 定制化颅骨植入物产品已经拿到了 CFDA 的注册证，使 PEEK 植入物制造周期缩短，制造成本降低。

虽然目前国内还没有出现获得 CFDA 注册证的 3D 打印 PEEK 植入物，但是国内 3D 打印企业和医院正在从增材制造技术和临床应用两个角度上共同推动着 3D 打印 PEEK 植入物的应用。

从打印技术的角度来看，国内出现的 PEEK 3D 打印设备都是基于熔融沉积成形工艺的 FDM 3D 打印机，打印材料为 PEEK 线材，典型的企业包括：远铸智能、聚高增材智造科技、一迈智能、青岛尤尼科技。聚高增材智造科技在 PEEK 3D 打印植入物制造领域是走在前列的，他们针对植入物等医疗器械推出了专用的 3D 打印设备、材料，并与唐都医院、上海儿童医学中心等医院合作进行了多例 PEEK 3D 打印植入物的临床植入手术。

PEEK 作为一种工程塑料，可以应用在医疗、航空航天、汽车、电子电气等多个领域，但可以看到，聚高增材智造科技锁定了骨科植入物这一对产品附加值和个性化有着较高需求的细分领域进行深入发展，这种集中精力在某一细分应用领域深入发展的思路是值得 3D 打印创业者或有志于从事 3D 打印事业的青年学生借鉴的。毕竟，货不全不赚钱的时代已经过去，在"赢者通吃"的时代中，深耕某一细分领域的企业将拥有更多的胜出机会。

从国内的爱康医疗到国际上的 K2M、ChoiceSpine、Nexxt Spine，应用 3D 打印技术的骨科医疗器械制造商都迎来了快速跑的阶段，而其奔跑的能力与其之前数年的制造技术和获得 CFDA 以及 FDA 认证的积累关系密切。这也是 3D 打印技术在与应用端结合探索出一条商业化之路值得借鉴的地方。

第三节　牙　　科

牙科产品加工领域是 3D 打印技术短期和长期发展的重要推动力量，牙科产品对小批量定制化的需求，为 3D 打印技术提供了良好的应用基础。

市场现有的 3D 打印设备和生物相容性材料能够满足牙科产品的制造需求，例如制造烤瓷牙金属冠的钴铬合金粉末和选区激光熔融设备。除了制造牙冠这样的最终产品，牙科产品加工中还有需要大量定制化的间接产品，例如牙齿模型。这些产品往往对力学性能没有太高的要求，但却是最终产品制造和牙齿修复过程中的所需要的工具。这类间接应用产品的定制化生产需求推动了聚合物 3D 打印技术在牙科行业的增长与发展。

SmarTech 预计 2020 年 3D 打印技术在牙科行业的市场规模将达到 31 亿美元，这个数字包括 3D 打印设备、材料、相关软件的销售金额。虽然这个规模并不大，但是 3D 打印技术为它的用户所创造的价值是可观的，比如说，美国牙科矫正器制造商 Align Technology 公司的市值达 210 亿美元，3D 打印是 Align 实现矫正器批量定制化生产必不可少的工具。

除了作为一种批量定制化生产的工具，3D 打印对牙科加工行业的意义还在于全面实现牙科产品的数字化加工，因为 3D 打印是一种数字化加工技术，通过"数据"就可以将设计、制造、治疗等牙科产业链上的各个环节串联在一起。

正是由于 3D 打印对牙科行业所具有的这些特殊意义，近年来牙科行业不仅是 3D 打印企业激烈竞争的高地，也受到了老牌口腔企业和高端口腔诊所的重视，比如说：贝格（Bego）、士卓曼（Straumann）、普兰梅卡（Planmeca）、3M 等著名口腔产品制造商申请了大量 3D 打印专利，有的企业已推出了 3D 打印相关的解决方案；老牌口腔器械渠道商上海复星与汉邦科技在牙冠金属 3D 打印设备的销售、服务方面建立了深度合作。

1. 三个理解误区

每当媒体报道出 3D 打印假牙等新闻时，不少不熟悉 3D 打印技术的读者第一反应是牙医在进行诊断之后，用门诊中的 3D 打印机打印义齿，打印完成后紧接着就给病人安装在口中，治疗就完成了。

显然这是人们对于 3D 打印技术在牙科领域应用方式的误解，误解之处主要有两点：

首先是误认为仅一台 3D 打印设备就可以制造义齿等口腔器械。3D 打印是一种数字化加工技术，但是它只是牙科数字化加工中的一个环节，需要与数字化建模、后处理、医生的治疗等环节相互衔接、配合，才能形成一条完整、高效的牙科数字化链条。

其次是没有区分开口腔行业中的分工。如今的口腔行业分为两个业务板块，一块是口腔诊所，负责为患者提供诊断和治疗；另一块是牙科技工所（或叫作加工厂），负责制造义齿、矫正器、种植体等口腔修复器械。目前国内的口腔诊所多数是不设立内部加工部门的，牙医所需修复器械都会外发给牙科技工所进行制造，等产品寄回诊所后为患者进行安装。欧美国家中有的口腔诊所会通过诊所内部的加工部门制造来制造治疗中所需的器械。3D 打印属于牙科技工所或加工部门所应用的制造技术，义齿等器械的加工通常由技工来完成，医生已从制作口腔修复器械的任务中"解脱"出来了，专注于医疗技术本身。

除了以上两点，还有一个人们对于牙科数字化加工技术的误解，不少 3D 打印业内人士甚至也存在这个误解，那就是认为 3D 打印技术等于数字化加工技术，其实 3D 打印技术是数字化加工技术的一种，CAD/CAM 系统是一种比 3D 打印技术应用历史更长的牙科数字化加工技术，并且迄今为止，CAD/CAM 系统仍在金属牙冠、全瓷牙冠的加工中占有重要地位。在牙冠加工领域，3D 打印技术只是部分替代 CAD/CAM 技术，两种技术之间是互补竞争的关系。

2. 或将全盘"3D"化的牙科加工业

虽然说在牙冠加工领域 3D 打印技术与 CAD/CAM 技术高下未分，但是 3D 打印技术在牙科制造领域的应用广度却远在 CAD/CAM 系统之上，图 16-7 为 3D 打印在牙科行业的主要应用，图中列举了 3D 打印技术在牙科行业中的主要应用，从中可以看出 3D 打印是数字化牙科加工技术中的"全能选手"，先进的牙科加工企业若要实现全流程数字化，使用某一种或某几种 3D 打印工艺几乎是无法避免的。

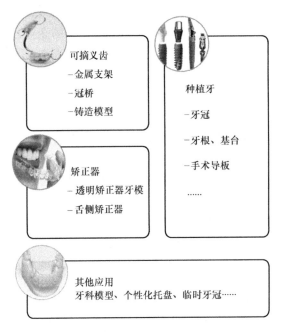

图 16-7　3D 打印在牙科行业的主要应用

全流程数字化意味着，加工企业在产品设计、设计辅助工具以及最终产品时均采用数字化加工技术，从而高效、精准地制造出可交付的牙科产品。比如说，用数字化设备加工出每位患者的口腔模型，可以精确地将人的牙龈、牙齿"复原"，供加工技师验证、佩戴设计出来的义齿，而基于光聚合工艺的 3D 打印设备是批量定制化制造这种模型的最佳方式，打印设备可以读取数字化的口腔三维模型，并将它们打印出来，直接替代技师的传统手工制造方法。市场上有多家光聚合 3D 打印企业针对这一应用开发了适合打印牙龈、牙冠模型的光固化材料。

图 16-8 为牙科 3D 打印产业链，从中可以看出 3D 打印属于数字化加工链条中的一环，它通过数据流将诊断、设计、生产流程穿在了一起，形成了牙科产品加工的全数字化流程。最初的数据从牙科医生的口腔扫描软件中产生，或者是由

患者口腔印模扫描而来，设计师将在这些数据基础上设计各种牙科产品，然后发往 3D 打印设备进行打印，如果打印的是最终产品，那么将交付给诊所，如果打印出来的是间接产品，如设计辅助工具或最终产品制造所需的模具，那么将间接产品交付给下一个工序使用。

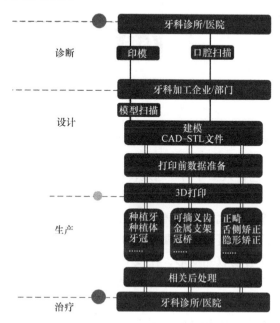

图 16-8　牙科 3D 打印产业链

图 16-7 中所列出的 3D 打印应用涉及多种不同 3D 打印工艺，接下来我们将进行逐一的介绍。

（1）可摘义齿　3D 打印技术在可摘义齿加工中的应用有两种，一种是制造可摘义齿中的金属支架，另一种是制造义齿中的牙冠、牙桥。

这些应用都可以用到两种 3D 打印技术来实现，一种是通过选区激光熔融金属 3D 打印技术直接制造金属支架或金属牙冠、牙桥，另一种是通过光聚合或材料喷射 3D 打印技术制造出铸造模型，然后再通过精密铸造法铸造出金属支架或牙冠、牙桥，3D 打印铸造模型的使用，使传统铸造工艺也具有了数字化的色彩。对于金属牙冠、牙桥，在完成打印以及打印后处理工艺后，还需要进行烤瓷、上釉才能够交付使用。这种通过金属 3D 打印制造的烤瓷牙金属冠，也可以安装在种植牙的基台上，常用材料为钴铬合金、钛。

金属牙冠、牙桥的制造其实还有第三种实现方式，即：通过 CAD/CAM 系统直接铣削。图 16-9 所示为铸造、CNC 加工和 3D 打印在金属牙冠生产中的应用，该图对三种不同烤瓷牙金属冠桥加工工艺进行了描述，从中也可以看出义齿加工技术是如何向数字化加工技术转型升级的。

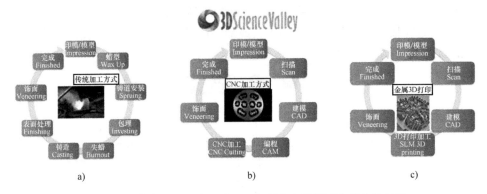

图 16-9　铸造、CNC 加工和 3D 打印在金属牙冠生产中的应用

1）传统铸造工艺，人工导向。通过传统手工技术制造义齿金属内冠，首先是根据患者的口腔印模灌注出石膏模型，然后用根据石膏模型制作出烤瓷牙的蜡型。接下来进入到金属内冠的失蜡铸造工艺，主要包括铸道安装、包埋、失蜡、铸造四个步骤。最后，经过表面处理、饰面工艺最终完成烤瓷牙的制作。制造蜡型的蜡在加工过程中容易收缩变形，在接下来的金属内冠铸造工艺中，由于是热加工，金属会产生变形。由于这些因素导致的偏差，将会给佩戴者带来不舒适感。一旦需要返工，则将增加加工成本和患者的椅旁时间。传统的义齿加工过程主要依靠牙科技师个人技能和经验，属于一种劳动密集型工作。

通过 3D 打印技术来制造铸造蜡型的技术虽然相比纯手工工艺更加精准、高效，但仍无法避免铸造工艺所固有的劣势。

2）CNC 加工，适合多种材料。CNC 加工技术让义齿加工进入到了数字化制造技术阶段。从图 16-9b 中，我们可以看到，使用 CNC 加工技术制造义齿金属冠没有经过人工制造蜡型和失蜡铸造牙冠的过程，取而代之的是数字化口腔模型扫描、计算机辅助设计（CAD）、计算机辅助制造（CAM）和自动化的牙冠切削流程。

在这一过程中，控制产品精度的任务将全部交给数字化的扫描、设计和加工设备，人工不需要做过多的判断和考虑。由此，金属牙冠的精度得到保障，让患者拥有一颗高度定制的、舒适的烤瓷牙成为现实。在加工材料方面，CNC 设备除了加工钛、钴铬合金等金属材料之外，还可用于加工氧化锆、玻璃陶瓷等硬脆牙科材料。

3）金属 3D 打印，高材料利用率。从图 16-9c 我们可以看到，金属 3D 打印技术与 CNC 加工技术的牙冠加工流程非常类似。在口腔模型之后，金属牙冠的生产全部是由数字化技术来完成的。金属 3D 打印技术在牙冠生产成本和效率上的优势更为突出，以西安铂力特金属 3D 打印设备的 BLT – S200 和 CNC 机床的加工对比数据来看：

基板面积为 105mm×105mm 的金属 3D 打印设备，一次可打印 110 个单位，打印时间为 7h。1kg 进口粉末的价格在 4000 元左右，大概能打印 600～700 个单位，每个单位材料成本约 5～7 元。

CNC 机床在加工金属牙冠时，需要使用刀具在一块金属坯件上将金属牙冠铣削出来。一块用于 CNC 技术切削的金属盘平均价格在 1200 元左右，可切削 30～40 个单位，加工时间为 5～6h，每个单位材料成本约 30 元。

未来，这些义齿加工工艺是占据不同层次的市场，还是其中一种技术替代掉另外两种，成为主流的义齿加工技术，目前还很难判断。不过总体来说，金属 3D 打印直接制造义齿支架和牙冠的技术有极大的机会进入那些采用传统铸造工艺加工义齿但是又有数字化转型升级需求的企业。国内已有在数字化义齿加工走在前列的企业用金属 3D 打印技术全面替代了铸造工艺，成都登特是其中的代表性企业。

成都登特已投入 5 台进口的选区激光熔融金属 3D 打印设备，进行可摘义齿支架、牙冠、牙桥的数字化加工。成都登特在 7 年多的临床应用中得出的结论为，金属 3D 打印的义齿支架、冠桥解决了传统包埋铸造工艺中存在的碳化、缩孔、不密合、不致密所带来的断裂、崩瓷、金属离子游离、菌斑积累等远期隐患。

3D 打印在烤瓷牙金属冠加工领域的优势包括：①高精度，冠桥修复就位时误差在 20μm 内，就位便捷；②致密度高，金属离子析出少；③金瓷结合力比普通方法高 1.25～1.5 倍；④对备牙的需求量比全瓷冠少。3D 打印在可摘义齿金属支架制造中的优势是，能够实现精准的、轻量化的设计，金属 3D 打印支架的就位顺利，精确度、密贴度高，卡环弹力和舒适度高。

（2）种植牙与数字化种植 种植牙是指以手术方法在口腔牙槽骨组织中植入人工牙根（种植体）作为支持，并在人工牙根上进行牙冠修复的一种镶牙方法。相比传统的缺牙修复项目，种植牙具有咀嚼功能强、不损伤周边牙齿、固位好、美观、舒适等多种优点，被称为人类第三副牙齿。

种植牙由种植体、基台和牙冠三部分组成，种植体的制造与植入是种植牙技术含量最高的部分，由于需要植入到人体牙槽骨内，所以制造材料多采用具有良好生物相容性的钛金属。基台是连接种植体与牙冠的部分，种植牙的牙冠是负责咬合的部分，分为金属烤瓷冠和全瓷冠两种。

目前我国种植牙的种植量远不及经济发达国家，市场渗透率极低。据统计，韩国每万人种植牙数量达到 180 颗左右，美国 40 颗左右，我国仅在 10 颗左右。种植牙普及率低并非因为这我国民众的口腔健康水平高，而是由于我国牙医资源水平低，就医意识不足等综合原因导致的。同时，这也说明种植牙在国内市场的成长空间是巨大的。

目前市场上流通的种植牙多具有通用型的种植体，在种植牙品牌中，以技术驱动的高附加值产品和以生产驱动价格较低的产品主要是进口品牌，国内为数不多的种植牙制造企业以提供仿制品为主。但是国内口腔医院、种植牙加工企业在 3D 打印个性化种植牙的研发方面并不落后于国际水平，比如说南京医科大学附属口腔医院以及中科安齿所研发的 3D 打印种植体都已在进行商业转化。

3D 打印种植牙与传统通用型种植牙产品在制造方式与种植所需的周期上都有不同之处。通用型种植牙中的种植体为螺旋形的，手术过程是拔牙后，在牙槽骨上钻孔，然后将螺旋体拧进去。通用型种植牙在拔牙后需等待 3 个月左右，等患者牙槽骨伤口愈合，然后在牙槽骨上植入一颗固定假牙用的"种植体"，再过 3 个月才能在这个"种植牙"上安装假牙。整个过程患者至少需要来回跑三四趟，花费大约半年时间。如果需要植骨的话，耗时会更长。而利用 3D 打印技术（通常为选区激光熔融技术），加工企业能够以更低的成本实现种植体的批量定制化生产，这为推出个性化种植牙创造了便利条件，有了这样的技术基础，种植体的设计不必设计成通用型产品，而是可以根据患者牙根医学影像数据进行定制化设计。理论上，定制化牙根在拔完牙后，就可以进行植入，不需要在牙槽骨上钻孔，不会破坏病人的骨头，达到即刻种植的效果。

因此，无论是从种植手术的周期还是从患者体验的角度来看，定制化种植牙都将成为必然的趋势。对于目前市场占有率低的国产种植牙品牌来说，3D 打印定制化种植牙产品或许会成为一个赢得市场的突破口。

3D 打印技术与种植牙的交集不仅体现在加工、制造领域，还体现在种植手术过程中。种植牙手术对于医生植入技术挑战很高，精准、安全的种植手术需要借助数字化技术完成。市场上对种植牙的需求，将带动对种植牙及种植牙手术导板数字化技术的需求。

传统的口腔种植手术，是通过人工目测，来确定种植牙根的植入位置。牙医缺乏高科技设备的精确辅助，无法详细了解患者的口腔情况，仅仅是单纯依靠经验和感觉，其弊端显而易见。数字化种植，是目前口腔种植的尖端技术。它依托全口腔 CT 扫描，测出缺牙部位的牙槽骨高度、宽度、紧密度，并计算出相关数据。这些数据，精度可达 0.1mm。医生通过分析这些三维数据，来确定种植的最佳位置、角度及深度，从而实现种植牙稳定固位。同时，它还可以帮助牙医在手术时避开重要的神经和血管，从而提高种植手术的安全性。

数字化种植手术中，医生需要通过手术导板来实施手术。手术导板是在实施种植手术前制造完成，通过数字化技术制造的手术导板，精准地确定了种植体半径、种植深度、倾斜度以及种植体与牙颌窦底距离等关键信息。牙医按照种植导板的"导航"进行操作，不需要反复切开、翻瓣、缝合，缩短了种植手术时间，使手术更加精准，减少患者的痛苦。

　　手术导板的设计与制造也由数字化技术来实现，图 16-10 描述了种植牙手术导板数字化设计与制造的流程，可以看到，口腔影像技术、三维建模技术、计算机模拟技术与 3D 打印等数字化加工技术相互衔接、配合，共同构成了手术导板的数字化设计与制造工艺。基于光聚合工艺的 DLP 3D 打印机与生物相容性材料逐渐挑起了手术导板制造的"大梁"。

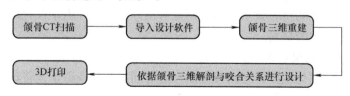

图 16-10　种植牙手术导板数字化设计与制造

　　在手术导板 3D 打印技术方面比较成熟的企业是德国 EnvisionTEC，这家公司的手术导板制造技术包括：牙科专用 DLP 3D 打印机，一系列牙科 3D 打印材料，以及与专业口腔设计软件商 3Shape 公司合作推出的种植牙手术导板数字化设计方案。

　　（3）矫正器　牙科矫正器分为普通钢丝托槽矫正器、透明陶瓷托槽矫正器、舌侧牙托槽矫正器、隐形透明无托槽矫正器以及自锁矫正器。图 16-11 描述了 3D 打印技术在矫正器制造中的应用，其中标注"＊"的两种矫正器在加工中会用到 3D 打印技术，选区激光熔融金属 3D 打印技术在舌侧矫正器加工中的应用属于直接应用，而几种光聚合技术在隐形矫正器中的应用属于间接应用。

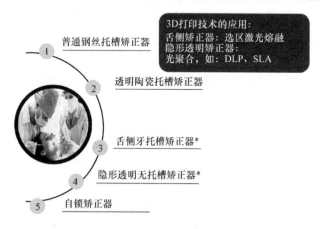

图 16-11　3D 打印技术在矫正器制造中的应用

　　金属 3D 打印的舌侧矫正器，与熔模铸造方法相比，可实现个性化托槽的直接成型，避免空穴、空洞等铸造缺陷。

　　在隐形矫正器的制造中，3D 打印技术并不是用于制造交付给患者佩戴的最终产品，而是制造矫正器制造所需的定制化牙齿模型，制造流程为：

印模—扫描—3D 建模—数字化矫正—3D 打印牙模—矫正器热塑成型—后处理

矫正器是一种高度定制化的产品，每个患者的矫正器都是基于个人的牙齿咬合情况定制化设计的，每位患者在矫正周期内需要多次更换不同的隐形矫正器。隐形矫正器制造中的核心技术是如何制定矫正方案并设计出个性化的矫正器以及可提供持续牵引力的材料。

通过 SLA 等光聚合 3D 打印设备，矫正器加工企业可以进行不同矫正阶段牙齿模型的批量定制化生产，牙齿模型制作后再利用热塑成型工艺将透明膜片包裹在模型上，从而制作隐形矫正器。3D 打印为实现隐形矫正器批量定制化生产创造了基本条件，因此 3D 打印虽不是隐形矫正器制造中的核心技术，但也是一种不可或缺的工具。

无论是国际上市场占有率高的隐适美，还是时代天使、正雅齿科等国产品牌，在隐形矫正器的制造过程中都在使用 3D 打印设备。国内也不乏为牙科行业提供 3D 打印技术解决方案的 3D 打印设备制造商，例如联泰、普利生等。

第四节　康复医疗器械

康复辅助器具是改善、补偿、替代人体功能和实施辅助性治疗以及预防残疾的产品。康复辅助器具产业是包括产品制造、配置服务、研发设计等业态门类的新兴产业。老年人以及伤残人士是康复辅助器具的使用人群，我国是世界上康复辅助器具需求人数最多、市场潜力最大的国家，但我国的康复辅具普及率并不高。

如图 16-12 所示为与康复辅助器具需求人群相关的几组数据，公开统计数据显示，截至 2016 年底我国 60 岁以上人口达 2.32 亿，残疾人口为 8502 万，听力障碍人口 2780 万，每年伤病人次上亿。根据国家统计局发布的数据，2015 年中国残疾人康复辅助器具总供应数为 195.9 万件，相比我国庞大的残疾人口总数来说，康复辅助器具的佩戴率仍然较低，仅是残疾人群体，就为康复辅具市场提供了很大成长空间。

《国务院关于加快发展康复辅助器具产业的若干意见》中指出，发展康复辅助器具产业有利于引导激发新消费、培育壮大新动能、加快发展新经济，推动经济转型升级，有利于积极应对人口老龄化，满足残疾人康复服务需求，推进健康中国建设，增进人民福祉。其中还对如何加快康复辅助器具产业发展提出了具体要求和任务。任务中强调了进行康复辅助器具领域创新和促进制造体系升级的重要性。促进制造体系的升级的任务中就包括了增材制造/3D 打印技术。

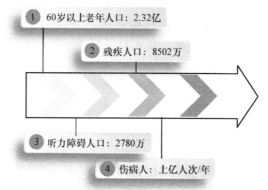

① 60岁以上老年人口：2.32亿

② 残疾人口：8502万

③ 听力障碍人口：2780万

④ 伤病人：上亿人次/年

数据统计截至2016年底，中商情报网

图16-12　与康复辅助器具需求人群相关的几组数据

3D打印对康复辅助器具行业的意义可以从两个层面来看。一个是产品层面，3D打印技术在促进康复辅助器具设计创新、提高定制化水平等方面起到了重要作用，如实现功能集成化、轻量化。另一个意义是产业层面的，作为一种数字化制造技术，3D打印技术将促进部分康复器具的数字化制造转型升级，改变传统以手工制作的方式，提升康复服务的质量。

根据3D科学谷的市场研究，3D打印技术在矫形器与假肢、助听器、个人移动辅助器具等多个康复辅助器具细分领域呈现出"百花齐放"之势。

1. 百花齐放的应用

（1）矫形器　矫形器是装配于人体四肢、躯干等部位的体外器具的总称，其目的是为了预防或矫正四肢、躯干的畸形，或治疗骨关节及神经肌肉疾病并补偿其功能，基本功能是稳定与支持、固定与矫正、保护与免负荷、代偿与助动。随着制作水平的提高，矫形器已在截瘫、偏瘫、脑瘫等治疗中逐渐被人们所应用。矫形器可分为上肢矫形器、下肢矫形器和脊柱矫形器三种。

从事3D打印矫形器探索的群体包括：个人设计师、医疗机构、医疗器械制造商、3D打印设备/服务企业以及材料企业。他们使用的技术包括四种：选区激光烧结、材料喷射、熔融沉积成型、光聚合。

选区激光烧结是最常见的矫形器3D打印技术，制造材料为尼龙粉末。在设计支撑型矫形器时，由于形态、功能和材料厚度配置必须适合每位患者的需求，多年传统工艺通常已达到自身极限，给设计人员实现个性化设计带来了束缚，而选区激光烧结等3D打印为矫形器设计优化带来的空间，该技术不仅易于实现个性化定制，而且易于实现功能集成的一体化矫形器。

如图16-13所示为一种功能集成式3D打印矫形器，该矫形器由德国康复器械制造商plus medica OT使用EOS选区激光烧结设备制造，替代了铸造、铣削等传统技术。plus medica OT 针对增材制造而设计的足部矫形器，融合了多种几何结构，其环状封闭系统几乎覆盖整个脚面，从而防止出汗过多。

国内脊柱矫形器制造商也在使用选区激光烧结技术来制造定制化矫形器，这一技术在治疗儿童脊柱侧弯领域起到了日益重要的作用。

图 16-13　一种功能集成式 3D 打印矫形器（图片来源：EOS）

国外曾有矫形器设计师通过 3D 打印设备为车祸患者制造下肢矫形器，在无须使用模具制造技术的情况下，直接完成矫形器的制造。这位设计师采用 Stratasys 基于材料喷射工艺的 Objet1000 多材料 3D 打印机和刚性材料 VeroBlack 来制造矫形器。矫形器设计采用功能集成的一体式设计，主体中带有很多镂空结构，这些设计方式使矫形器具有重量轻，透气性良好的特点。

部分熔融沉积成型 3D 打印设备也可以应用在矫形器制造中，打印材料采用 ABS、PEEK 这样的工程塑料。例如，远铸智能与四川聚安惠科技有限公司用 FUNMAT PRO HT3D 打印机和 PEEK 材料研发了一款超轻型膝盖矫形器 – BioNEEK。通过生物力学设计，BioNEEK 可以在膝盖康复的过程中提供更好的支撑和稳定性，同时减少膝盖受到的冲击，可以在最大程度上保护康复中的膝盖。除了 3D 打印的部分，矫形器中还配有磁流变阻尼器和可调节铰链，阻尼器的作用是帮助仿生支架减少冲击对患者膝盖的影响，同时有助于患者的行走和节省体力，铰链的作用是防止慢性膝盖疾病患者康复过程中的过度伸展，同时可以缓解疼痛和加速康复。

在具有高强度、良好的韧性的特殊光敏树脂材料的支持下，SLA 等光聚合 3D 打印技术也可以用于制造各种 3D 打印矫形器。3D 打印材料企业塑成科技，通过自主研发的硬性聚氨酯树脂为陆军总医院的骨科康复患者定制化制造了多套矫形器。

无论是使用哪种 3D 打印技术和材料，在进行矫形器设计时都需要抓住轻量化与定制化这两点。所谓轻量化，是指在设计时考虑使用功能集成式的设计、轻型材料，以减轻重量，提升佩戴者舒适度和依从性。所谓定制化，并不是单只产品外观上的定制化，还包括根据不同部位对于力学性能的不同要求，在同一个矫形器中变换不同的材料厚度，从而达到增强特定部位的灵活性或硬度。

3D 打印矫形器是一种已经实现商业转化的应用，不仅是部分康复器械制造商已推出了 3D 打印产品，公立医院中也开始提供相关服务，比如说上海交通大学医学院附属第九人民医院 3D 打印接诊中心于 2018 年 1 月正式开放，为患者提供3D打印矫形器等定制化康复辅具。

（2）假肢　假肢就是用工程技术的手段和方法，为弥补截肢者或肢体不完全缺损的肢体而专门设计和制作装配的人工假体，又称"义肢"。按照佩戴部位，假肢可以分为上肢假肢和下肢假肢，下肢假肢又可以进一步分为大腿假肢和小腿假肢。下肢假肢包括接受腔、连接件、足部装置、假关节等。按照构造和设计方式的不同，假肢可以分为外壳式假肢和骨骼式假肢。

3D打印技术在上肢假肢中的应用也是制造仿生肌电手中的个性化外壳，或者是制造一些低成本的机械手。3D打印技术在下肢假肢制造中的主要应用包括：假肢的定制化外壳和足部装置。在小腿假肢中，针对增材制造工艺设计的一体式3D打印假肢也已经出现，这类假肢包括3D打印的接受腔和外壳。

仿生肌电手是一种复杂且昂贵的假肢，包括机械手和肌电信号系统，通过医用电极与手臂肌肉相连，当手臂肌肉收缩后，肌肤表面会有电子信号，感应器获取这种信号，然后将其传递给机械手，使肌电手具有抓取功能。3D打印在其中发挥的作用是制造机械手中的定制化组件，例如外壳。英国Open Bionics已开展了带有3D打印机械手的仿生肌电手的临床试验，该产品除了在其官方网站销售之外，也将进入到医院的销售渠道中。还有一些医生、创客，利用一些开源免费的设计资源为贫困群体制造经济实惠的3D打印机械手，不过这些机械手多为公益性的产品，并未实现商业化。

国际上少量假肢制造商为佩戴者提供下肢假肢外壳的定制化服务，如UNYQ公司将3D打印假肢定制技术整合到了产品线中，佩戴者可以选择自己喜欢的3D打印假肢外壳款式。3D打印技术提高了假肢外壳设计的自由度，制造出轻量化的结构。

不过3D打印在下肢假肢中的应用并非只有这些看似锦上添花的应用，在一体化小腿假肢、足部装置制造中，3D打印已经成为关键技术。德国假肢制造商Mecuris研发了3D打印足部装置NexStep，使用数字化设计和3D打印进行假肢定制化生产周期在约为48h，而传统方式的生产周期为2~3个月。为获得CE认证，Mecuris对3D打印假肢进行机械长期耐久性试验、负载持久测试。通过仿真分析，Mecuris证明了NexStep 3D打印假肢持久的脚趾负载可达8000N，病人佩戴这个假肢可以超过三年时间。目前，这款产品已获得欧盟的CE认证。

国内康复器械制造机构也掌握了这类技术，例如湖北省康复辅具技术中心使用华科三维的选区激光烧结3D打印设备和3D数字化平台，研发出3D打印透气性接受腔一体化小腿假肢等一系列的康复辅具，3D打印的假肢采用结构性透气设计和一体化的功能设计，解决了假肢穿戴不透气的问题。此外，上海交通大学医学院附属第九人民医院3D打印接诊中心也可以提供此类下肢假肢。

（3）矫形鞋垫　在3D打印矫形鞋垫制造中，鞋垫的定制化设计是重要环节。获取用户足部的数字化数据是设计开始的第一步，不同 3D 打印矫形鞋垫定制服务商所用的扫描技术、鞋垫设计技术、打印技术会有所区别。

例如，SOLS 公司通过自行开发的 app 获取足部数据，用户通过 app 给足部拍照。SOLS 基于这些照片，通过计算机视觉、摄影测量、生物力学分析等技术进行矫形鞋垫的设计，最后使用 3D 打印技术进行制造。而 iMcustom 公司则是通过放置在商店中的足底扫描仪来收集用户设计，扫描仪上柔软的软凝胶垫可以准确捕获足部三维形状和压力点。iMcustom 公司根据扫描数据进行鞋垫的定制化设计，然后通过商店中的 3D 打印机完成打印。最快在 1 天之内即可将鞋垫交付给用户。

在设计中，设计师将根据脚底的压力分布，设计出鞋垫上的网格结构，这些结构将帮助佩戴者缓解足底压力并增加额外的力学支撑。网格的分布和密度并不是均匀的，而是根据用户脚底的力学特征进行定制化设计的。3D 打印技术则可以制造出这种特殊而复杂的结构。

常用的 3D 打印技术包括：熔融沉积成型（打印材料：TPE/TPU）和选区激光烧结（打印材料：TPU、PA）。此外，惠普的多射流熔融 3D 打印技术在定制化鞋垫制造领域具有应用潜力。惠普推出了鞋垫定制化生产的全套解决方案，包括获取用户足部数据的终端设备 FitStation，该设备目前已在国外鞋垫零售商 SuperFeet 的商店中进行试点投放。

（4）助听器　在助听器市场中，国际品牌或中外合资企业生产的助听器所占市场份额超过 90%。全球排名靠前的 6 家助听器生产企业有：德国西门子、瑞士峰力、丹麦瑞声达、丹麦奥迪康、丹麦唯听、美国斯达克（Starkey）。这些都已经进入中国市场，美国斯达克、丹麦瑞声达，已经分别在南京和厦门建立了大型助听器生产基地。

这些国际助听器制造商在 21 世纪之初就开始使用 3D 打印技术生产助听器的定制化外壳了，例如峰力的母公司 Sonova 集团在 2001 年就开始使用该技术。如图 16-14 所示，Sonova 助听器外壳的定制化生产由手工制作佩戴者耳道印模开始，随后是使用三维扫描仪对印模进行扫描。设计师在扫描数据的基础上进行助听器外壳的建模，Sonova 通过使用 Materialise 开发的快速外壳建模软件 RSM 确保了计算机辅助建模能够更加轻松高效地完成。建模完成后，文件被发送至 3D 打印机进行生产。每次打印可以同时生产出多个助听器外壳，实现外壳的批量定制化生产。

包括三维扫描、建模以及 3D 打印在内的数字化技术，减少了助听器外壳生产过程中对人工的依赖，外壳的定制化效率和产品精确度得到提升。目前 Sonova 集团每年通过 3D 打印技术生产数十万个助听器外壳。

国产品牌丽声助听器也引进了德国 Smart Optics 扫描与德国 rapidshape 3D 打

图 16-14　Sonova 助听器外壳定制化生产流程

印系统，成为中国第一家引入 3D 打印系统的助听器民族企业。

　　助听器外壳 3D 打印技术主要为 DLP 这样的光聚合工艺 3D 打印技术，打印材料为光敏树脂，以 EnvisionTEC 生产助听器外壳的 Perfactory® 4 DSP XL 3D 打印设备为例，该设备在 60~90min 内可同时打印出 65 个助听器外壳，同一批打印出来的每一件产品都是定制化的。此外，Sonova 旗下的峰力助听器还将选区激光熔融技术和钛金属材料应用在助听器外壳定制化生产领域。钛金属的外壳优点是强度显著高于树脂外壳，同时外壳的壁厚是树脂外壳的 50%，为内部电子元件留出更多空间，这意味着助听器的体积可以进一步缩小。

　　不论是使用哪种技术来定制化制造外壳，里面的技术壁垒并不高，助听器这类产品中的核心技术是先进的声学系统。但不能否认的是，3D 打印等数字化技术所主导的外壳定制化生产模式，提升了用户佩戴的舒适度，减少了用户的等待周期，无形中使助听器制造商为用户所提供的服务具有了更高的附加值，这也是助听器制造业在极短的时间内，用 3D 打印替代传统外壳定制技术的主要原因。

　　同样的外壳 3D 打印技术还日益受到耳机制造商的青睐，带有 3D 打印外壳的耳塞品牌越来越多，市场上既有走 DIY 路线的玩家，也有像黑格科技这样既有自主研发的打印设备、打印材料，又研发了自己的耳塞产品的团队。但同样的，不论 3D 打印外壳在佩戴体验感上有多么优越，其产品的竞争力还是建立在优质的声学技术上，也唯有抓住核心技术的 3D 打印耳塞品牌，才能够在 3D 打印外壳成为耳塞界标配的那一天到来时仍能保持其市场活力。

　　2. 走向数字化制造

　　无论是哪种 3D 打印的康复辅助器具，其设计与制造过程都是数字化的。与传统制作方法相比，整个过程中对人工经验的依赖显著减少。促进传统手工设计与制造模式向数字化制造的转型升级，是 3D 打印技术在康复辅助器械制造领域非常重要的一个意义。

　　接下来，我们以矫形器制造和矫正鞋垫的制造为例，来体会一下数字化制造流程为康复辅助器具制造带来的变革。

　　图 16-15 描述了下肢矫形器的传统制造流程与数字化制造流程，这是 America Makes 与美国多家 3D 打印企业共同探索的一种模式矫形器制造模式。

　　通过这张图可以看到，传统矫形器设计过程对人工经验和手工工艺的依赖很

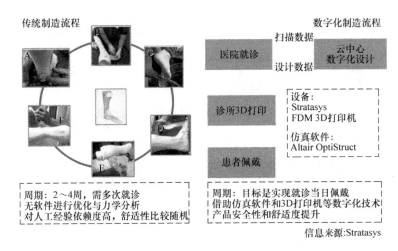

传统制造流程

数字化制造流程

扫描数据

设计数据

医院就诊

云中心
数字化设计

诊所3D打印

设备：
Stratasys
FDM 3D打印机

仿真软件：
Altair OptiStruct

患者佩戴

周期：2～4周，需多次就诊
无软件进行优化与力学分析
对人工经验依赖度高，舒适性比较随机

周期：目标是实现就诊当日佩戴
借助仿真软件和3D打印机等数字化技术
产品安全性和舒适度提升

信息来源:Stratasys

图16-15　矫形器传统制造流程与数字化制造流程

高，在制造时首先是使用石膏制得患者阴模，对阴模灌型后获取阳模，在阳模上进行修型，再根据不同材料使用低温加热、压制等加工手段最终获得成品。传统方式制造周期长，患者需多次就诊，并且由于对经验的依赖度高，会存在矫形器质量不稳定等问题。而在数字化制造流程中，取模方式可以更换为三维扫描，然后根据获得的扫描数据进行数字化设计，建模时配合使用仿真软件进行设计优化，得到力学性能优秀且更加轻量化的设计，然后在通过3D打印机进行快速制造。数字化制造流程的优势是，交货周期缩短，患者就诊次数减少，借助仿真技术，产品的安全性和舒适度得到提升。

第五节　芯片上的实验室

"芯片上的实验室"（Lab－on－a－Chip）又被称为微流控芯片（Microfluidics Chip），如果从这两个以不同角度来命名的技术名称上理解微流控芯片，我们可以把这一技术形象地理解为一种用芯片来实现实验室功能的技术，也就是说在一个数十平方厘米甚至更小的芯片上将样品的预处理、进样、混合、反应、分离和检测等实验室操作与相关功能集成在一起，并以微通道网络贯穿各个实验环节，从而实现对整个实验系统的灵活操控，承载传统化学或生物实验室的各项功能。

微流控芯片技术在生命科学、医学诊断、分析化学等领域得到了快速发展。目前，3D打印技术在微流控芯片制造中的应用处于早期的应用探索阶段。

微流控芯片的制造材料主要有硅、玻璃石英、高分子聚合物以及纸基，其中高分子聚合物材料由于成本低、种类多，便于实现大批量生产，已成为了微流控芯片制造的主要材料，其中常用的材料有聚甲基丙烯酸甲酯（PMMA）、聚碳酸酯（polycarbonate，PC）、聚二甲基硅氧烷（PDMS）、聚苯乙烯（PS）和环烯烃共聚物（COC）等。

目前，用于制作微流控芯片的微加工技术大多继承自半导体工业，其加工过程工序繁多，且依赖于价格高昂的先进设备。常用的加工方法包括：在微流控芯片的表面微加工、软印、压印、注射成型、激光烧蚀等。这些加工过程需要在超净间内完成，并且工序复杂，所需空间也大，对设计与加工人员的经验依赖度高。

与半导体加工领域尝试用3D打印这种增材制造技术进行电子元件的直接快速成型的应用类似，近年来微流控芯片制造的研发与制造领域也逐渐引入了3D打印技术。在2010年以前，基于材料喷射的Polyjet 3D打印技术最先被用于3D打印微流控芯片的制造领域，在应用时首先通过该技术打印出模具，然后再用PDMS材料倒模制造出微流控芯片。2011年以后，通过3D打印技术直接一次性成型制造微流控芯片的应用逐渐出现。与使用3D打印设备直接打印出传感器等电子元件的方式类似，3D打印设备可以进行微流控芯片的直接一次性成型。图16-16列出了常用的微流控芯片3D打印技术。

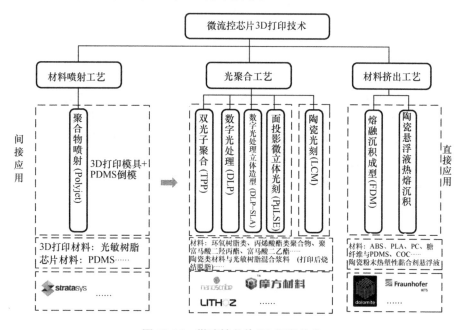

图16-16　微流控芯片3D打印技术

直接制造微流控芯片的工艺主要包括光聚合工艺和材料挤出工艺，这些工艺所制造的微流控芯片以高分子聚合物的芯片为主。在光聚合工艺领域，微纳米级的 3D 打印技术已被用于微流控芯片制造中。例如深圳摩方材料与德国 Nano-scribe 公司的纳米级 3D 打印技术。摩方科技采用了源自麻省理工学院的 PμLSE（面投影微立体光刻）技术，Nanoscribe 公司采用的是双光子聚合（TPP）技术。

2017 年美国杨百翰大学的一组科研团队研发出一种用于聚合物微流控芯片制造的微纳米级 3D 打印技术 – 数字化处理光固化立体造型（DLP – SLA）技术。用该技术打印的芯片尺寸小于 $100\mu m$，其流体管道横截面小至 $18\mu m \times 20\mu m$。这台打印机使用了 385nm 的 LED，具有更高的打印分辨率，打印材料为特别设计的低成本的定制树脂，在 30min 内就可以打印出一个微流控芯片。这个 3D 打印技术可以挑战现有的微流体原型设计和开发所用的软光刻技术和热压技术。

除了图 16-17 中所列的 3D 打印技术，还有学者在进行科学研究时利用生物 3D 打印机，即将含有几种不同细胞的生物墨水打印到微流控芯片的微反应器上，从而制成多器官微流控芯片。

这些 3D 打印技术所具有的优势各不相同，因此每种技术适合制造的微流控芯片种类也有所差异。比如说 FDM 技术较适合制造精度要求不高的微流控芯片，而 DLP、TPP 等这种基于光聚合工艺的 3D 打印技术则更适合制造精度要求高的微流控芯片。另外，在实际应用时，还需要结合各种技术的设备成本、材料成本、打印效率以及后处理的成本与效率等因素，综合考虑选择哪种 3D 打印技术。

总体来说，传统的微流控芯片制造技术属于劳动密集型的产业，将 3D 打印技术用于制造微流控生物芯片可以在几个小时内实现微型流体通道的快速制造，有利于设计的快速迭代，提高了基于微流控研究的跨学科性，并加速创新。

目前，3D 打印技术在微流控芯片制造中的应用尚处于早期阶段，其应用以芯片研发、设计验证为主。那么，未来 3D 打印是否会全部替代传统的微流控芯片制造工艺呢？在笔者看来，这些技术将长期同时存在与发展，3D 打印技术将在集成化程度高、微型化以及即时诊断微流控芯片的生产领域将发挥更大的价值。

第十七章
电　　子

谈到 3D 打印技术在电子行业的应用，许多从事 3D 打印的业内人士首先想到的是为各种电子产品快速制造新产品原型或电子产品的外壳。其实 3D 打印技术在电子行业的应用并非仅停留在电子产品的"表面"，还可以替代传统制造技术直接制造电子产品，包括在基底上直接印制传感器、共形天线，以及在一次打印过程中将电子产品的结构和电路同时制造出来，形成一个具有功能性或结构性电子产品。

这些以"印刷"方式直接制造电子器件的技术又称为印刷电子。印刷电子是一种基于印刷原理的新兴电子增材制造技术，印刷电子与传统的硅基微电子在所需的设备和工艺方面有着很大的不同。不过这里所指的"增材制造"技术，不仅包括熔融沉积成型等常见的 3D 打印技术，还包括气溶胶喷射 3D 打印、喷墨打印等专用于印刷电子领域的技术。其中喷墨打印技术与传统印刷业中用到的二维喷墨打印技术类似，大幅面电子电路平面印刷所用的甚至就是传统二维喷墨印刷设备。

3D 打印技术在电子行业中的应用尚处于早期阶段，目前主要是用于电子产品的快速原型，例如 PCB 快速原型制造喷墨 3D 打印。然而也有少数的应用已经超越原型制造，走向了电子产品批量生产，如共形天线。

第一节　印刷电子与硅基微电子

硅基微电子技术是以大规模集成电路为基础发展起来的技术，这种技术主要是指在半导体材料芯片上通过微细加工制作电子电路。在过去 50 年，硅基半导体微电子技术占据了电子技术的绝对主导地位，但随着电路尺寸进入 20nm 时代，集成电路加工的工艺越来越复杂，所需要的投资规模巨大，全球硅基集成电路制造垄断在少数几家大公司手中。

印刷电子是一种基于印刷原理的新兴电子增材制造技术，其原理在于利用喷墨、气溶胶喷射、材料挤出等印刷手段将导电、绝缘或半导体性质的材料转移到基底上，从而制造出电子器件与系统。在印刷电子领域，有时二维印刷与 3D 打印的界限是模糊的，例如有的二维印刷电子打印机也可以在 3D 物体表面进行打印，也有的 2D 喷墨打印机具备一定的制备 3D 表面的能力。图 17-1 所示为几种典型的电子 3D 打印技术。

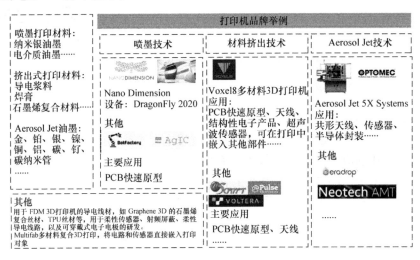

图 17-1　几种典型电子 3D 打印技术

图 17-2 所示为传统电子制造流程与印刷电子制造流程，传统电子制造流程基于印制电路板（PCB）制造技术，印刷电子制造流程则基于增材制造技术。通过对比可以看出，相比以金属箔蚀刻法（减成法）制造电路为主流的 PCB 制造技术，用印刷电子的工艺步骤少，对设备和作业环境的投资要求低，属于一种低能耗、低材料消耗、无蚀刻的工艺。印刷电子技术可以实现在多种基底材料中印制电路与元件，例如聚合物柔性基底、纸质基底，甚至是人的皮肤。由于电路、元件是直接印刷在基底上的，印刷完成后无须像传统工艺那样再进行元件的插入。

图 17-2　传统电子制造流程与印刷电子制造流程

　　然而印刷电子技术还不能完全取代基于 PCB 的传统电子制造技术。这是由于印刷电子不具备传统硅基微电子制造技术的高精度与高密度，其导电油墨材料的性能比传统微电子制造技术所依赖的晶体材料差，印刷电子的性能低于传统硅基微电子，它只是传统电子制造技术的补充，更多情况下是在大面积、柔性电子产品制造领域发挥作用。

第二节　PCB 快速原型

　　现阶段，3D 打印技术在电子产品制造领域最主要的应用就是新产品的快速原型制造。不仅是电子产品的外壳可以通过 3D 打印技术进行快速制造，电子产品中所需的 PCB 也可以通过 3D 打印进行快速制造。

　　电子产品外壳快速原型制造中所应用的 3D 打印技术与其他工业零部件快速原型所需的 3D 打印技术是相同的。常用设备包括：FDM 、SLA、Polyjet 等，而 PCB 快速制造用到的是一种专用的喷墨 3D 打印机，打印设备厂商提供配套的导电打印材料。本节内容将重点介绍 PCB 的快速原型制造。

　　PCB 的生产是一项非常冗长的过程，主要工艺步骤见图 17-2。电子工程师每完成一项新的设计都需要委托第三方进行 PCB 原型制作，这增加了新产品研发周期的管控难度。不过专用的 PCB 3D 打印技术有望打破 PCB 原型制造的现有局面，因为通过 PCB 3D 打印机和专用的导电油墨即可在数小时之内快速完成 PCB 原型的制造，显著缩短研发周期。这意味着有些急需的 PCB 原型可以通过企业内部的 3D 打印设备进行制造，无须外发给第三方公司。

　　以色列 Nano Dimension 公司开发了一种专门进行 PCB 原型快速制造的喷墨 3D 打印机，该公司新一代的 3D 打印机已经能够制造多层 PCB。PCB 3D 打印机的功能越来越丰富，除了将电路板快速制造出来，还可以实现在电路板打印过程中嵌入电子元件，该功能为制造更复杂的电子系统奠定了基础。在打印过程中嵌入电子元件的技术具有三个优势：第一个优势是使电子元件免于暴露在外部环境中，从而保护它们的力学性能、温度和避免受到腐蚀；第二个优势是嵌入的电子元件由 3D 打印的导电油墨进行互联，所以可以免于使用焊接工艺，该方式有利于提高印制电路板的质量和易用性；第三个优势是在电子元件没有完全封装的情况下直接打印，为创建超薄的 PCB 创造了条件。

　　除了喷墨技术还有一种多材料 3D 打印技术可用于 PCB 原型快速制造。哈佛大学研发了一种多材料 3D 打印机——Voxel 8 ，这款打印机有两个打印头，其中一个是基于材料挤出工艺的熔融沉积成型打印头（即 FFF/FDM 技术），用于制造电路板的基底或电子产品结构，代表性打印材料为环氧树脂；另一个是使用导电银油墨的打印头，用于打印电子电路，代表性打印材料为导电银油墨。在打印过程中，也可以暂停并插入电子元件。

　　基于这两种不同的打印头，Voxel 8 多材料 3D 打印机为电子产品研发开辟了一个全新的应用维度，即同时制造出电子产品的塑料外形结构和内部的电路，从而快速制造出一个具有电子功能的结构性电子产品，例如一架小型无人机。未来，多材料 3D 打印技术或将超越 PCB 快速原型的应用，进入到结构性电子产品的小批量生产领域。

第三节　小批量制造

　　3D 打印技术在电子产品制造领域中有一种典型的小批量生产应用是制造共形天线，这一应用与气溶胶喷射技术有关。气溶胶喷射也是一种增材制造/3D 打印技术，所有者是美国 Optomec 公司。该技术可将各种导电、绝缘或半导体材料以及生物医学墨水准确地打印到各种 2D 或 3D 塑料、陶瓷、金属、纸、玻璃等承印基底上。

　　气溶胶喷射技术在打印天线过程中可精确控制导电纳米银墨水的沉积位置、几何形状和厚度，并产生光滑的表面，在该过程中不使用电镀方法或环境有害物质。光宝科技使用 Optomec 的气溶胶喷射 3D 打印技术将共形的 3D 天线直接打印在电子产品的外壳中，从而最大限度地实现设计灵活性，制造出轻而薄的产品。

　　根据 3D 科学谷的市场研究，目前市场上的天线制造商多采用激光直接成型（LDS）技术制造共形天线，如智能手机内置天线、笔记本电脑内置天线。同拓光电、深圳天铭科技、深圳市迪比通通讯设备、东莞市仕研电子通讯、上海儒韦电子科技、深圳市微航磁电技术、深圳市信维通信等多家共形天线制造商均采用 LDS 技术。图 17-3 所示为基于 LDS 技术的天线制造流程。

图 17-3　基于 LDS 技术的天线制造流程

　　气溶胶喷射 3D 打印技术也可用于电子设备共形天线的生产。其主要工艺包括：外壳制造，天线打印，固化。通过气溶胶喷射 5 轴 3D 打印设备可以直接将电路打印在外壳中，外壳基底材料包括纸、金属、陶瓷、玻璃等多种材料。未来，气溶胶喷射 3D 打印技术是否会成为共形天线制造的主流技术甚至是替代 LDS 技术，是一个值得关注的问题。

第四节　几种有生产潜力的应用

1. 电子散热器

由于电子元器件及其应用产品的集成度越来越高，热损耗与热安全问题日益凸显，电子产品散热器作为散热功能性部件，在电子产品应用领域扮演越来越重要的角色。电子器件发热元件的冷却对电子器件的性能起到关键作用，电子元件在安全温度下有助于维持长期的使用寿命，避免产生早期产品故障。

当前，实现冷却的首选方法是通过空气自然对流带走电子器件的热量。热对流通过散热器或散热片来实现，这些元件的特点是表面积大，且由高导热材料（如铝或铜）制成。当电子元器件变热，对流传导快速带走热量。

自然对流的成功在很大程度上取决于散热片的散热能力，并将其移到周围的空气中。设计有效的散热片既要考虑增加空气流量和表面面积，同时还要减少压力损失和制造成本。自然对流方法成本低，维护简单，无噪声。然而，这种方法冷却能力有限，当对冷却要求比较高的时候，这种局限性就显现出来了。突破这一局限的方法是对散热元件的结构加以改进。

如果散热元件可以通过优化高导热材料的几何形状来增加空气流量和表面面积，同时降低生产成本，那么更多的电子产品就可以采用自然对流的冷却方式，而不必采用更昂贵和复杂的方法。选区激光熔融3D打印技术能够制造复杂的产品几何形状，为电子元器件散热器设计师设计出具有更大的比表面积带来了空间，该技术在构建几何形状复杂的电子器件散热器方面具有潜在的应用空间。

根据3D科学谷的市场研究，在国际上少量科研机构及企业已经在借助选区激光熔融3D打印技术制造结构更为复杂的新型散热器。图17-4所示为四款3D打印生产的金属散热器。这些散热器是英国原型制造，小批量生产服务商 Plunkett Associates 使用选区激光熔融3D打印技术和高导热材料制造的，它们与上一代的设计相比具有更大的比表面积。美国橡树岭国家实验室和田纳西大学的研究人员还发现，

**图 17-4　四款3D打印生产的
金属散热器**

通过采用一个简单的退火过程，并使用建模设计算法，制造商可以通过3D打印散热片替代传统工艺制造的散热器。

3D打印散热器的设计，对这类产品的设计师提出了更高的要求。设计师不仅需要具有复杂结构的建模能力，还需要熟悉电子散热仿真软件对传热和流体进

行仿真，典型的软件有 Mentor Graphics 公司的 FloTHERM 软件和 ANSYS 公司的 Icepak 软件。

2. 可穿戴柔性电子设备

柔性电子制造技术在未来的技术创新中将发挥重要作用，而用于监测、分析人体健康或运动情况的可穿戴设备是柔性电子应用的高地。混合 3D 打印（或称为多材料 3D 打印）在柔性可穿戴设备的制造中具有一定市场潜力。

混合 3D 打印技术主要有两大特点：一是体现在"混合"二字，也就是在打印的过程中，不仅仅将液态的导电油墨和其他材料打印成电路的形状，还将电子元器件直接"插入"到电路上；二是体现在柔性方面，通过打印到可拉伸的基体表面上，这种产品就有了完成各种变形的柔性特点。

哈佛大学威斯研究所的研究团队在 Voxel 8 多材料 3D 打印技术的基础之上，与美国空军研究实验室合作开发混合 3D 打印技术。这种混合 3D 打印能够将柔性导电油墨和基体材料与刚性电子元件集成打印到一个可拉伸基底上，电子传感器可以被直接 3D 打印到软质材料上，同时该工艺还可以自动拾取和放置电子元件，并打印那些读取传感器数据所需的导电互联电路。重要的是，该技术可以显著减少柔性电子产品的制造时间和成本，并可以用于制造更强大的电子产品。

在 3D 打印过程中，3D 打印机所用的一种材料是热塑性聚氨酯（TPU），这种材料可以用于 3D 打印基体或者绝缘部分，这种材料具有可拉伸的特性。另一种材料是导电油墨，这种油墨可以自由地将电路"勾画"出来。通常电子元器件是刚性的，如何在材料被拉伸的时候仍然保证电子元器件不会脱离基底？其中的奥秘主要来自于 TPU 材料的分配，这些材料的应用意味着柔性电子产品可以在拉伸 30% 的情况下仍然保持电子产品的功能不受影响。

控制系统也是这项技术中的难点。哈佛大学研发出了独特的控制系统，控制系统可以发出命令，让打印机知道什么时候通过喷嘴打印不同的材料，什么时候拾取电子元器件嵌入到电路中。

研究团队通过混合 3D 打印技术开发了两种柔性可穿戴电子设备。其中一个是带有应变传感器的测量装置。制造时将银 - TPU - 墨水电极 3D 打印到纺织品基底上，并且使用拾放技术来插入微控制器芯片和 LED，制造出电子衣袖。该装置可以精确测量穿戴者的手臂弯曲程度，通过 LED 显示屏显示结果。在生活中，这样的可穿戴装置可以用于分析运动员的投掷技术。另一个是人的左脚形状压力传感器。这是通过 3D 交替打印导电银 - TPU 电极层和绝缘 TPU 材料实现的。在柔性 TPU 衬底上形成了电容器，当用户踏上传感器时，压力就以可视化的图案呈现出来。

3. 智能金属零件

金属零件在嵌入传感器之后就会成为智能零件，比如说，如果嵌入了 FGB

光纤光栅传感器，金属零件就具有了测量温度、速度等变量的功能。然而，在金属零件的制造过程中嵌入传感器并不是一件容易实现的事情，这是因为像 FBG 这样的传感器遇到高温时将会失去敏感性。因此传感器无法"适应"常规高温的金属零件加工过程，低温金属零件加工技术是解决这个问题的办法。

NASA 兰利研究中心曾使用一种低温的金属增材制造技术，在金属零件制造过程中嵌入 FGB 传感器，用以长期监测零件的应变。NASA 使用是美国 Fabrisonic 公司的超声波熔融（UAM）金属 3D 打印技术，UAM 技术主要使用超声波去熔融用普通金属薄片拉出的金属层，从而完成金属零件的增材制造。这种方法能够实现真正冶金学意义上的黏合，并可以使用各种金属材料如铝、铜、不锈钢和钛等。在制造过程中温度低于 200 ℉（93.3℃），在这样的温度环境下嵌入传感器可以避免传感器被损坏。

UAM 设备是禁止对我国销售的，不过我国也在这项技术上取得了进展，如哈尔滨工程大学和楚鑫机电合作研发的超声波快速固结成型制造装备。

4. 传感器

在混合 3D 打印制造的可穿戴柔性设备中，关键的电子元器件是传感器。传感器制造还有另一种相对成熟的增材制造技术是气溶胶喷射，这一技术为航空制造机构所重视。斯旺西大学的研究人员曾使用该技术，直接打印喷气发动机的压缩机叶片表面上应变和光学蠕变传感器，这使得叶片的状况可以被监测，有助于提高燃油效率和发动机运行温度。

目前这些 3D 打印的传感器可以用于低压涡轮叶片上，但不能用在高压涡轮叶片。这是由传感器对所处环境的温度要求所决定的。高压涡轮位于燃烧器的下游，承受的温度最高，3D 打印传感器材料在这种环境下无法保持稳定。而低压涡轮机的热量较少。通过传感器监测它们的压力和蠕变的程度，当然高压涡轮机叶片更需要这样压力和蠕变程度监测。开发耐高温传感器的打印材料，对于航空涡轮叶片监测具有重要意义。

2017 年，GE 申请的涡轮叶片上打印高温陶瓷传感器专利获得授权，专利中公开了如何将陶瓷材料沉积到外部表面指定位置上的方法，应变传感器的陶瓷粉末通过自动化的 3D 打印增材制造工艺沉积到叶片表面上。完成应变传感器的制造则需要不同设备之间的配合，包括气溶胶喷射机（例如，Optomec 气溶胶和透镜系统）、微喷机，以及 MesoScribe Technologies 技术公司的等离子喷涂设备 MesoPlasma。

相信随着 GE 申请此项技术的专利获批，我们将会看到 GE 将涡轮叶片上打印高温陶瓷传感器技术用于实际的生产。

如果 3D 打印传感器技术走向生产，还将与物联网技术产生密切关系，这是由于传感器是物联网的关键元器件之一。所谓物联网是指利用局部网络或互联网等通信技术把传感器、控制器、机器、人员和物等通过新的方式联在一起，形成人与物、物与物相联。传感器 3D 打印技术能够在零件或设备中"预埋"传感器，这是实现物物相连的一种手段。

第五节　3D 打印与物联网

物联网和 3D 打印的结合是双向的：一个方向是通过 3D 打印技术在零件或产品制造的过程中将传感器嵌入，作为一种制造技术手段与物联网发生直接联系；另一个方向是物联网所积聚的大数据反馈给 3D 打印的制造系统，以实现更精益的生产及供应链管理和更加适合用户需求的产品设计。

3D 打印技术正变得越来越受欢迎，在航空航天、汽车、电子和医疗行业发挥越来越重要的作用，而物联网在这些行业中均可以发挥重要的作用。应用物联网技术之后，机械中的各项监测结果将连接到网络中，成为大数据的一部分，对这些数据进行分析后，则能够实现高效的质量控制。不仅如此，物联网还通过不断增长的传感器收集每一个可能的数据，分析与人类有关的行为和互动，并允许企业收集人们的产品行为信息，用来了解和预测未来的行为。同样的技术还可以用于特定的用途，如分析温度和结构的完整性，有助于提高产品的产量和质量。

总之，以 3D 打印为代表的数字化制造与大数据这两种革命性的技术，将为许多行业提供一种工具，可以彻底改变监控过程的方式，分析和改进产品质量。毕马威曾预测物联网和 3D 打印将成为位居改变人们生活和工作方式的前三名技术，而到 2020 年，活跃的无线连接设备数量将超过 409 亿部，这为二者的结合提供了空间。

第十八章
首　　饰

　　珠宝首饰制造是 3D 打印技术最为亲民的应用，也是最早引入增材制造技术的行业之一。珠宝首饰 3D 打印工艺分为间接制造工艺和直接制造工艺两类，间接制造工艺采用 3D 打印熔模与精密铸造相结合的方式，直接制造工艺采用金属粉末无模具直接成型的方式。

　　3D 打印技术无论是间接还是直接用于首饰制造，都将简化当前首饰制作流程，并推动行业发展向定制化、更复杂或者独特的设计、数字化制造的方向发展。

　　图 18-1 所示为 3D 打印对珠宝行业的四大改变。从图中可以看到，在 3D 打印技术的驱动下，珠宝行业将出现数字化的首饰平台。这些平台与在电商平台上开立品牌专卖店销售首饰的模式有很大区别，虽然两者都属于线上销售，但在数字化平台模式中，消费者除了购买首饰，还能够参与首饰的设计，首饰在设计方案确定之后才进行生产。也就是说，3D 打印与珠宝首饰行业的结合点并不是只有技术层面，它还将影响现有的首饰定制、销售模式，使消费者从单纯的首饰购买者变为"珠宝设计师"。

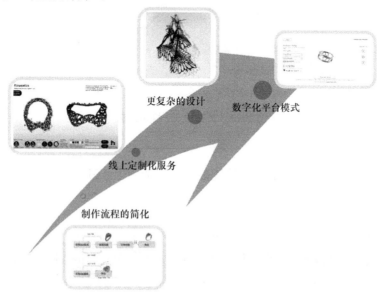

图 18-1　3D 打印对珠宝行业的四大改变

几大国内首饰品牌周大福、周生生、潮宏基、豫园、明牌珠宝、爱迪尔都已经入驻电商平台，其他的二线品牌及个人设计师品牌也大量存在于电商平台上。那么，我们不妨共同思考一个问题，未来的珠宝首饰定制服务是直接嫁接在这些电商平台之上的呢？还是会出现新的服务平台或商业模式？

第一节 首饰的两种"打印"方式

图 18-2 所示为首饰的 3D 打印工艺。该图总结了两种不同工艺：一种是间接制造工艺，一种是直接制造工艺。

图 18-3 所示为 3D 打印贵金属的要求。该图总结了直接制造和间接制造这两种不同 3D 打印工艺的要求。其中粉末床技术具体指基于粉末床工艺的选区激光熔融技术，该技术是一种直接制造贵金属首饰的工艺，而光聚合与材料喷射技术都属于间接的首饰制造工艺。

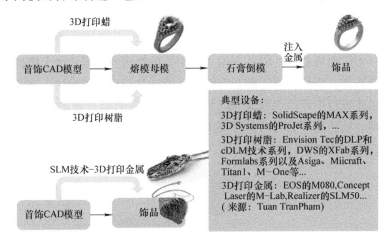

图 18-2 首饰的 3D 打印工艺

1. 间接制造

间接制造实际上仍然沿用了传统的首饰铸造工艺，3D 打印的应用是制造铸造用的熔模母模。

如图 18-2 所示，熔模母模又分为两类：一类是蜡模，典型的 3D 打印技术为喷墨技术（如 3D Systems 公司的 ProJet 技术）和平滑曲率打印技术（如 Solidscape 公司的 SCP 技术）；另一类是树脂模，典型的 3D 打印技术为基于光聚合工艺的 SLA、DLP 技术。首饰制造行业通常习惯性地将这两种 3D 打印的熔模母模统称为 3D 打印蜡模。

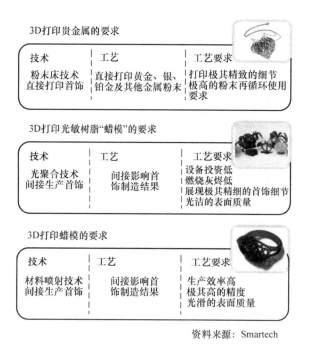

资料来源：Smartech

图 18-3　3D 打印贵金属的要求

在间接制造工艺中，3D 打印替代了繁复的传统铸造蜡模制造工艺。在传统制造工艺中需要首先制造首饰的起版；在起版制造中得到首饰原版；然后根据原版开橡胶模，橡胶模制得后由经验丰富的技工将原版从橡胶模中取出，得到一个空心的橡胶模；接下来将石蜡注入橡胶模得到首饰铸造用的蜡模；依次重复，得到多件蜡模；这些蜡模经过人工修整瑕疵和尺寸之后方可种在蜡树上，用于接下来的浇铸工艺。而通过 3D 打印，则可以省去以上这些繁复的工艺，根据电脑中设计好的三维模型直接打印出种蜡树所用蜡模。

接下来种蜡树和浇铸工艺对于传统工艺和 3D 打印制得的蜡模来说都是一致的，即根据模型的大小选择多件蜡模种在蜡树上（通常是四五十件），种好的蜡树将被放入一个容器，在容器中倒入液体石膏充满并覆盖住蜡模；当石膏凝固后，取出模型并放入熔炉将蜡材料熔化，剩下的石膏部分就变成了倒模；再将熔融的饰品金属倒入石膏倒模，待金属凝固，最后将石膏部分敲碎去除，得到金属首饰。

相比传统工艺，3D 打印显著减少了首饰铸造的工艺步骤，使生产率得到提升，对手工经验的依赖性降低，便于首饰加工企业进行生产管理和质量管理。除此之外，3D 打印技术在制造复杂结构方面的优势减少了制造工艺对于珠宝设计师设计思路的限制，为珠宝设计创新创造了条件。

2. 直接制造

直接制造工艺是指由粉末床选区激光熔融 3D 打印设备直接成型贵金属或塑料的工艺。

通过对比图 18-2 中所描述的两种工艺可以看出,相比间接工艺,直接制造工艺使首饰制造的流程进一步缩短,整个过程中不需要使用模具。除此之外,直接制造工艺能够实现非常复杂的几何结构,甚至是铸造工艺无法实现的结构,这为首饰设计自由度的再度提升创造了条件。

然而,目前更为珠宝制造业广泛接受的制造工艺并不是直接制造工艺,而是间接制造工艺。直接制造工艺中存在的挑战,阻碍了该工艺在珠宝制造行业中的普及。挑战来自两个方面:首先是工艺流程的挑战,由于直接 3D 打印贵金属首饰表面精度和光滑度难以与精密铸造的首饰相比,因此在打印完成后仍需配合采用大量后处理工艺,这无形中增加了制造的难度。其次是打印材料方面的挑战,金、银等制造首饰的贵金属具有较高的反射率和导热性,克服这个问题的办法是在打印材料配方中添加其他金属或黏结剂混合。此外,粉末床熔融工艺对贵金属粉末材料的纯度、颗粒度要求非常高,这使得贵金属打印材料的成本居高不下。

虽然存在诸多挑战,但直接制造工艺在首饰制造中的特有魅力,还是吸引了珠宝制造界,无论是贵金属材料研究机构和珠宝企业,都在积极探索着首饰直接制造工艺。

德国贵金属和金属化学研究所针对材料反射率和导热性问题,在黄金材料中添加了铁(Fe)、锗(Ge)等材料。材料配方需保证金属合金备合适的硬度,并且不会明显改变黄金的颜色。经过多次尝试,研究人员找出了最适合用于粉末床选区激光熔融设备的 Ge001 和 Fe003,当 Fe 和 Ge 粉末被氧化时,这些组合能让黄金合金反射更少的光。在研究贵金属打印材料的过程中,研究人员为每种材料配方调整出不同的打印参数,他们在测试时使用了 Concept Laser 公司的 MLab 3D 打印机。最终为其材料配方调试出的最佳打印参数为:粉末尺寸为 $5 \sim 30 \mu m$,理想的激光移动速度为 $200 \sim 450 \ mm/s$。通过热处理使 3D 打印贵金属的孔隙率由 3% ~4% 下降到 0.7%。

英国贵金属产品供应商 Cooksongold 公司已通过 EOS 的 M80 金属 3D 打印设备,在黄金和银 3D 打印材料和工艺方面取得了突破,并在此基础上推出了 Precious M080 3D 打印设备,专用于贵金属首饰的直接 3D 打印领域。

法国 Comité Francéclat 于 2017 年发布了直接 3D 打印的黄金首饰,拉开了直接工艺商业化的序幕。Comité Francéclat 打印的首饰是由 2000 层逐层扫描完成的。黄金粉末的直径为 $15 \mu m$,经过了 12h 的 3D 打印过程,并使用了 3.5kg 的金粉。在这方面,Comité Francéclat 强调,由于 3D 打印,材料的损失减少到最小。

当然 3D 打印并不是一步到位的，后期还包括许多人工处理过程，包括抛光过程。

第二节　互联网 + 首饰定制

首饰定制并不是 3D 打印技术出现后的新兴服务，但是 3D 打印技术在首饰制造中的应用为首饰定制带来了更加便利的条件，并为首饰定制服务与互联网相结合创造了条件。

3D 打印是一种数字化制造技术，3D 打印首饰或首饰铸造模型的设计数据皆可以以数字文件形式进行存储和传输。当用户有定制化需求时，可以在现有设计模型的基础上修改参数或添加新的设计元素，设计文件修改好之后通过 3D 打印机制造铸造用的熔模母模或直接制造出首饰，无须再通过手工工艺重新起版、制造胶膜。通过数字化技术实现定制化设计的便利性和效率都远在传统手工工艺之上。

3D 打印在实现小批量定制化生产方面具有明显优势，无论是打印熔模母模还是直接打印首饰，在一次打印过程中可以同时打印出多件不同款式，而通过传统工艺制得的橡胶模更适合进行批量生产。3D 打印技术所主导的数字化制造技术小批量定制化生产在成本和效率方面更占优势。

除此之外，3D 打印以及数字化设计技术天生具有互联网"基因"。设计模型、3D 打印设备、珠宝品牌商、设计师以及消费者能够通过互联网联系在一起，这是传统制造技术所不具备的。

1. 首饰 3D 打印产业链

在引入了 3D 打印技术的首饰制造产业链中，存在两种上下游关系：一种是传统的上下游关系，最上游是原材料，中游是首饰设计与生产企业，下游是消费者，上下游之间的界限非常清晰，首饰批量生产的产业链正是如此；而在另一种上下游关系中，产业链上下游之间的界限已经变得模糊。图 18-4 所示为首饰 3D 打印产业链。从该图中可以看出，处于下游的消费者有可能会提出个性化需求并参与到上游的设计环节中，消费者的个性化需求有 3 种实现途径：第一种是消费者将个性化需求反馈给品牌商或设计师，由设计师进行定制化设计后，将设计方案提供给首饰生产企业（或打印服务商）；第二种途径是消费者直接在互联网平台中修改设计方案，然后在线提交给定制服务平台；第三种途径是消费者通过其他渠道购买首饰设计模型，然后将其提交给首饰生产企业或定制服务平台。

在消费者个性化需求以及数字化制造技术的推动下，首饰行业正在朝着"轻奢 + 轻定制"的趋势发展，而 3D 打印技术在首饰制造行业的落脚点就在于"轻奢 + 轻定制"，在此基础上珠宝行业将催生出新的商业模式以及新的珠宝品

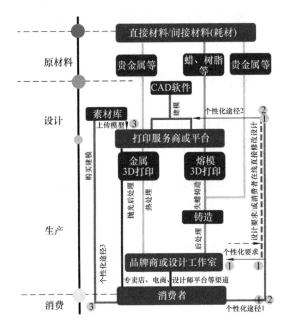

图 18-4　首饰 3D 打印产业链

牌。目前市场上有几种"互联网 + 珠宝定制"的商业模式，虽然还没有成为珠宝行业的常态，但是已经初现雏形。

2. 首饰电商

首饰电商有两种模式：一种是珠宝商入驻天猫、京东这样的电商平台，通过电商品牌专卖店来销售首饰，这种模式与线下实体店无本质差异，只是销售渠道不同；另一种是珠宝品牌自己推出的自有电商，消费者可以直接登录珠宝品牌的网页下单订购首饰。

马良行和伊格纳这两家首饰定制新兴珠宝品牌也入驻了电商平台，但由于第三方电商平台上没有供消费者上传首饰模型或修改现有模型的插件，所以消费者只能将个性化刻字等简单需求发给客服。

这两家新兴定制珠宝品牌还有自主开发的网站。在网站中消费者可以在线修改现有首饰模型，也可以通过网站提供的设计功能，自己动手设计首饰，网站会自动将平面设计图转化为三维模型。首饰设计完毕后在线下订单，完成首饰定制。马良行和伊格纳都在制造流程中引入了 3D 打印技术，定制首饰的交货时间在 7 ~ 15 天。

国际珠宝品牌中也有类似的商业模式，例如 American Pearl，他们为了能够与高端珠宝品牌 Cartier 展开竞争，通过应用 Solidscape T‒76 蜡模 3D 打印设备，获得个性化首饰定制方面的交货期和成本优势。American Pearl 通过 American-

Pearl. com 及 AmericanDiamondShop. com 为消费者提供 3D 打印定制化首饰服务。

3. 设计师入驻 3D 打印平台

图 18-5 所示为首饰 3D 打印服务平台。Shapeways、i. materialise 等 3D 打印服务平台推出了首饰定制服务。他们的商业模式是由设计师入驻平台，上传首饰的三维设计模型，消费者可以在平台中选择首饰材质、颜色或选择添加特殊的设计元素，平台将给出首饰定制的报价，并完成首饰的制造与交付。

有的 3D 打印平台还为品牌珠宝制造商提供打印服务，以满足他们的定制化需求。

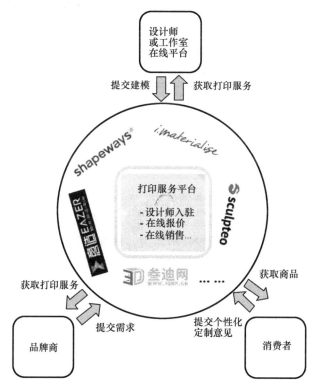

图 18-5　首饰 3D 打印服务平台

4. 创成式设计与互联网相结合

美国有一家由麻省理工学院毕业生创建的设计师工作室——Nervous System。他们设计了很多个性化的饰品，主导这些设计作品的并不是大牌设计师，而是麻省理工学院地道的理工科毕业生通过创成式设计软件实现的。

Nervous System 开发的创成式设计生成系统"Floraform"，通过将计算机算法与实体工具相结合创造出带有复杂、非常规几何形状的对象，每一件作品都是独一无二的。Nervous System 通过"Floraform"系统可以逼真地模拟自然界生物的生长，并将这些美丽的形状制作成饰品。

图 18-6 所示为 Nervous System 工作室的互联网商业模式。Nervous System 将由技术主导的首饰设计方式转化成了基于互联网的首饰定制商业模式。个人消费者既可以通过互动功能创建自己喜欢的模型，也可以在线购买工作室设计的现成作品。Nervous System 还通过创成式设计为商业用户提供设计方案，其商业用户不局限于首饰行业，还包括鞋类制造商和工业制造商。

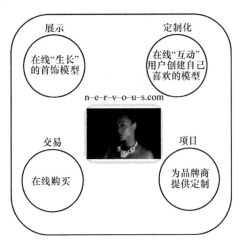

图 18-6　Nervous System 工作室的互联网商业模式

实现更复杂的饰品设计可以说是 3D 打印的一大优势，即打印成本对产品设计的复杂性不敏感，而采用传统的加工工艺生产，产品越复杂，其生产成本越呈直线上升的趋势。这使得 3D 打印成为实现创成式设计作品的最佳制造方式。

那么，未来在首饰数字化制造领域中，Nervous System 所采用的创成式设计为主导的设计方式是否会取代传统的设计师为主导的设计方式呢？对于这个问题，有些从事数字化设计的时尚设计师认为，首饰等艺术作品除了美感之外还会融入文化元素，设计师的文化底蕴和对美学的理解方式对设计作品影响很大，所以技术为主导的设计方式并不会取代设计师。

光聚合（Photopolymerization，VAT）**技术**

市场上的技术名称包括：

光固化（Stereolightgraphy Apparatus，SLA）

数字光处理（Digital Light Procession，DLP）

扫描、旋转、选择性光固化（Scan Spin and Selectively，3SP）

连续液界面生产（Continuous Liquid Interface Production，CLIP）

描述：液态光敏树脂通过（激光头或者投影以及化学方式）发生固化反应，凝固成产品的形状。

技术优势：实现高精度和高复杂性；光滑的产品表面；适应大面积打印。

典型材料：光敏树脂。

粉末床熔融（Powder Bed Fusion，PBF）**技术**

市场上的技术名称包括：

选区激光烧结（Selective Laser Sintering，SLS）

直接金属激光烧结（Direct Metal Laser Sintering，DMLS）

选区激光熔融（Selective Laser Melting，SLM）

电子束熔融（Electron Beam Melting，EBM）

SHS选区热烧结（Selective Heat Sintering，SHS）

多喷头熔化/多射流熔融（Multi‐Jet Fusion，MJF）

高速烧结（High Speed Sintering，HSS）

描述：通过选择性地熔化粉末床每一层的粉末材料来制造零件。

技术优势：实现高复杂性；金属粉可作为支撑；广泛的材料选择。

典型材料：塑料粉末、金属粉末、陶瓷粉末、砂子。

黏结剂喷射（Binder Jetting）**技术**

市场上的技术名称包括：

3DP（3D Printing）

描述：黏结剂喷射3D打印技术由麻省理工学院在1993年研发出来，当时的毕业生Jim Bredt和Tim Anderson修改了喷墨打印机方案，变为把约束溶剂挤压到粉末床，3D打印的名称从此诞生。

技术优势：全彩打印，高通量，材料广泛。

典型材料：塑料粉末，金属粉末，陶瓷粉末，玻璃，砂子。

材料喷射（Material Jetting）技术

市场上的技术名称包括：

平滑的曲率打印（Smooth Curvatures Printing，SCP）

多喷造型（Multi – Jet Modeling，MJM）

描述：材料被一层一层地铺放，并通过化学树脂热融材料或通过光固化的方式成型。

技术优势：高精度；全彩；允许一个产品中含多种材料。

典型材料：光敏树脂、树脂、蜡。

层压（Sheet Lamination）技术

市场上的技术名称包括：

层压技术（Laminated Object Manufacture，LOM）

选择性沉积层压（Selective Deposition Lamination，SDL）

超声增材制造（Ultrasonic Additive Manufacturing，UAM）

描述：片状的材料通过黏胶化学方法，或者超声焊接、钎焊的方式被压合在一起，多余的部分被层层切除，在产品被打印完成时移除掉。

技术优势：高通量；相对成本低（非金属类），可以在打印过程中嵌入其他组件。

典型材料：纸张、塑料、金属箔。

材料挤出（Material Extrusion）

市场上的技术名称包括：

电熔制丝（Fused Filament Fabrication，FFF）

熔融沉积成型（Fused Deposition Modeling，FDM）

描述：丝状的材料通过加热的挤出头以液态的形状被挤出。

技术优势：价格便宜；可用于办公环境；打印出来的零件结构性能高。

典型材料：塑料长丝、液体塑料、泥浆（用于建筑类）。

注：美国橡树岭国家实验室研发的大幅面增材制造（Big Area Additive Manufacturing，BAAM）也是基于材料挤出的技术，挤出材料为塑料颗粒。

定向能量沉积（Directed Energy Deposition，DED）

市场上的技术名称包括：

激光金属沉积（Laser Metal Deposition，LMD）

激光近净成型（Laser Engineered Net Shaping，LENS）

直接金属沉积（Direct Metal Deposition，DMD）

描述：金属粉末或者金属丝在产品的表面上熔融固化，能量源可以是激光或者是电子束，容易通过机械手实现大尺寸加工和自动化加工。

技术优势：不受方向或轴的限制；非常适合修复零件；可以在同一个零件上使用多种材料；高通量。

材料：金属丝、金属粉、陶瓷。

混合增材制造（HYBRID）

市场上的技术名称包括：

AMBIT，该名称由 Hybrid Manufacturing Technologies 公司提出。

描述：激光金属沉积增材制造技术与 CNC 数控加工机床相结合，在同一台机床上实现增材制造和减材制造。

技术优势：高通量；自由造型；自动化的过程中制成材料去除；精加工和检测。

典型材料：金属粉、金属丝、陶瓷。

参 考 文 献

［1］张曙. 数字线程产品生命周期的数字化［J/OL］.（2018 - 01 - 18）［2018 - 05 - 20］.
MM 现代制造. http：//mw. vogel. com. cn/html/2018/01/18/news_539127. html.

［2］America Makes. Standardization Roadmap for Additive Manufacturing［R］. America Makes &
ANSI Additive ManufacturingStandardization Collaborative（AMSC），2017.

［3］Brian L, Decost, Jain, et al. Computer Vision and Machine Learning for Autonomous Character-
ization of AM Powder Feedstocks［J］. JOM, 2017, 69（3）：456 - 465.

［4］A Strondl, O Lyckfeldt, H Brodin, et al. Characterization and control of powder properties for
additive manufacturing［J］. JOM, 2015, 63（3）：549 - 554.

［5］R G Goldich. Fundamentals of Particle Technology［M/OL］. Midland IT and Publishing,
UK, 2002.

［6］360 百科. 热等静压［EB/OL］.［2017 - 06 - 02］. https：//baike. so. com/doc/5886441 -
6099325. html.

［7］Manyalibo J Matthews, et al. Diode - based additive manufacturing of metals using an optically -
addressable light valve［J］. Optics Express, 2017, 25（10）：11788 - 11800.

［8］Sabic. Sabic Debuts Tought High - Impact LEXAN™ EXL Filament for Fused Depostion Modeling
at FORMNEXT 2017［EB/OL］.（2017 - 11 - 14）［2017 - 12 - 06］ https：//www. sabic. com/
en/news/7532 - sabic - debuts - tough - high - impact - lexan - exl - filament - for - fused - dep-
osition - modeling.

［9］国家机械委技工培训教材编审组. 初级锻压工工艺学［M］. 北京：机械工业出版社,
1988.

［10］吴浩, 张方. 由 3D 打印引发的锻造产业在航空制造领域发展方向的思考［J］. 航空制
造技术, 2014, 5：26 - 29.

［11］Boeing. Boeing：Current Market Outlook（2015 - 2034）［R/OL］. http：//www. boeing. com/
resources/boeingdotcom/commercial/about - our - market/assets/downloads/Boeing_Current_
Market_Outlook_2015. pdf.

［12］Matthew Van Dusen. GE's 3D - Printed Airplane Engine Will Run This Year［EB/OL］.
（2017 - 6 - 19）［2018 - 1 - 27］. https：//www. ge. com/reports/mad - props - 3d - printed -
airplane - engine - will - run - year/

［13］Space X. SPACEX LAUNCHES 3D - PRINTED PART TO SPACE, CREATES PRINTED EN-
GINE CHAMBER［EB/OL］.（2014 - 07 - 31）［2018 - 06 - 27］. http：//www. spacex. com/
news/2014/07/31/spacex - launches - 3d - printed - part - space - creates - printed - engine -
chamber - crewed.

［14］NASA. NASA 3 - D Prints First Full - Scale Copper Rocket Engine Part［EB/OL］.（2015 - 4 -
21）［2018 - 1 - 27］. https：//www. nasa. gov/marshall/news/nasa - 3 - D - prints - first - full -
scale - copper - rocket - engine - part. html.

［15］NASA. Successful NASA Rocket Fuel Pump Tests Pave Way for 3 - D Printed Demonstrator Engine〔EB/OL〕.（2015 – 04 – 26）〔2018 – 03 – 05〕. https：//www. nasa. gov/centers/mar-shall/news/news/releases/2015/successful – nasa – rocket – fuel – pump – tests – pave – way – for – 3 – d – printed – demonstrator – engine. html.

〔16〕 Altair. RUAG Space Topologically Optimized & 3D Printed Component on its Way to Space〔EB/OL〕.〔2018 – 03 – 25〕. http：//www. altairproductdesign. com/CaseStudyDetail. aspx? id = 52.

〔17〕 EDAG. EDAG + bosch soulmate concept samples future touch interface for drivers〔EB/OL〕.（2016 – 03 – 15）〔2016 – 12 – 20〕. https：//www. designboom. com/technology/edag – soul-mate – interface – concept – geneva – motor – show – 03 – 15 – 2016/.

〔18〕 STÉPHANIE GIET. Design for AM：Diesel Engine Support Optimized for Savings and Performance〔EB/OL〕.（2016 – 05 – 10）〔2017 – 03 – 04〕. http：//www. additivemanufacturing. media/arti-cles/design – for – am – diesel – engine – support – optimized – for – savings – and – performance.

〔19〕 Stratasys. Jigs & Fixtures Whitepaper〔R/OL〕. https：//www. stratasysdirect. com.

〔20〕 胡劲宏. 新能源汽车交钥匙解决方案（3D 打印和智能制造）〔C〕. AME 2018 3D 打印卓越论坛 – 聚焦电动汽车，2018.

〔21〕 Simon Hoeges. GKN AND PORSCHE ENGINEERING：GROWING METAL AM FOR NEW E – DRIVE POWERTRAIN APPLICATIONS〔EB/OL〕.（2018 – 03 – 24）〔2018 – 03 – 26〕. http：// sintermedia. gkn. com/blog/growing – metal – am – with – new – e – drive – powertrain – appli-cations.

〔22〕 Local Motors. Local Motors builds Strati，the world′s first 3D – printed car，in Detroit〔EB/ OL〕.（2015 – 01 – 12）〔2016 – 11 – 02〕. https：//www. autoblog. com/2015/01/12/local – motors – 3d – printed – car – strati – detroit – 2015/.

〔23〕 DAVID LINDEMANN. Conformal Water Line Design Guidelines〔J/OL〕.（2017 – 06 – 01）〔2017 – 12 – 21〕. https：//www. moldmakingtechnology. com/articles/conformal – water – line – design – guidelines.

〔24〕 雷尼绍. 雷尼绍随形冷却解决方案提升注塑成型效率〔EB/OL〕.（2017 – 12 – 19）〔2018 – 04 – 16〕. http：//www. 51shape. com/? p = 10897.

〔25〕 张宪荣，陈麦，季华妹. 现代设计辞典〔M〕. 北京：北京理工大学出版社，1998.

〔26〕 中国报告网. 2018 – 2023 年中国液压行业调查与发展方向研究报告〔R/OL〕.〔2018 – 03 – 20〕. http：//baogao. chinabaogao. com/zhuanyongshebei/296172296172. html.

〔27〕 虞涵棋. 探访西门子瑞典芬斯蓬工厂：3D 打印革命下的燃气轮机制造〔EB/OL〕.（2017 – 12 – 11）〔2017 – 12 – 13〕. https：//www. thepaper. cn/news Detail_forward_ 1901184.

〔28〕 西门子中国. 3D 打印轮机部件〔EB/OL〕.〔2017 – 12 – 13〕. http：//w1. siemens. com. cn/POF/ 2011autumn/future/3326. aspx.

〔29〕 陈俊. 颅骨修补材料运用现状及 3D 打印技术在其制备工艺中的应用展望〔J〕. 中国临床神经外科杂志，2017，22（8）：597 – 600.

〔30〕 西安点云. 世界首例 3D 打印可降解人工骨修复长段骨缺损在中国西安成功实现〔EB/

OL]. (2018 – 04 – 02) [2018 – 4 – 18]. http：//www. particlecloud. com. cn/info_31. aspx? itemid = 83.

[31] Chun Feng, Wenjie Zhang, Chengtie Wu, et al. 3D Printing of Lotus Root – Like Biomimetic Materials for Cell Delivery and Tissue Regeneration [J/OL]. Advanced Science, 2017, 4 (1700401).

[32] 李晓林. SLM 技术让传统义齿加工迎来真正的伟大变革 [C]. 成都登特牙科技术开发有限公司, 2017.

[33] 36 氪研究院. 牙科创新, 微笑启程 [R/OL]. (2016 – 09) [2017 – 12 – 02]. http：// ishare. iask. sina. com. cn/f/avtGpAKEM21. html.

[34] 黄晓琳, 燕铁斌. 康复医学 [M]. 北京：人民卫生出版社, 2015.

[35] 王磊, 刘静. 液态金属印刷电子墨水研究进展 [J]. 印刷电子专刊, 2014, 32 (04).

[36] Ulrich E Klotz, Dario Tiberto, Franz Held. Optimization of 18 – karat yellow gold alloys for the additive manufacturing of jewelry and watch parts [J]. Gold Bulletin. 2017, 50 (2)：111 – 121.